Golang + Vue.js 商城项目实战

黄永祥 编著

清华大学出版社
北 京

内 容 简 介

本书以Gin和Vue.js为核心框架，以全栈商城项目开发为主线，详尽介绍前后端分离架构开发Web网站项目的关键阶段和技术细节。全书共9章，第1章介绍网站运行原理及架构设计，为读者揭开网站建设的序幕。第2章深入探讨网站开发的流程，包括需求分析及设计方案。第3章和第4章分别讲解Gin框架与ORM框架的应用，带领读者实践Web开发中的重要环节。第5章至第7章逐步构建一个电子商务平台，包括从后端到前端功能的实现，详尽展示系统配置、接口编写及用户界面的开发。第8章介绍使用Docker进行项目部署。第9章则聚焦于网站开发的高级技术，如Session管理、限流策略等，这些技术有助于提升网站性能与用户体验。

本书内容丰富，技术先进，适合正在学习使用Go语言开发Web应用的初学者和缺少项目经验的开发人员使用，也可以作为培训机构和大中专院校的教学用书。

图书在版编目（CIP）数据

Golang+Vue.js 商城项目实战/黄永祥编著. —北京：清华大学出版社，2024.5

ISBN 978-7-302-66181-8

Ⅰ. ①G… Ⅱ. ①黄… Ⅲ. ①网页制作工具－程序设计 Ⅳ. ①TP393.092.2

中国国家版本馆 CIP 数据核字（2024）第 086433 号

责任编辑：王金柱
封面设计：王　翔
责任校对：闫秀华
责任印制：宋　林

出版发行：清华大学出版社
网　　址：https://www.tup.com.cn，https://www.wqxuetang.com
地　　址：北京清华大学学研大厦A座　　**邮　　编：**100084
社 总 机：010-83470000　　**邮　　购：**010-62786544
投稿与读者服务：010-62776969，c-service@tup.tsinghua.edu.cn
质量反馈：010-62772015，zhiliang@tup.tsinghua.edu.cn
印 装 者：三河市龙大印装有限公司
经　　销：全国新华书店
开　　本：190mm×260mm　　**印　　张：**16.25　　**字　　数：**439千字
版　　次：2024年5月第1版　　**印　　次：**2024年5月第1次印刷
定　　价：89.00元

产品编号：104599-01

前　　言

Go（也称为Golang）语言已经成为Web开发首选语言之一。Gin作为Go语言的Web框架，具有运行速度快、路由器分组管理、良好的异常捕获和错误处理、功能扩展强大的特点，使得其成为当今Web开发的重要技能。

Vue.js在前端方面提供了数据驱动和组件化的开发模式，它易于上手，社区支持强大，并且有着丰富的插件库和工具，这有助于提高前端开发的灵活性和效率。

Gin结合Vue.js进行Web开发，由于其整合了前后端开发的优势，提供了从API服务器到单页应用的一整套解决方案，因此被许多全栈开发者所采用。

本书结合笔者多年一线开发经验，采用Golang的Gin框架和前端框架Vue.js开发电子商务网站，从实战中讲述各个知识要点，理论与实践相结合，通过对本书的学习，读者能一步一步揭开Web开发的神秘面纱。

本书结构

本书共分9章，各章内容概述如下：

第1章讲述网站的基础知识，包括网站的运行原理、开发流程和一些重要的概念等。

第2章讲述网站开发流程，包括需求分析、系统设计说明、架构设计、API设计规范和设计方案、Mock Server搭建模拟服务器等。

第3章讲述Gin框架入门应用，包括Gin安装、路由定义、路由变量、配置静态资源服务、路由分组管理、获取请求信息、返回响应内容、文件上传和中间件自定义。

第4章讲述ORM框架的入门使用，分别介绍Gorm安装、模型定义与数据迁移、模型数据的增删改查操作、链式操作、钩子函数和数据库事务。

第5章讲述电子商务的后端开发过程，分为系统功能和接口功能。系统功能包括功能配置、定义数据模型、数据分页、自定义中间件实现会话功能、跨域访问、运行配置；接口功能包括首页接口、商品列表接口、商品详细接口、收藏接口、加购接口、购物车接口、支付接口、个人主页接口、注册登录与退出接口。

第6章讲述Vue.js入门知识，包括Vue.js开发环境搭建、创建项目、目录结构与依赖安装、配置公共资源、功能配置与应用挂载、开发用户登录功能和数据查询功能。

第7章讲述电子商务的前端开发过程，分为系统功能和页面功能。系统功能包括功能配置、HTTP请求和状态管理、路由定义、组件设计与应用、项目启动与运行；页面功能包括商城首页、商品列表页、商品详细页、注册与登录、购物车页面、在线支付、个人中心页。

第8章讲述项目上线部署，部署方案采用Docker实现，包括Docker安装与使用、使用Docker分别部署Vue+Nginx和MySQL+Gin。

第9章讲述网站开发常用技术，分别介绍Session实现方案、网站限流功能、消息队列和搜索引擎的应用、WebSocket实现在线聊天、用户权限管理、API文档自动生成等。

本书特色

循序渐进，从零基础入手：本书从初学者必备的基础知识入手，循序渐进地介绍Gin和Vue的语法特性和基础理论，适合没有接触过Gin和Vue编程的读者使用。

实例丰富，扩展性强：本书每个知识点都是围绕电子商务项目进行讲解的，力求让读者更容易掌握知识要点。本书实例经过作者的精心设计和挑选，根据编者的实际开发经验总结而来，涵盖在实际开发中遇到的各种问题，读者可以根据本书项目扩展开发自己的应用。

基于理论，注重实践：在讲解的过程中，不仅介绍理论知识，而且安排了综合应用实例或小型应用程序，将理论知识应用到实践中，加强读者的实际开发能力，巩固开发技能和相关知识。

技术先进，内容丰富：介绍了当前流行的前后端分离模式开发技术，微服务技术，以及大型网站开发的相关技术要点。

源代码下载

本书配套源码读者需要用微信扫描下面的二维码获取。读者可登录GitHub（https://github.com/xyjw/gin-vue）下载本书源代码。

如果在下载过程中遇到问题，可发送邮件至booksaga@126.com，邮件标题为“Golang+Vue.js商城项目实战”。

读者对象

本书主要适合以下读者阅读：

- 从零开始学习 Web 开发的初学者。
- 缺少项目经验的开发人员。
- 培训机构和大专院校的学生。

笔者从事编程工作10余年，本书可以说是来自开发实践的经验心得，虽然力臻完美，但限于水平，难免存在疏漏之处，欢迎广大读者及业界专家不吝指正

黄永祥
2024年2月

目　录

第 1 章 从认识网站开始

本章学习内容：

- 网站概述
- 认识网站类型
- 网站运行原理及开发流程
- 网站的演变过程
- 网站的评估指标
- 什么是集群
- 什么是分布式
- 什么是微服务

1.1 网站概述

Web网站是一个广泛的概念，它可以包括各种类型的网站，如企业官网、资讯类网站、个人博客等。它是一个在线的平台，可以提供各种信息和服务。本书将以Web商城为例进行介绍，Web商城也是Web网站的一种形式，其拥有网站的各种属性，Web商城的特点在于它是一个在线购物平台，类似于淘宝、京东等，它的主要功能是为用户提供商品或服务的购买渠道。所以理解网站的概念和构成对于构建Web商城来说很有必要。

网站是指在互联网上根据一定的规则，使用HTML（标准通用标记语言下的一个应用）等工具制作并用于展示特定内容相关网页的集合。简单地说，网站是一种沟通工具，人们可以通过网站来发布自己想要公开的资讯，或者利用网站来提供相关的网络服务，也可以通过网页浏览器来访问网站，获取自己需要的资讯或者享受网络服务。

在早期，域名（Domain Name）、空间服务器与程序是网站的基本组成部分，随着科技不断进步，网站的组成日趋复杂，目前多数网站由域名、空间服务器、DNS域名解析、网站程序和数据库等组成。

域名由一串用点分隔的字母组成，代表互联网上某一台计算机或计算机组的名称，用于在数据传输时标识计算机的电子方位，已经成为互联网的品牌和网上商标保护必备的产品之一。通俗地说，域名就相当于一个家庭的门牌号码，别人通过这个号码很容易找到你所在的位置。以百度的域名为例，百度的网址是由两部分组成的，标号baidu是这个域名的主域名体；前面的www.是网络名；最后的标号com则是该域名的后缀，代表这是一个国际域名，属于顶级域名之一。

常见的域名后缀有以下几种。

- .COM：商业性的机构或公司。
- .NET：从事Internet相关的网络服务的机构或公司。
- .ORG：非营利的组织、团体。
- .GOV：政府部门。
- .CN：中国国内域名。
- .COM.CN：中国商业域名。
- .NET.CN：中国从事Internet相关的网络服务的机构或公司。
- .ORG.CN：中国非营利的组织、团体。
- .GOV.CN：中国政府部门。

空间服务器主要有虚拟主机、独立服务器和虚拟专用服务器（Virtual Private Server，VPS）。

虚拟主机是在网络服务器上划分出一定的磁盘空间供用户放置站点和应用组件等，提供必要的站点功能、数据存放和传输功能。所谓虚拟主机，也叫“网站空间”，就是把一台运行在互联网上的服务器划分成多个“虚拟”的服务器。每一个虚拟主机都具有独立的域名和完整的Internet服务器（支持WWW、FTP、E-mail等）。虚拟主机是网络发展的福音，极大地促进了网络技术的应用和普及。同时，虚拟主机的租用服务成了网络时代新的经济形式，虚拟主机的租用类似于房屋租用。

独立服务器是指性能更强大，整体硬件完全独立的服务器，其CPU都在8核以上。

VPS是将一个服务器分区成多个虚拟独立专享服务器的技术。每个使用VPS技术的虚拟独立服务器拥有各自独立的公网IP地址、操作系统、硬盘空间、内存空间和CPU资源等，还可以进行安装程序、重启服务器等操作，与一台独立服务器完全相同。

网站程序是建设与修改网站所使用的编程语言，源代码是由按一定格式书写的文字和符号编写的，可以是任何编程语言，常见的网站开发语言有Java、PHP、ASP.NET、Python和Golang等。而浏览器就如同程序的编译器，它会将源代码翻译成图文内容呈现在网页上。

1.2 认识网站类型

资讯门户类网站以提供信息资讯为主要目的，是目前普遍的网站形式之一，例如新浪、搜狐和新华网。这类网站虽然涵盖的信息类型多、信息量大、访问群体广，但包含的功能比较简单，网站基本功能包含检索、论坛、留言和用户中心等。

这类网站开发主要涉及以下 4 个因素：

- 承载的信息类型，例如是否承载多媒体信息、是否承载结构化信息等。
- 信息发布的方式和流程。
- 信息量的数量级。
- 网站用户管理。

企业品牌类网站用于展示企业综合实力，体现企业文化和品牌理念。企业品牌网站非常强调创意，对于美工设计要求较高，精美的FLASH 动画是常用的表现形式。网站内容组织策划和产品展示体验方面也有较高的要求。网站利用多媒体交互和动态网页技术，针对目标客户进行内容建设，以达到品牌营销的目的。

企业品牌网站可细分为以下三类。

- 企业形象网站：塑造企业形象、传播企业文化、推介企业业务、报道企业活动和展示企业实力。
- 品牌形象网站：当企业拥有众多品牌且不同品牌之间的市场定位和营销策略各不相同时，企业可根据不同品牌建立其品牌网站，以针对不同的消费群体。
- 产品形象网站：针对某一产品的网站，重点在于产品的体验。

交易类网站以实现交易为目的，以订单为中心。交易的对象可以是企业和消费者。这类网站有3项基本内容：商品如何展示、订单如何生成和订单如何执行。

因此，这类网站一般需要有产品管理、订购管理、订单管理、产品推荐、支付管理、收费管理、送发货管理和会员管理等基本功能。功能复杂一点的可能还需要积分管理系统、VIP管理系统、CRM系统、MIS系统、ERP系统和商品销售分析系统等。交易类网站成功与否的关键在于业务模型的优劣。

交易类网站可细分为以下三大类型。

- B2C（Business To Consumer）网站：商家-消费者，主要是购物网站，用于商家和消费者之间的买卖，如传统的百货商店和购物广场等。
- B2B（Business To Business）网站：商家-商家，主要是商务网站，用于商家之间的买卖，如传统的原材料市场和大型批发市场等。
- C2C（Consumer To Consumer）网站：消费者-消费者，主要以拍卖网站为主，用于个人物品的买卖，如传统的旧货市场、跳蚤市场、废品收购站等。

办公及政府机构网站分为企业办公事务类网站和政府办公类网站。企业办公事务类网站主要包括企业办公事务管理系统、人力资源管理系统和办公成本管理系统。

政府办公类网站是利用政府专用网络和内部办公网络而建立的内部门户信息网，是为了方便办公区域以外的相关部门互通信息、统一处理数据和共享文件资料而建立的，其基本功能有：

（1）提供多数据源接口，实现业务系统的数据整合。

（2）统一用户管理，提供方便有效的访问权限和管理权限体系。

（3）灵活设立子网站，实现复杂的信息发布管理流程。

网站面向社会公众，既可提供办事指南、政策法规和动态信息等，又可提供网上行政业务申报、办理及相关数据查询等。

互动游戏网站是近年来国内逐渐风靡起来的一种网站。这类网站的投入是根据所承载游戏的复杂程度来定的，其发展趋势是向超巨型方向发展，有的已经形成了独立的网络世界。

功能性网站是一种新型网站，其中谷歌和百度是典型代表。这类网站的主要特征是将一个具有广泛需求的功能扩展开来，开发一套强大的功能体系，将功能的实现推向极致。功能在网页上看似简单，但实际投入成本相当惊人，而且效益非常巨大。

1.3 网站运行原理及开发流程

1. 常用术语

如果刚接触网站开发，那么很有必要了解网站的运行原理。在了解网站的运行原理之前，首先需要理解网站中一些常用的术语。

- 客户端：在计算机上运行并连接到互联网的应用程序，简称浏览器，如Chrome、Firefox和IE。用户通过操作客户端实现网站和用户之间的数据交互。
- 服务器：能连接到互联网且具有IP地址的计算机。服务器主要接收和处理用户的请求信息。当用户在客户端操作网页的时候，实质上是向网站发送一个HTTP请求，网站的服务器接收到请求后会执行相应的处理，最后将处理结果返回客户端并生成相应的网页信息。
- IP地址：互联网协议地址，TCP/IP网络设备（计算机、服务器、打印机、路由器等）的数字标识符。互联网上的每台计算机都有一个IP地址，用于识别和通信。IP地址有4组数字，以小数点分隔（例如244.155.65.2），这被称为逻辑地址。为了在网络中定位设备，通过TCP/IP协议将逻辑IP地址转换为物理地址（物理地址即计算机里面的MAC地址）。
- 域名：用于标识一个或多个IP地址。
- DNS：域名系统，用于跟踪计算机的域名及其在互联网上相应的IP地址。
- ISP：互联网服务提供商。主要工作是在DNS（域名系统）中查找当前域名对应的IP地址。
- TCP/IP：传输控制协议/互联网协议，是广泛使用的通信协议。
- HTTP：超文本传输协议，是浏览器和服务器通过互联网进行通信的协议。

2. 网站的运行原理

了解网站常用术语后，我们通过一个简单的例子来讲解网站的运行原理。

（1）在浏览器中输入网站地址，如www.github.com。

（2）浏览器解析网站地址中包含的信息，如HTTP协议和域名（github.com）。

（3）浏览器与ISP通信，在DNS中查找www.github.com所对应的IP地址，然后将IP地址发送到浏览器的DNS服务，最后向www.github.com的IP地址发送请求。

（4）浏览器从网站地址中获取IP地址和端口（HTTP协议默认为80端口，HTTPS协议默认为443端口），并打开TCP套接字连接，实现浏览器和Web服务器的连接。

（5）浏览器根据用户操作向服务器发送相应的HTTP请求，如打开www.github.com的主页面。

（6）当Web服务器接收请求后，根据请求信息查找该HTML页面。若页面存在，则Web服务器将处理结果和页面返回浏览器。若服务器找不到页面，则发送一个404错误消息，代表找不到相关的页面。

3. 网站的开发流程

很多人认为网站开发是一件很困难的事情，其实没有想象中那么困难。只要明白了网站的开发流程，就会觉得网站开发非常简单。如果没有一个清晰的开发流程指导开发，就会觉得整个开发过程难以实行。完整的开发流程如下。

（1）需求分析：当拿到一个项目时，必须进行需求分析，清楚知道网站的类型、具体功能、业务逻辑以及网站的风格，此外还要确定域名、网站空间或者服务器以及网站备案等。

（2）规划静态内容：重新确定需求分析，并根据用户需求规划出网站的内容板块草图。

（3）设计阶段：根据网站草图由美工制作成效果图。就好比建房子一样，首先画出效果图，然后才开始建房子，网站开发也是如此。

（4）程序开发阶段：根据草图划分页面结构和设计，前端和后台可以同时进行。前端根据美工效果负责制作静态页面；后台根据页面结构和设计，设计数据库的数据结构和开发网站后台。

（5）测试和上线：在本地搭建服务器，测试网站是否存在Bug。若无问题，则可以将网站打包，使用FTP上传至网站空间或者服务器。

（6）维护推广：在网站上线之后，根据实际情况完善网站的不足，定期修复和升级，以保障网站运营顺畅，然后对网站进行推广宣传等。

4. 开发任务划分

网站开发必须根据用户需求制定开发任务，不同职位的开发人员负责不同的功能设计与实现，各个职位的工作划分如下。

（1）网页设计由UI负责设计。UI需要考虑用户体验、网站色调搭配和操作流程等。

（2）前端开发人员将网页设计图转换成HTML页面，主要编写HTML网页、CSS样式和JavaScript脚本，如果采用前后端分离，整个网站的页面功能就皆由前端开发人员实现。

（3）后端开发人员负责实现网站功能和数据库设计。网站功能需要数据库提供数据支持，实质上是实现数据库的读写操作；数据库设计需要根据网站功能设计相应的数据表，并且还要考虑数据表之间的数据关联。如果采用前后端分离，后端人员就只需编写API，由前端人员调用API实现网站功能。

（4）测试人员负责测试网站功能是否符合用户需求。测试过程需要编写测试用例进行测试，如果发现功能存在Bug，就需向开发人员提交Bug的重现方法。只要功能发生修改或变更，测试人员就要重新测试。

（5）运维人员负责网站的部署和上线。网站部署主要搭建在Linux系统，除安装网站所需的运行环境外，还需要将网站应用搭建在Nginx或Apache服务器上，并在Nginx或Apache上绑定网站的域名。

1.4 网站的演变过程

随着互联网的不断发展，用户访问和数据量日益增多，使得网站的负载不断增大。如果网站只有一台服务器运行，当负载量达到一定阈值的时候，整个网站可能出现卡顿或崩溃的现象，这时不得不重新设计网站架构。网站的演变应从实际问题出发，从问题中寻找解决方案，实施并调整网站架构。

网站的演变过程可以视为网站架构设计，它可以分为8个阶段，下面分别进行简单介绍。

1. 单机模式

单机模式是指整个网站只部署在一台服务器上，本书的第1~3章都是讲述网站的单机模式的开发和部署。所有网站的演变都是从单机模式开始的，并不是说网站初期不能直接搭建大型架构，只是不太符合实际，毕竟搭建大型网站需要耗费大量的人力和财力。

由于网站初期的用户和数据量较少，并且网站处于0~1阶段，大部分时间主要用于实现网站业务逻辑梳理和功能开发，研发成本主要用于网站功能开发，因此网站架构通常以单机模式为主。

2. Web应用与数据库分离

Web应用与数据库分离是在单机模式的基础上将前端、后端和数据库各自单独部署在一台服务器上。在这种模式下，如果不改变原有的功能，调整网站架构无须修改太多代码，通常修改代码中的一些连接信息，例如Ajax的请求地址、连接数据库的IP地址等即可。

3. 缓存与搜索引擎

缓存与搜索引擎是在数据库出现慢查询的情况下所采用的优化方案之一，慢查询会使网站数据加载出现延时或异常，使得用户体验十分不好。缓存和搜索引擎由后端实现，常见的缓存存储方式有Memcached、数据库、文件和本地内存等；搜索引擎是独立的应用平台，通常支持多种编程语言接入，常用的搜索引擎有Solr和Elasticsearch。

4. 数据库读写分离

数据库读写分离是将数据库的读取和写入分别由两个独立的数据库实现，一个数据库只负责读取数据，另一个数据库只负责写入数据，两个数据库通过数据同步复制保持数据一致。读写分离能提高数据库的负载能力和性能，因为写入比读取需要消耗更多时间，只读取的数据库没有数据写入操作，减轻了磁盘IO等性能问题，所以可以提高数据查询效率。

读写分离需要调整后端代码，至少配置两个或两个以上的数据库连接，同一张数据表的读取和写入分别由不同的数据库连接实现。

5. 数据库拆分

数据库拆分包括水平拆分与垂直拆分。水平拆分是将一个数据表的数据拆分到多个数据表或多个数据库，也就是我们常说的数据表分表设计；垂直拆分是将一个数据库的所有表拆分到不同数据库，也就是我们常说的数据库分库设计。

6. 集群模式

集群模式是将前端、后端和数据库各自部署到多台服务器，使得一个功能由多台服务器共同完成，以提高网站的负载能力。比如将前端项目部署到服务器A和B，再由同一域名分别解析到服务器A和B，或者通过Nginx或Apache使用负载均衡算法自动分配服务器A和B。

7. 分布式设计

分布式设计是将后端多个功能组件拆分并部署在不同服务器。因为后端功能除使用Web框架外，还会使用其他功能组件，比如搜索引擎、消息队列中间件（Kafka、Redis和RabbitMQ）、文件存储系统等。也就是说，分布式设计是将后端的Web框架和其他功能组件分别部署在不同服务器，彼此之间通过网络连接实现数据通信。后端的各个功能组件除分布式设计外，每个组件还可以实现集群模式。

8. 微服务设计模式

微服务设计模式主要是将后端Web框架实现的功能进一步拆分，拆分后的应用单独部署在服务器中，每个应用之间通过API网关、微服务注册与发现等方式实现调度和通信。以本书的项目为例，后端实现用户登录和产品查询接口，它们都是在同一个后端项目中实现的，如果改为微服务，那么两个接口分别由不同的后端项目实现，接口之间通过API或RPC方式实现通信。

综上所述，我们只是简单介绍了网站每个演变阶段的架构设计方案，每个架构设计方案都是大而全的概念，这是所有网站都适用的设计方案。由于每个网站的功能和业务需求各不相同，因此每个演变阶段的执行方案也各不相同，通俗地讲，同样的食材不同厨师可以烹饪出不同口味的菜式。

1.5　网站评估指标

判断一个网站是否满足当前业务需求可以从5个指标（性能、可用性、伸缩性、扩展性和安全性）来综合评估。

1. 性能

网站的性能是否稳定对于网站的可持续发展有着重要作用。就如人生病一样，网站性能出现问题也可以通过一些指标数据反映出来，评估网站性能的指标有很多，例如CPU占有率、并发量、响应时间、网络传输量、吞吐量、点击率等。

从网站开发的角度来看，网站性能的核心指标有响应时间、并发量和吞吐量，每个指标说明如下：

- 响应时间一般包含网络传输时间和应用程序处理时间，整个过程是从用户发送请求到用户接收服务器返回的响应数据，如果响应时间在3~5s以内，那么表示性能是良好的。

- 并发量是指网站在同一时间的访问人数，进一步细化可以分为业务并发用户数、最大并发访问数、系统用户数、同时在线用户数等。
- 吞吐量是指系统在单位时间内处理请求的数量，其中TPS和QPS都是吞吐量的常用量化指标，服务器的CPU占有率、网络传输速度、外部接口和IO操作等都会影响网站的吞吐量。

除评测网站的各个数据指标外，还有以用户为核心的性能模型RAIL。RAIL分为Response（响应）、Animation（动画）、Idle（浏览器空置状态）和 Load（加载）模块，这是谷歌制定的衡量性能的标准，每个模块的衡量标准如下。

- Response：网站给用户的响应体验，建议处理事件在50ms内完成。
- Animation：动画是否流畅，要求每10ms产生一帧。
- Idle：让浏览器有足够的空闲时间，不能让主线程一直处于繁忙状态。
- Load：要求5s内完成所有内容的加载并可以交互。

2. 可用性

网站的可用性是指网站出现异常的时候能否正常使用。网站出现异常是一件很正常的事，比如受到黑客攻击、网络故障、DNS劫持、CDN服务异常、程序的Bug等因素，虽然网站异常是无法避免的，但能提高网站的异常处理能力。

提高网站的可用性也称为高可用架构设计，高可用通常采用集群、分布式和微服务注册与发现等技术实现，以确保网站每个应用服务都具备异常处理能力。集群确保某台服务器出现异常的时候，集群内的其他服务器仍能提供正常的应用服务；分布式确保某个应用服务出现异常之后不会影响其他应用服务的正常运行；微服务注册与发现确保出现异常的应用服务能被及时发现和处理，以保证网站的每一个用户能够正常访问。

3. 伸缩性

网站的伸缩性是指在突然暴增的负载下能否快速处理，缓解不断上升的用户并发访问压力和不断增长的数据存储需求。以“双十一”为例，各大电商平台的访问量比平常都会多很多，面对这种特殊情况，网站必须有快速处理方案，例如增加集群的服务器数量提高负载能力；“双十一”过后，网站负载降低，应减少集群的服务器数量，节省服务器的费用开支。

提高网站的伸缩性能可以在突发用户需求的情况下，不改变网站原有的架构模式实现快速响应处理，既能保证用户体验，又能降低网站运营成本。网站架构调整都要经历一个研发周期，这涉及网站代码设计、系统测试和服务器运维等相关工作，在研发周期中，如果网站负载超出负荷，那么只能通过网站伸缩性的解决方案暂缓负荷。

4. 扩展性

网站的扩展性是指网站新增的业务功能对现有功能的影响程度。随着网站的不断发展，功能也会不断扩展，衡量网站的扩展性需要看新增的业务功能是否可以对现有功能透明无影响，不需要修改或者很少改动现有的业务功能就能上线新的业务功能，这要求每个业务功能之间实现低耦合。

提高网站的扩展性最好使用微服务架构，网站的每个应用功能之间互不干扰，彼此之间通过API或RPC方式实现通信。

5. 安全性

网站的安全性确保网站数据不易被窃取，服务器后台不易被黑客入侵，网站不易被攻击。常见的网站攻击有XSS攻击、SQL注入、CSRF攻击、Cookie窃取、DDOS攻击等。

综上所述，网站的性能、可用性、伸缩性、扩展性、安全性都是以用户体验为主的，在互联网世界中，用户就是上帝，若要留住用户，则必须从用户体验和网站功能着手，具体说明如下：

- 用户体验必须确保网站性能良好，网页流畅不卡顿，出现异常也不影响用户使用，保证在用户暴增的情况下也能及时处理负载问题，最后确保用户数据安全，特别是电商平台，这关乎用户资产安全问题。也就是说，保证用户使用流畅已经涉及网站的性能、可用性、伸缩性的架构问题，保证用户数据安全是网站安全性的架构问题。
- 网站功能要不定时更新，毕竟市场永远是动态变化的，为了确保用户不流失或吸纳更多用户，必须根据市场变化调整功能或推出新功能，这涉及网站的扩展性架构问题。

1.6 什么是集群

集群（Cluster）是将一组计算机作为一个总体向用户提供Web应用服务，一组计算机的每个计算机系统是集群的节点。一个理想的集群是用户不知道集群系统的底层节点，在用户看来，集群是一个系统，而非多个计算机系统，而且集群系统的管理员能够任意添加和删改集群系统的节点。

集群并非一个新概念，在20世纪70年代，计算机厂商和研究机构就开始对集群进行研究和开发，主要用于科学计算，所以并未普及开来，直到Linux集群出现，集群概念才得以广为传播。

集群是为了解决单机运算和IO能力不足，提高服务的可靠性和扩展能力，降低整体方案的运维成本。在其他技术不能达到以上目的，或者能达到以上目的，但成本过高的情况下，均可考虑采用集群技术。

按照功能划分，集群分为高可用集群和高性能计算集群。高可用集群简称HA集群，可提供高度可靠的服务；高性能计算集群简称HPC集群，可提供单个计算机不能提供的强大计算能力。

对于网站集群来说，大部分采用高可用集群保证网站的可行性和伸缩性，以确保网站的某个集群节点出现异常仍能提供正常的Web应用服务。高可用集群通常有两种工作方式：容错系统和负载均衡系统，详细说明如下：

- 容错系统通常以主从服务器方式实现，在主服务器正常运行的情况下，从服务器不提供服务，当系统检测发现主服务器出现异常时，从服务器就取代主服务器的工作向外提供服务。
- 负载均衡系统是集群所有节点都正常运行，向外提供服务，它们共同分担整个系统的负载量，这是大型网站常用的技术架构之一。

为什么大型网站通常选择负载均衡系统？

首先考虑成本问题，容错系统在从服务器正常的情况下不提供服务，并且从服务器必须保证在线运行，以确保主服务器出现异常及时切换，服务器运行但不提供服务也要消耗网络、CPU、IO等资源，相当于领着工资不干活，无疑会增加成本开支。

其次考虑负载能力，从服务器不干活，网站所有负载都由主服务器完成，当超出主服务器的负载能力时，用户在使用过程中可能会出现网页白屏、卡顿等情况。

从现实例子理解负载均衡系统，网站相当于一个饭店，顾客相当于用户，网站所有应用功能相当于厨师。假设饭店现有1名厨师并且只能容纳10名顾客，当12名顾客同时光顾饭店时，1名厨师仍能应付。但突然来了20名顾客，为了保证上菜速度，1名厨师就无法烹饪20名顾客的菜肴，只能多聘请1名厨师同时烹饪。只要饭店在营业状态，无论店内有多少名顾客，2名厨师都处于工作状态。

同样的道理，如果网站的一台服务器只能兼容10名用户，当用户数增加到20名时，网站就需要新增一台服务器解决20名用户带来的负载量，并且两台服务器同时提供相同的服务，这就是负载均衡集群。

容错系统相当于饭店聘请了2名厨师，但永远只有厨师A在工作，厨师B就领着工资不干活，当厨师A生病或请假的时候，厨师B才开始工作，只要厨师A上岗，厨师B就不干活。

我们知道网站集群技术主要实现负载均衡，负载均衡在网站的前端、后端和数据库均可实现，其架构如图1-1所示。

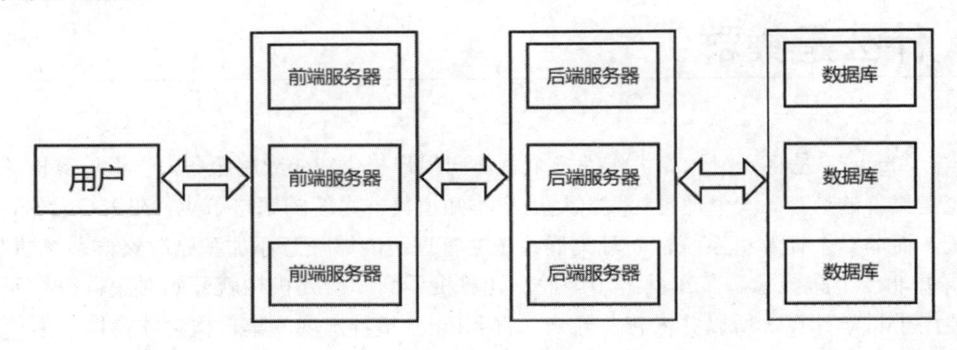

图1-1 网站集群架构

前端的负载均衡可以通过DNS域名解析实现，当我们购买和注册域名的时候，可以将域名绑定到多台前端服务器的IP地址。用户通过浏览器访问域名，DNS服务器解析域名，并通过负载均衡算法将用户请求转发到某台前端服务器的IP地址，再由前端服务器响应用户的HTTP请求。

后端的负载均衡主要通过Nginx或Apache的负载均衡算法实现，当后端收到前端的HTTP请求时，负载均衡服务器将HTTP请求转发到某台Web应用服务器，再由Web应用服务器响应用户的HTTP请求。

数据库的负载均衡主要通过数据库的主从同步方式实现多个数据库之间的数据同步和读写分离。Web应用服务器需要设置多个数据库连接，并执行不同数据表的数据读取和写入，从而实现数据库的负载均衡。

1.7 什么是分布式

网站都是从简到繁逐步发展的，当网站的功能越来越多时，就会使网站的代码目录变得臃肿，代码之间的调用、参数传递等逻辑也会变得复杂，不利于维护和管理，特别是企业的人员流动问题更为突出，新入职的开发人员接手项目也会更为困难。

分布式也称为分布式系统（Distributed System），它将系统的各个功能拆分成多个子系统部署在不同服务器，各个子系统之间通过API或RPC方式实现通信。简单来说，分布式系统就是将系统功能进行拆分，具体包括Web应用和数据库的拆分，拆分方式为水平拆分和垂直拆分。

Web应用的拆分详细说明如下：

- Web应用的水平拆分是将整个应用分层，如将数据库的访问层和业务逻辑层拆分，将网关层和业务逻辑层拆分等。
- Web应用的垂直拆分是按照功能划分子系统，例如将用户管理和产品查询划分为不同的子系统。

数据库的拆分详细说明如下：

- 数据库的水平拆分是将同一个数据表拆分为多个数据表，不同数据表生成在不同数据库中，即我们常说的分库分表。
- 数据库的垂直拆分是按照业务将表进行分类，例如将人员信息表按照性别或居住地拆分为不同数据表存储。

从现实例子理解分布式架构，我们还是以饭店为例，厨师烹饪一道菜肴需要进行清洗食材、准备配料、烹煮食材、菜式摆盘等操作，整个烹饪过程可以看成网站的所有功能，单机模式的网站等于一名厨师独自完成菜肴烹饪；如果是分布式系统，它将菜肴烹饪操作分给不同人员完成，每个工序由不同岗位的员工完成，整个过程如同工厂的生产流水线。

分布式系统通过分而治之的方法使各个子系统独立运行，以提高系统的性能、并发性和可行性。当某个子系统因异常不能使用时，其他子系统还能正常运行；同时，子系统还能采用集群方式提高系统的可用性。

分布式系统主要针对后端和数据库，按照功能划分为不同类别，常见的类别有分布式数据存储、分布式计算、分布式文件系统（Hadoop Distributed File System，HDFS）、分布式消息队列，详细说明如下：

- 分布式数据存储主要针对数据库存储，它主要实现数据库的分库分表，将数据分别存储在不同的数据表或数据库，通过算法将数据尽可能平均地存储到各个数据表或数据库。常用的算法有Hash、一致性Hash、带负载上限的一致性Hash、带虚拟节点的一致性Hash和分片。除此之外，分布式数据存储还要考虑分布式ID生成和分布式事务处理等数据处理问题。
- 分布式计算把计算任务拆分成多个小的计算任务，并且分布在不同的服务器计算，再进行结果汇总，例如淘宝“双十一”实时计算各地区的消费情况。分布式计算通常采用分片算法、消息队列和Hadoop的MapReduce实现，其核心在于计算任务的拆分思维。
- 分布式文件系统将数据文件分散到不同节点或服务器存储，大大减小了数据丢失的风险。常见的分布式文件系统有FastDFS、GFS、HDFS、Ceph、GridFS、MogileFS、TFS等。
- 分布式消息队列主要解决Web应用耦合、异步消息、流量削峰等问题，可实现高性能、高可用、可伸缩的网站架构。消息队列中间件是分布式消息队列的重要组件，常用的消息队列中间件有ActiveMQ、RabbitMQ、ZeroMQ、Kafka、MetaMQ、RocketMQ。

从字面上简单理解，分布式系统是将网站功能拆分为各个子系统独立运行，但深入了解之后，才会发现背后庞大的技术体系，整个技术体系只为保证各个子系统之间协调工作。

1.8 什么是微服务

微服务（Microservice）是一种架构概念，它将功能分解成不同的服务，以降低系统的耦合性，提供更加灵活的服务支持，各个服务之间通过API进行通信。从微服务架构的设计模式来看，它包含开发、测试、部署和运维等多方面的因素。

从概念来看，分布式和微服务十分相似，微服务也是拆分网站功能，但它只对系统执行垂直拆分，并且拆分粒度更细，每个服务自成一体，具有较强的兼容性。举个例子，以用户管理为例，分布式的用户管理只适用于系统A，但微服务的用户管理不仅适用于系统A，还适用于其他系统。

对于大型网站来说，微服务架构可以将网站功能拆分为多个不同的服务，每个服务部署在不同的服务器上，每个服务之间通过API实现数据通信，从而构建网站功能。

服务之间的通信需要考虑服务的部署方式，比如重试机制、限流机制、熔断机制、负载均衡机制和缓存机制等因素，这样能保证每个服务之间的稳健性。

微服务架构有6种常见的设计模式，每种模式的设计说明如下。

1. 聚合器微服务设计模式

聚合器调用多个微服务实现应用程序或网页所需的功能，每个微服务都有自己的缓存和数据库，这是一种常见的、简单的设计模式，其设计原理如图1-2所示。

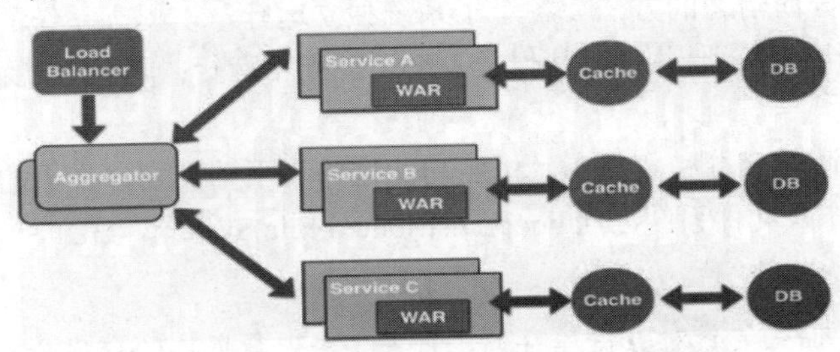

图1-2 聚合器微服务设计模式

2. 代理微服务设计模式

这是聚合器微服务设计模式的演变模式，应用程序或网页根据业务需求的差异而调用不同的微服务，代理可以委派HTTP请求，也可以进行数据转换工作，其设计原理如图1-3所示。

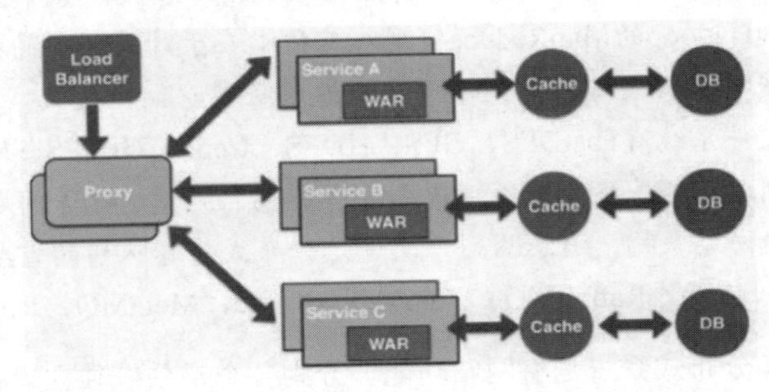

图1-3 代理微服务设计模式

3. 链式微服务设计模式

每个微服务之间通过链式方式进行调用，比如微服务A接收到请求后会与微服务B进行通信，类似地，微服务B会与微服务C进行通信，所有微服务都使用同步消息传递。在整个链式调用完成之前，浏览器会一直处于等待状态，其设计原理如图1-4所示。

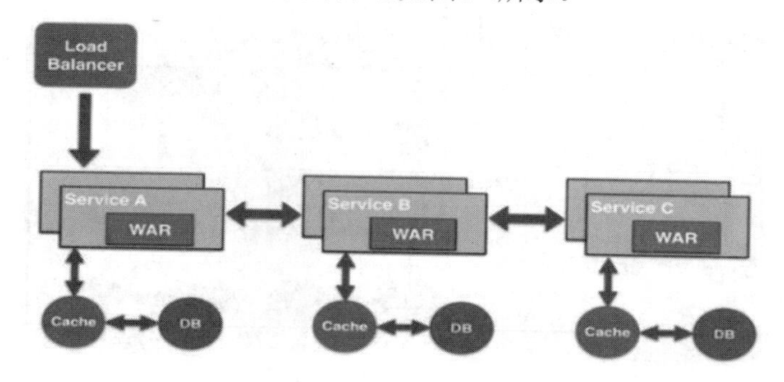

图1-4　链式微服务设计模式

4. 分支微服务设计模式

这是聚合器微服务设计模式的扩展模式，允许微服务之间相互调用，其设计原理如图1-5所示。

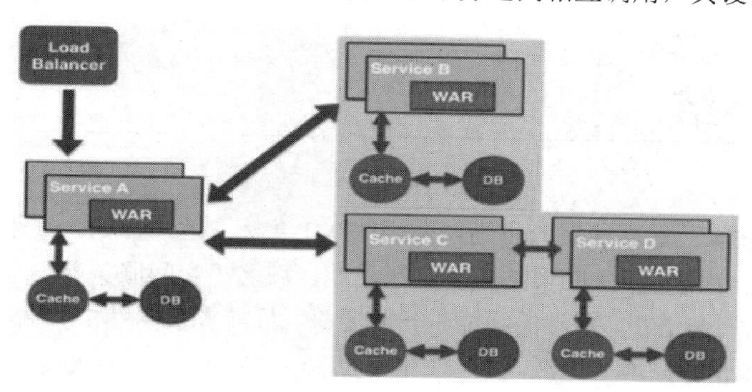

图1-5　分支微服务设计模式

5. 数据共享微服务设计模式

部分微服务可能会共享缓存和数据库，即两个或两个以上的微服务共用一个缓存和数据库。这种情况只有在两个微服务之间存在强耦合关系时才能使用，对于使用微服务实现的应用程序或网页而言，这是一种反模式设计，其设计原理如图1-6所示。

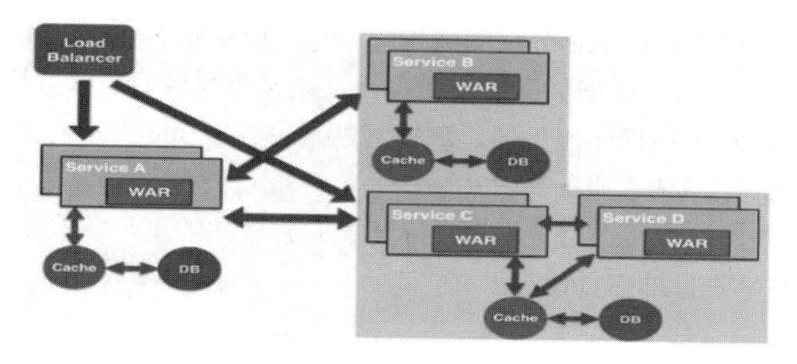

图1-6　数据共享微服务设计模式

6. 异步消息传递微服务设计模式

由于API使用同步模式，如果API执行的程序耗时过长，就会增加用户的等待时间，因此某些微服务可以选择使用消息队列（异步请求）代替API的请求和响应，其设计原理如图1-7所示。

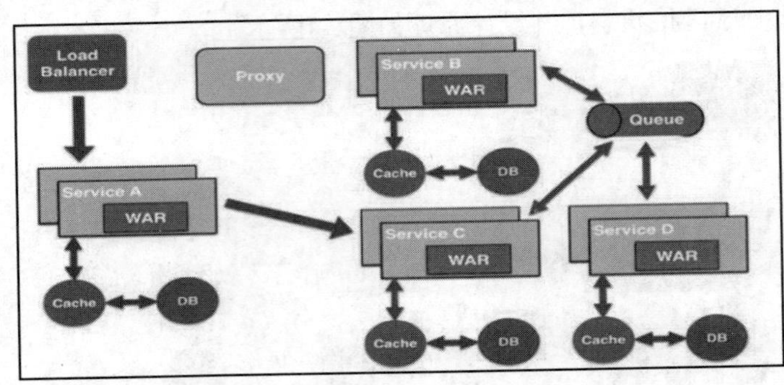

图1-7 异步消息传递微服务设计模式

微服务设计模式不是唯一的，具体还需要根据项目需求、功能和应用场景等多方面因素综合考虑。对于微服务架构，架构的设计意识比技术开发更为重要，整个架构设计需要考虑多个微服务的运维难度、系统部署依赖、微服务之间的通信成本、数据一致性、系统集成测试和性能监控等。

1.9 本章小结

网站是指在互联网上根据一定的规则，使用HTML（标准通用标记语言下的一个应用）等工具制作并用于展示特定内容相关网页的集合。在早期，域名、空间服务器与程序是网站的基本组成部分，随着科技的不断进步，网站的组成也日趋复杂，目前多数网站由域名、空间服务器、DNS域名解析、网站程序和数据库等组成。

网站开发流程如下。

（1）需求分析：当拿到一个项目时，必须进行需求分析，清楚知道网站的类型、具体功能、业务逻辑以及网站的风格，此外还要确定域名、网站空间或者服务器以及网站备案等。

（2）规划静态内容：重新确定需求分析，并根据用户需求规划出网站的内容板块草图。

（3）设计阶段：根据网站草图，由美工制作成效果图。就好比建房子一样，首先画出效果图，然后才开始建房子，网站开发也是如此。

（4）程序开发阶段：根据草图划分页面结构和设计，前端和后台可以同时进行。前端根据美工效果负责制作静态页面；后台根据页面结构和设计，设计数据库的数据结构和开发网站后台。

（5）测试和上线：在本地搭建服务器，测试网站是否存在Bug。若无问题，则可以将网站打包，使用FTP上传至网站空间或者服务器。

（6）维护推广：在网站上线之后，根据实际情况完善网站的不足，定期修复和升级，保障网站运营顺畅，然后对网站进行推广宣传等。

网站的演变过程可以视为网站架构设计，它可以分为8个阶段：

（1）单机模式。
（2）Web应用与数据库分离。
（3）缓存与搜索引擎。
（4）数据库读写分离。
（5）数据库拆分。
（6）集群模式。
（7）分布式设计。
（8）微服务设计模式。

判断网站是否满足当前业务需求可以从5个指标（性能、可用性、伸缩性、扩展性和安全性）综合评估，从网站开发角度来看，网站性能的核心指标主要有响应时间、并发量和吞吐量。

高可用集群通常有两种工作方式：容错系统和负载均衡系统。

- 容错系统通常以主从服务器方式实现，在主服务器正常运行的情况下，从服务器不提供服务，当系统检测发现主服务器出现异常时，从服务器就取代主服务器的工作向外提供服务。
- 负载均衡系统是集群所有节点都正常运行，向外提供服务，它们共同分担整个系统的负载量，这是大型网站常用的技术架构之一。

分布式系统就是将系统功能进行拆分，具体包括Web应用和数据库拆分，拆分方式为水平拆分和垂直拆分。

Web应用的拆分详细说明如下：

- Web应用的水平拆分是将整个应用分层，如将数据库访问层和业务逻辑层拆分，将网关层和业务逻辑层拆分等。
- Web应用的垂直拆分是按照功能划分子系统，例如将用户管理和产品查询划分为不同的子系统。

数据库的拆分详细说明如下：

- 数据库的水平拆分是将同一个数据表拆分为多个数据表，不同数据表生成在不同数据库中，即我们常说的分库分表。
- 数据库的垂直拆分是按照业务将表进行分类，例如将人员信息表按照性别或居住地拆分为不同数据表存储。

微服务是一种架构概念，它将功能分解成不同的服务，以降低系统的耦合性，提供更加灵活的服务支持，各个服务之间通过API进行通信。从微服务架构的设计模式来看，它包含开发、测试、部署和运维等多方面因素。

从概念来看，分布式和微服务十分相似，微服务也是拆分网站功能，但它只对系统执行垂直拆分，并且拆分粒度更细，每个服务自成一体，具有较强的兼容性。

第2章 项目需求与设计

本章学习内容：

- 需求分析说明
- 系统设计说明
- 前后端分离架构
- API规范与设计
- 商城API设计方案
- 搭建Mock Server

2.1 需求分析说明

假设我们是一家软件开发公司，公司员工分别有需求工程师、网页设计师、前端工程师、后端工程师和测试工程师，现有一名客户想开发自家的购物平台，该客户拥有实体门店，专售母婴产品。大多数情况下，客户对网站平台的开发流程只有表面的认知，他们不会提出详细的需求，只会说出他们的目的，比如“我只想有一个自家的购物平台，能让我的客户在线购买产品，好像淘宝那样就行了。”在实际开发中，我们肯定不能直接仿造淘宝交付给客户，毕竟客户有自己的实体门店，应结合门店现有的业务流程定制购物平台。

对于客户的精简需求，需求工程师需要深入了解客户的具体需求，比如了解客户现有的顾客量、产品类型、实体店的进销存管理方式等因素，这些都会影响网站设计模式，例如现有的顾客数量需要考虑网站的并发量，产品类型影响网站页面设计（如商品详细页的布局设计），实体店的进销存管理方式影响商品库存管理，是否考虑缺货提醒、预售功能等。

需求工程师根据客户的实际情况，梳理并归纳以下需求要点：

（1）网站需要提供搜索功能，以便于用户搜索商品。

（2）搜索结果需要根据销量、价格、上架时间和收藏数量进行排序。

（3）商品详细应有尺寸、原价、活动价、图片展示、收藏功能和购买功能。

（4）用户购买后应看到订单信息，订单信息包括支付金额、购买时间和订单状态。

（5）商品购买应支持在线支付，如支付宝或微信支付等功能。

（6）目前顾客数量约有3000人，实体店暂无进销存系统。

在需求分析阶段，需求工程师要不断地与客户反复交流，并将交流结果以Demo的方式展示给客户，直到客户确认无误为止。在此阶段，需求工程师需要使用简单的绘图软件完成Demo设计，比如Axure或Visio等软件。除此之外，需求工程师还要将收集的需求信息编写成需求规格说明书。

2.2 系统设计说明

当我们完成客户的需求分析之后，下一步是执行系统的设计说明，它包括概要设计和详细设计。概要设计划分为系统总体结构设计、数据结构及数据库设计、概要设计文档说明，详细设计是对系统每个功能模块进行算法设计、业务逻辑处理、网页界面设计、代码设计等具体的实现过程。

在概要设计阶段，系统总体结构设计需要由需求工程师和开发人员共同商议，针对用户需求来商量如何设计系统各个功能模块以及各个模块的数据结构。我们根据用户需求，网站的概要设计说明如下：

（1）网站首页应设有导航栏，并且所有功能展示在导航栏，在导航栏的下面展示各类热销商品，单击商品图片即可进入商品详细页面，导航栏上方设有搜索框，以便用户搜索相关商品。

（2）商品列表页将所有商品以一定规则排序展示，用户可以按照销量、价格、上架时间和收藏数量设置商品的排序方式，并且在页面的左侧设置分类列表，选择某一分类即可筛选出相应的商品信息。

（3）商品详细页展示某一商品的主图、名称、规格、数量、详细介绍、购买按钮和收藏按钮，并在商品详细介绍的左侧设置了热销商品列表。

（4）购物车页面在用户已登录的情况下才能访问，它是将用户选购的商品以列表形式展示，列表的每行数据包含商品图片、名称、单价、数量、合计和删除操作，用户可以增减商品的购买数量，并且能自动计算费用。

（5）个人中心页面用于展示用户的基本信息及订单信息，在用户已登录的情况下才能访问。

（6）用户登录、注册共用一个页面，如果用户账号已存在，则对用户账号和密码验证并登录，如果用户不存在，则对当前的账号和密码进行注册处理。

（7）数据库使用MySQL 8.0以上版本，数据表分别定义商品信息表、商品类别表、购物车信息表、订单信息表、用户表和用户记录表。

从概要设计可以看到，我们大概搭建了网站的整体架构，下一步是在整体架构的基础上完善各个功能模块的细节内容。在详细设计中，网站开发主要完成网页设计和数据库的数据结构，如果某些功能涉及复杂的逻辑业务，还需编写相应的算法。

根据概要设计说明，分别对网站的网页设计和数据库的数据结构进行具体设计说明。一共设计了6个网页界面，每个网页界面的设计说明如下：

网站首页划分为5个不同的功能区域：商品搜索功能、网站导航、广告轮播、商品分类热销、网站尾部，如图2-1所示，每个功能的设计说明如下。

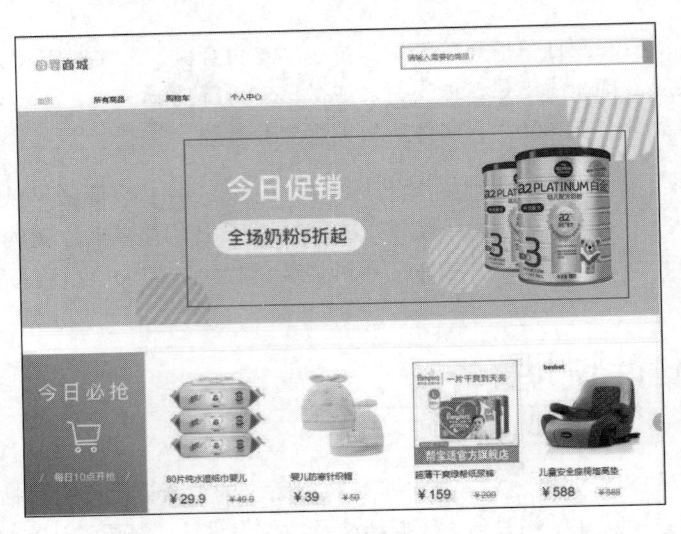

图2-1 网站首页

（1）商品搜索功能：用户输入关键字并单击“搜索”按钮，网站将进行数据查询处理，将符合条件的商品在商品列表页展示；如果在没有输入关键字的情况下单击“搜索”按钮，则网站直接访问商品列表页并展示所有的商品信息。

（2）网站导航：设有首页、所有商品、购物车和个人中心的地址链接，每个链接分别对应网站首页、商品列表页、购物车页面和个人中心页面。

（3）广告轮播：以图片形式展示，用于商品的广告宣传。

（4）商品分类热销：分为今日必抢和分类商品。今日必抢是在所有商品中获取销量前10名的商品进行排序，分类商品是在某分类的商品中获取销量前5名的商品进行排序。

（5）网站尾部：这是每个网站的基本架构，用于说明网站的基本信息，如备案信息、售后服务、联系我们等。

商品列表页分为4个功能区域：商品搜索功能、网站导航、商品分类和商品列表信息，如图2-2所示，商品分类和商品列表信息的设计说明如下。

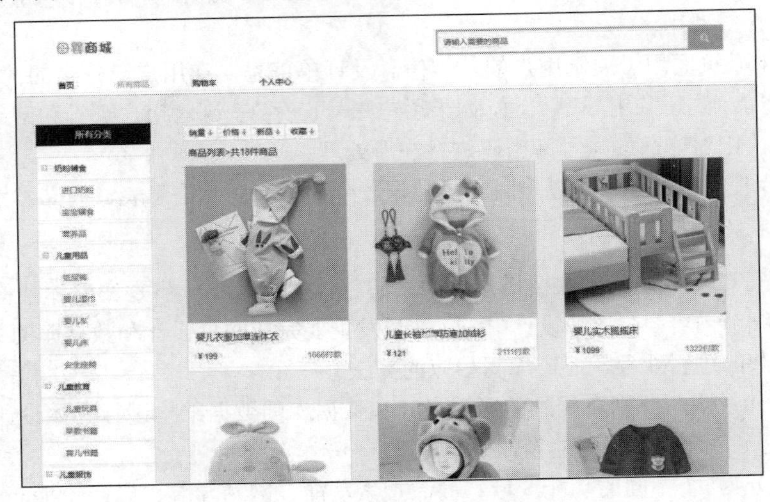

图2-2 商品列表页

（1）商品分类：当用户选择某一分类的时候，网站会筛选出对应的商品信息并在右侧的商品列表信息展示。

（2）商品列表信息：提供了销量、价格、新品和收藏的排序方式，商品默认以销量排序，并设置分页功能，每一页只显示6条商品信息。

商品详细页分为5个功能区：商品搜索功能、网站导航、商品基本信息、商品详细介绍和热销推荐，如图2-3所示，每个功能的设计说明如下。

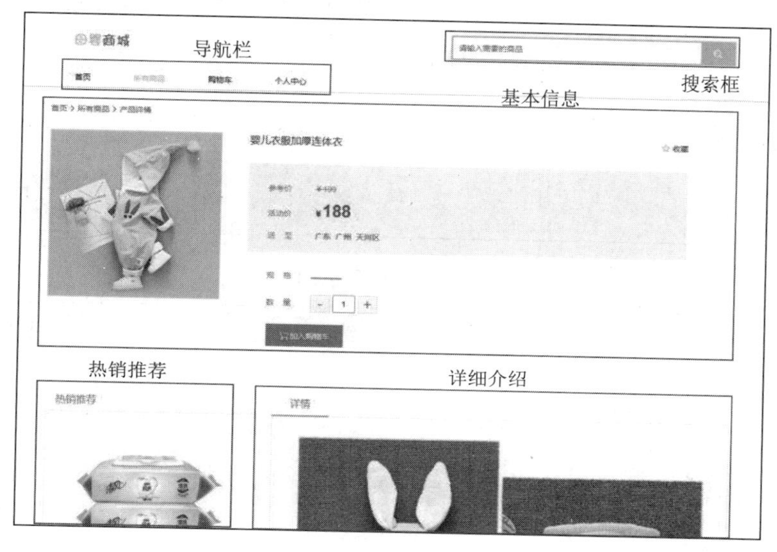

图2-3　商品详细页

（1）商品基本信息：包含商品的规格、名称、价格、主图、购买数量、收藏按钮和购买按钮。收藏按钮完成商品收藏功能，购买按钮将商品信息和购买数量添加到购物车中。

（2）商品详细介绍：以图片形式展示，用于描述商品的细节内容。

（3）热销推荐：在所有商品（排除当前商品）中获取并展示销量前5名的商品。

购物车页面分为3个功能区域：商品搜索功能、网站导航、商品的购买费用核算，如图2-4所示。商品的购买费用核算允许用户编辑商品的购买数量、选择购买的商品和删除商品，结算按钮根据购买信息自动跳转到支付页面。

个人中心页面分为4个功能区域：商品搜索功能、网站导航、用户信息和订单信息，如图2-5所示，用户信息和订单信息的设计说明如下。

（1）用户信息：在网页的左侧位置展示了用户的头像、名称和登录时间，按钮功能分别有购物车页面链接和退出登录。

（2）订单信息：以数据列表展示，每行数据包含订单编号、价格、购买时间和状态，并设置分页功能，每一页显示7条订单信息。

用户登录注册页面分为3个功能区域：商品搜索功能、网站导航、登录注册表单，如图2-6所示。登录、注册共用一个网页表单，如果用户账号已存在，则对用户账号和密码验证并登录，如果用户不存在，则对当前的账号和密码进行注册处理。

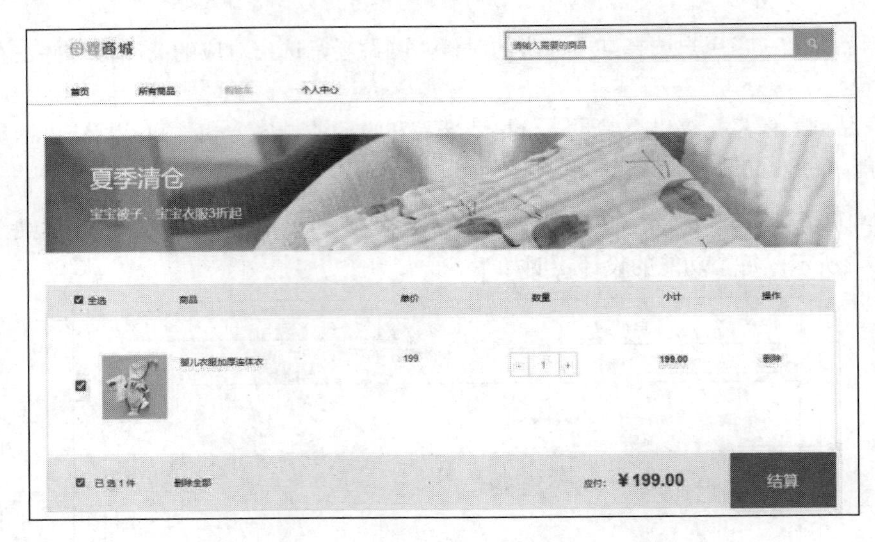

图2-4　购物车页面

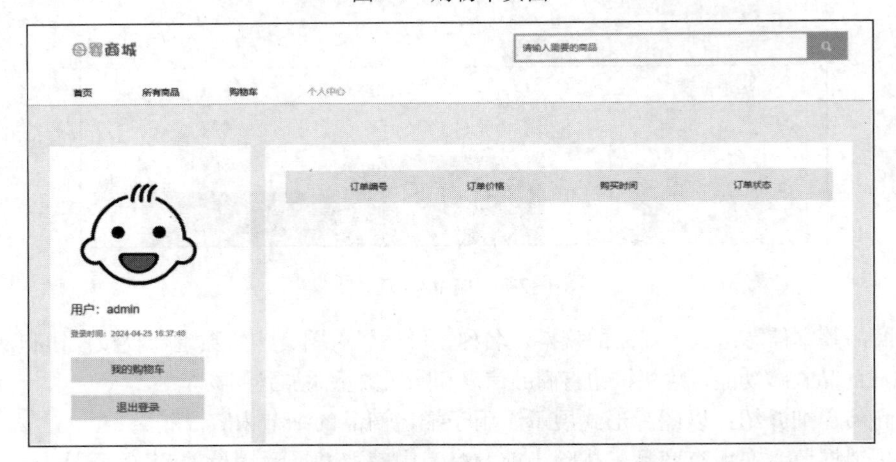

图2-5　个人中心页面

图2-6　用户登录注册页面

从网站的6个页面看到，每个页面的设计和布局都需要数据支持，比如商品的规格、名称、价格、主图等数据信息。从需求得知，我们需要定义商品信息表、商品类别表、购物车信息表、订单信息表、用户表和用户记录表，每个数据表的数据结构如表2-1所示。

表 2-1　商品信息表的数据结构

表 字 段	字段类型	含　　义
id	Bigint 类型	主键
name	Varchar 类型，长度为 255	商品名称
sizes	Varchar 类型，长度为 255	商品规格
types	Varchar 类型，长度为 255	商品类型
price	Double 类型	商品价格
discount	Double 类型	折后价格
stock	Bigint 类型	存货数量
sold	Bigint 类型	已售数量
likes	Bigint 类型	收藏数量
created	Datetime 类型	上架日期
img	Varchar 类型，长度为 255	商品主图
details	Varchar 类型，长度为 255	商品描述

从表2-1看到，商品信息表负责记录商品的基本信息，其中商品主图和商品描述是以文件路径的形式记录在数据库中的。一般来说，如果网站中涉及文件的存储和使用，那么数据库最好记录文件的路径地址。若将文件内容以二进制的数据格式写入数据库，则会对数据库造成一定的压力，从而降低网站的响应速度。

商品信息表的字段types代表商品类型，每一个商品类型都记录在商品类别表中，因此商品类别表的数据结构如表2-2所示。

表 2-2　商品类别表的数据结构

表 字 段	字段类型	含　　义
id	Bigint 类型	主键
firsts	Varchar 类型，长度为 255	一级分类
seconds	Varchar 类型，长度为 255	二级分类

商品类别表分为一级分类和二级分类，它的设计是由商品列表页的商品分类决定的，如图2-2所示，比如图2-2所示的“奶粉辅食”作为一级分类，该分类下设置了二级分类（进口奶粉、宝宝辅食、营养品），而商品信息表的字段types来自商品类别表的二级分类字段seconds。

虽然商品信息表的字段types来自商品类别表的二级分类字段seconds，但两个数据表之间并没有设置外键关系，这样的设计方式能够降低两个数据表之间的耦合性。如果网站需要改造成微服务架构或分布式架构，这种设计方式符合微服务或分布式的拆分要求。

购物车信息表的数据来自商品信息表，为了简化表字段数量，我们在购物车信息表设置字段commodity_id，该字段是商品信息表的主键id，从而使商品信息表和购物车信息表构成数据关联，这种方式不仅能简化字段数量，当商品信息发生改动时，购物车的商品信息也能及时更新。此外，购物车信息表还需要设置字段user_id，该字段是用户表的主键id，用于区分不同用户的购物车信息，因此购物车信息表的数据结构如表2-3所示。

表 2-3 购物车信息表的数据结构

表 字 段	字段类型	含 义
id	Bigint 类型	主键
quantity	Bigint 类型	购买数量
commodity_id	Bigint 类型	商品信息表的主键 id
user_id	Bigint 类型	用户表的主键 id

当购物车信息表的商品执行结算操作的时候，结算费用将写入订单信息表的字段price，并且还会根据不同用户区分相应的订单信息，因此订单信息表的数据结构如表2-4所示。

表 2-4 订单信息表的数据结构

表 字 段	字段类型	含 义
id	Bigint 类型	主键
price	Varchar 类型，长度为 255	订单总价
created_at	Datetime 类型	订单创建时间
user_id	Bigint 类型	用户表的主键 id
state	Bigint 类型	订单状态
pay_info	Varchar 类型，长度为 255	支付编号

从购物车信息表和订单信息表得知，它们设有用户表的主键id，用户表主要记录用户信息，包含用户名、登录密码、身份标识、最后一次登录时间，其数据结构如表2-5所示。

表 2-5 用户表的数据结构

表 字 段	字段类型	含 义
id	Bigint 类型	主键
username	Varchar 类型，长度为 255	用户名
password	Varchar 类型，长度为 255	登录密码
is_staff	Bigint 类型	身份标识，区分用户和管理员
last_login	Datetime 类型	最后一次登录时间

用户记录表用于记录用户操作记录，主要实现商品收藏，因此用户记录表的数据结构如表2-6所示。

表 2-6 用户记录表的数据结构

表 字 段	字段类型	含 义
id	Bigint 类型	主键
commodity_id	Bigint 类型	商品信息表的主键 id
user_id	Bigint 类型	用户表的主键 id

综上所述，我们对商品信息表、商品类别表、购物车信息表、订单信息表、用户表和用户记录表的数据关系进行整理，数据结构关系如图2-7所示。

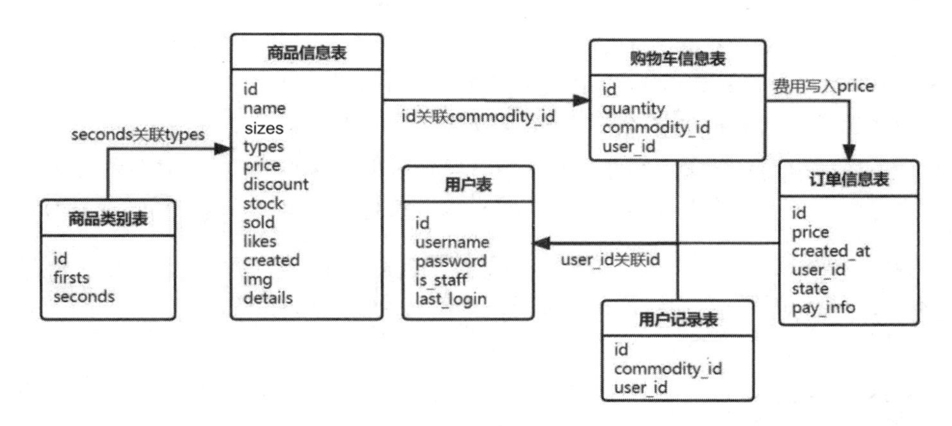

图2-7　数据表的数据关系

2.3　前后端分离架构

在传统开发模式（前后端不分离）中，前后端具备高耦合，导致前后端开发人员的功能不能同步进行，例如前端人员必须完成静态页面开发，后端人员才能进行网页数据渲染和展示；后端人员完成网页数据渲染和展示，前端人员才能调整网页功能。每个开发环节只能一步一步按序执行，只要在某个环节出现问题，就会拖延整个项目的开发进度。

前后端分离，已经成为当前主流的Web开发方式，它具备以下优点：

- 使前后端开发人员分工明确。原本由后端开发人员负责的数据渲染和展示将交由前端开发人员完成，后端开发人员主要负责业务逻辑处理和提供API，前端开发人员主要负责UI界面设计开发和网页数据渲染展示。
- 解除前后端耦合。将前端UI界面和后端服务数据分离，使后端的API能分别服务于不同的前端UI界面，例如传统PC网页、移动端H5、App等，提高了后端服务的可复用性和可维护性，同时也有利于后端向分布式微服务架构的演变。
- 提高开发效率。前后端开发人员可以同时进行开发，互不干扰，只要双方遵循统一规范（产品原型及API文档）就能各自独立开发，开发完成后进行联合测试（俗称联调）。

前后端分离虽然是当前主流的Web开发方式，但任何事情都没有绝对的好与坏，前后端分离也存在一些缺点，笔者认为主要问题在于开发人员之间的沟通与协调，详细说明如下：

- 由于前端开发需要承担页面设计和数据渲染的工作，数据需要通过调用后端提供的API获取，因此API文档就成为前端和后端的主要枢纽，但随着需求的调整以及项目的快速迭代，页面功能和API也会随之出现变动，这时导致双方之间的沟通成本大大增加。如果没有良好的沟通机制和API文档管理规范，将会导致双方因为过错而互相推诿，影响产品周期和团队建设。
- 虽然前后端的开发任务可以同时进行，但前端开发还是离不开后端的API数据支持。为了解决前后端这种依赖关系，前端可以借助Mock Server（Mock Server是通过模拟真实的API服务提供HTTP请求与响应的）暂时获取数据支持，从而完成基本的数据渲染功能。

- 搭建Mock Server必须按照API文档进行，否则前后端联调很容易出现各种问题。但是Mock Server很难完全覆盖后端所有API的业务逻辑，因此前后端之间还需要联调。在联调过程中也会因为某些问题出现推诿与争吵，例如某个按钮的隐藏与显示，前端可以根据API的多个字段进行判断，但是前端开发人员觉得这样实现比较麻烦，特意让后端开发人员生成一个新的字段，而后端开发人员觉得这样做没必要，从而出现彼此之间的推诿与争吵。

综上所述，前后端分离对比传统开发（前后端不分离）更具优势，虽然增加了开发人员之间的沟通成本，但只要在开发初期规范整个开发流程是完全可以避免的。

2.4 API 规范与设计

应用程序编程接口（Application Programming Interface，API）是应用程序对外提供的一个数据入口，它可以是一个函数或类方法，也可以是一个URL地址或者一个网络地址。当客户端调用数据入口时，应用程序会执行对应的代码操作，为客户端完成对应的功能。

为了在团队内部形成共识，防止个人习惯差异引起的混乱，团队需要找到一种规范能够让后端开发人员编写的接口一目了然，减少前后端双方之间的合作成本。目前主流的API规范有RPC（Remote Procedure Call，远程过程调用）和RESTful API，两者分别说明如下：

- RPC并不是一个网络协议，而是一种调用方式，它是让客户端通过API调用服务器的一个函数方法，服务器会将调用结果返回给客户端。
- RESTful API用于定义API设计风格，基于HTTP实现，使用XML或JSON格式传递数据。这种设计风格理念认为后端开发的任务就是提供数据服务，并支持数据资源的对外访问功能，当客户端访问API时表示操作相应的数据资源，操作数据资源分别使用POST、DELETE、GET、PUT等请求方式实现对数据的增删查改。

1. 规范请求方式

前后端分离架构主要使用RESTful API实现数据传递与交互，同一个API使用不同的请求方式可以实现数据的增删查改操作，POST请求实现数据新增，DELETE请求实现数据删除，GET请求实现数据读取，PUT/PATCH请求实现数据修改。我们以读写学生信息为例，API设计如表2-7所示。

表 2-7 API 设计表 1

请求方式	URL 地址	数据操作
GET	xxx/api/students/	获取学生信息
POST	xxx/api/students	新增学生信息
DELETE	xxx/api/students/<id>/	删除某个学生信息，<id>代表某个学生的主键 id
PUT/PATCH	xxx/api/students/<id>/	修改某个学生信息，<id>代表某个学生的主键 id

在实际开发中，一个API可以只使用一种或两种请求方式，并且以GET或POST请求为主，GET请求执行数据读取，POST请求则执行数据新增、修改或删除。对于同一数据模型的增删改操作，可以使用不同API实现，或者在同一个API设置不同请求参数实现。

虽然这种设计方法不太符合RESTful API的设计规范，但在业界使用较为广泛，例如CSDN的提交博客评论和删除博客评论的API，如图2-8所示。

如果使用业界常用的API设计方式，继续以读写学生信息为例，API设计如表2-8所示。

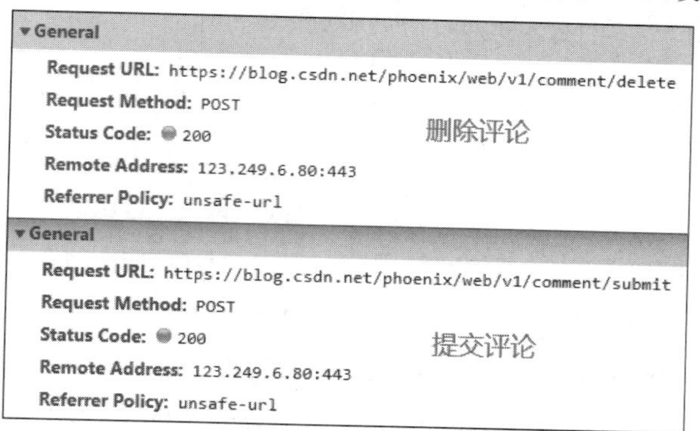

图2-8　CSDN的提交博客评论和删除博客评论的API

表 2-8　API 设计表 2

请求方式	URL 地址	数据操作
GET	xxx/api/students/list/	获取所有学生信息
POST	xxx/api/students/add/	新增学生信息，如果请求参数的学生信息在数据库中不存在，则执行新增，否则提示新增失败
POST	xxx/api/students/delete/	删除某个学生信息，请求参数必须含有某个学生的主键 id，否则删除失败
POST	xxx/api/students/edit/	修改学生信息，请求参数必须含有某个学生的主键 id，否则提示修改失败

综上所述，RESTful API不同的请求方式执行不同的数据操作，其中POST请求允许同时实现数据的增删改操作。在一个项目中，必须统一规范所有API的请求方法，不能出现不同API使用不同请求方式执行数据新增操作，例如使用POST请求修改学生信息，使用PUT请求修改课程信息。

2. 规范URL命名

URL地址是API的访问入口，URL地址的命名规则含有域名、版本和路径，详细说明如下：

- 域名尽量使用API专用域名，例如https://api.example.com；如果API数量不多，并且不会有太多扩展，也可以考虑放在主域名，例如https://www.example.com/api/。
- 版本代表API的迭代信息，在版本更新过程中，新旧版本的API允许同时存在，以便于用户逐步迁移。如果API没有版本信息，API的业务逻辑变更太大，当更新API时，很可能导致用户在访问过程中出现异常。

API的版本信息通常放入URL地址，详细示例如下：

```
http://www.example.com/v1/students
http://www.example.com/v2/students
```

除将版本信息放入URL地址外，还可以将版本号放在HTTP的请求头中，但没有放入URL地址方便和直观。

- 路径代表资源路径，可以理解为读写某个数据资源的具体路径。RESTful API推荐使用小写英文单词的复数形式表示。一般情况下，资源路径写在版本号后面，例如CSDN的博客点赞接口（https://blog.csdn.net//phoenix/web/v1/article/like），URL的v1代表版本号，v1后面的article代表博客文件，article后面的like代表点赞。

在资源路径中，还可以使用变量设置，例如给用户添加角色或修改用户密码：

```
# 给用户添加角色
/v1/users/{user_id}/roles/{role_id}/
# 修改用户密码
/v1/users/{user_id}/password/modify/
```

总的来说，资源路径建议写在版本号后面，并且推荐使用小写英文单词的复数形式表示，整个项目的资源路径命名尽量保持统一，例如CSDN的提交博客评论和删除博客评论切勿改为xxx/v1/comment/submit和xxx/v1/delete/comment/，应保证每个URL的动名词排序一致。

3. 规范响应结果

API的响应结果是后端返回前端的数据，响应结果包含状态码，它主要分为五大类，不同状态码代表不同含义，详细说明如表2-9所示。

表 2-9　HTTP 状态码

HTTP 状态码	说　明
1XX	表示当前本次请求还在持续，还没结束
2XX	表示当前本次请求成功
3XX	表示当前本次请求成功，但是服务器进行代理操作或重定向
4XX	表示当前本次请求失败，主要是客户端发生了错误
5XX	表示当前本次请求失败，主要是服务器发生了错误

除状态码外，响应结果主要是响应数据，响应数据的数据格式应尽量使用JSON，避免使用XML，并且每个API返回的响应数据格式应保持一致。

在RESTful API规范中，当访问API失败时，应根据失败原因设置相应的HTTP状态码和响应数据，例如CSDN博客点赞API，如果在用户未登录状态下单击点赞按钮，API应该返回400状态码以及异常信息提示，或者返回301（302）状态码以及提示用户登录。

但在业界中，同一个API只有200状态码，API调用失败或异常信息都会写入响应数据的某个字段。以CSDN博客点赞API为例，我们直接在API管理软件调用API，响应结果的状态码为200，响应数据的code字段等于400，如图2-9所示。

如果在正常状态（即用户已登录状态）下单击博客点赞按钮，那么API返回响应结果的状态码为200，响应数据的code字段等于200，如图2-10所示。

虽然上述设计方法不太符合RESTful API的设计规范，但在业界使用较为广泛，笔者认为其广泛使用的原因在于无论API调用失败或者成功，前端都要获取响应数据进行数据处理，将响应状态码直接写入响应数据，前端无须再获取响应状态码进行判断。

图2-9　博客点赞API调用失败

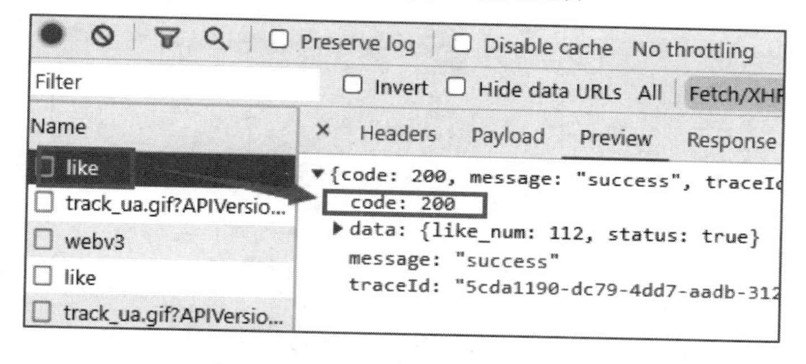

图2-10 博客点赞API调用成功

2.5　商城 API 设计方案

我们知道商城一共分为6个页面：网站首页、商品列表页、商品详细页、购物车页面、个人中心页面、用户登录注册页面，每个页面所需的API说明如下。

- 网站首页分5个功能区域，分别为商品搜索功能、网站导航、广告轮播、商品分类热销、网站尾部，其中只有商品分类热销需要后端提供API获取真实数据。商品分类热销又分为今日必抢和分类商品：今日必抢是在所有商品中获取销量前10名的商品进行排序；分类商品是在某分类的商品中获取销量前5名的商品进行排序。
- 商品列表页分为4个功能区域，分别为商品搜索功能、网站导航、商品分类和商品列表信息，其中商品分类和商品列表信息需要后端提供API获取真实数据，并且支持销量、价格、上架时间和收藏数量的排序方式，商品默认以销量排序，并设置分页功能，每一页只显示6条商品信息。
- 商品详细页分为5个功能区，分别为商品搜索功能、网站导航、商品基本信息、商品详细介绍和热销推荐，其中商品基本信息包含商品收藏、加购功能，因此商品基本信息、商品详细介绍和热销推荐需要后端提供API支持。

- 购物车页面分为3个功能区域，分别为商品搜索功能、网站导航、商品的购买费用核算，其中商品的购买费用核算需要后端提供API支持，分别用于获取购物车商品列表、删除购物车商品和在线支付。
- 个人中心页面分为4个功能区域分别为商品搜索功能、网站导航、用户信息和订单信息，其中用户信息和订单信息需要后端提供API获取真实数据。
- 用户登录注册页面分为3个功能区域分别为商品搜索功能、网站导航、登录注册表单，其中登录注册表单的“注册登录”按钮会触发后端的API请求。

根据上述分析得知，我们分别为每个页面设计相应的API，详细设计方案说明如下：

网站首页的商品分类热销API以GET请求方式进行访问，API无须请求参数；响应状态码以200表示，响应数据存放在data字段，详细的API文档如下：

```
URL: 127.0.0.1:8000/api/v1/home/
请求方式: GET
请求参数: 无
响应失败: {"state": "success", "msg": "获取成功", "data": {}}
响应成功: {
    "state": "success",
    "msg": "获取成功",
    "data": {
        # 今日必抢
        "commodityInfos": [
            [{
                "id": 17,
                "name": "80片纯水湿纸巾婴儿",
                "sizes": "湿纸巾",
                "types": "婴儿湿巾",
                "price": 49.9,
                "discount": 29.9,
                "stock": 1235,
                "sold": 5674,
                "likes": 2317,
                "created": "2020-02-24",
                "img": "/media/imgs/p17.jpg",
                "details": "/media/details/p17_details.jpg"
            }],
            [{
                "id": 13,
                "name": "宝宝芝麻粉辅食调味拌饭",
                "sizes": "辅食调味",
                "types": "宝宝辅食",
                "price": 59.0,
                "discount": 39.0,
                "stock": 1234,
                "sold": 3453,
                "likes": 2321,
                "created": "2020-02-24",
                "img": "/media/imgs/p13.jpg",
                "details": "/media/details/p13_details.jpg"
            }]
        ],
```

```
        # 分类商品
        "clothes": [{
            "id": 1,
            "name": "婴儿衣服加厚连体衣",
            "sizes": "粉色",
            "types": "童装",
            "price": 199.0,
            "discount": 188.0,
            "stock": 1314,
            "sold": 1666,
            "likes": 666,
            "created": "2020-02-24",
            "img": "/media/imgs/p1.jpg",
            "details": "/media/details/p1_details.jpg"
        }],
        # 分类商品
        "food": [{
            "id": 11,
            "name": "婴儿面条宝宝辅食无添加",
            "sizes": "面条",
            "types": "宝宝辅食",
            "price": 30.0,
            "discount": 20.0,
            "stock": 3211,
            "sold": 1231,
            "likes": 2152,
            "created": "2020-02-24",
            "img": "/media/imgs/p11.jpg",
            "details": "/media/details/p11_details.jpg"
            }],
        # 分类商品
        "goods": [{
            "id": 17,
            "name": "80片纯水湿纸巾婴儿",
            "sizes": "湿纸巾",
            "types": "婴儿湿巾",
            "price": 49.9,
            "discount": 29.9,
            "stock": 1235,
            "sold": 5674,
            "likes": 2317,
            "created": "2020-02-24",
            "img": "/media/imgs/p17.jpg",
            "details": "/media/details/p17_details.jpg"
        }]
    }
}
```

商品列表页的商品列表信息API以GET请求方式进行访问，请求参数分别为types、search、sort；响应状态码以200表示，响应数据存放在data字段，详细的API文档如下：

```
URL：127.0.0.1:8000/api/v1/commodity/list/
请求方式：GET
```

```
请求参数：/api/v1/commodity/list/?types=xx&search=xx&sort=xx&page=x
    types：参数类型为String，非必填参数，用于获取某个分类的商品列表信息。
    search：参数类型为String，非必填参数，用于获取符合搜索框内容的商品列表信息。
    sort：参数类型为String，非必填参数，用于商品列表信息排序显示，默认以销量排序。
    page：参数类型为String，非必填参数，代表当前页数，默认值为1
响应失败：{"state": "success", "msg": "获取成功", "data": {}}
响应成功：{
    "state": "success",
    "msg": "获取成功",
    "data": {
        # 商品分类列表
        "types": [{
            "name": "孕妈专区",
            "value": [
                "孕妇装",
                "孕妇护肤",
                "孕妇用品"
            ]
        }],
        # 商品列表信息
        "commodityInfos": {
            "data": [{
                "id": 5,
                "name": "婴儿秋冬连体衣冬装衣服",
                "sizes": "粉色",
                "types": "童装",
                "price": 145.0,
                "discount": 111.0,
                "stock": 1341,
                "sold": 3412,
                "likes": 2356,
                "created": "2020-02-24",
                "img": "/media/imgs/p5.jpg",
                "details": "/media/details/p5_details.jpg"
            }],
            "previous": 0,          # 前一页的页数
            "next": 2,              # 下一页的页数
            "count": 18,            # 商品总数
            "pageCount": 3          # 当前页数
        }
    }
}
```

商品详细页的商品信息API以GET请求方式进行访问，API无须请求参数，路由设有路由变量id；响应状态码以200表示，响应数据存放在data字段，详细的API文档如下：

```
URL：127.0.0.1:8000/api/v1/detail/:id/
请求方式：GET
请求参数：无
响应失败：{"state": "success", "msg": "获取成功", "data": {}}
响应成功：{
```

```
    "state": "success",
    "msg": "获取成功",
    "data": {
        # 商品信息
        "commodities": {
            "id": 1,
            "name": "婴儿衣服加厚连体衣",
            "sizes": "粉色",
            "types": "童装",
            "price": 199.0,
            "discount": 188.0,
            "stock": 1314,
            "sold": 1666,
            "likes": 666,
            "created": "2020-02-24",
            "img": "/media/imgs/p1.jpg",
            "details": "/media/details/p1_details.jpg"
        },
        # 推荐商品列表
        "recommend": [
            {
                "id": 17,
                "name": "80片纯水湿纸巾婴儿",
                "sizes": "湿纸巾",
                "types": "婴儿湿巾",
                "price": 49.9,
                "discount": 29.9,
                "stock": 1235,
                "sold": 5674,
                "likes": 2317,
                "created": "2020-02-24",
                "img": "/media/imgs/p17.jpg",
                "details": "/media/details/p17_details.jpg"
            }
        ],
        # 判断商品是否已收藏
        "likes": false
    }
}
```

商品详细页的收藏功能API以POST请求方式进行访问，请求参数以JSON格式表示，参数id代表商品的主键id；响应状态码以200表示，响应数据的字段state等于fail代表收藏失败，等于success代表收藏成功，详细的API文档如下：

```
URL: 127.0.0.1:8000/api/v1/commodity/collect/
请求方式：POST
请求参数：{"id": xxx}
    id:参数类型为Int，必填参数，它代表某个商品的主键ID。
响应失败：{"state": "fail", "msg": "收藏失败"}
响应成功：{"state": "success", "msg": "收藏成功"}
```

商品详细页的加入购物车API以POST请求方式进行访问，请求参数以JSON格式表示，参数id代表商品的主键id，参数quantity代表购买数量；响应状态码以200表示，响应数据的字段state等于fail代表加购失败，等于success代表加购成功，详细的API文档如下：

```
URL：127.0.0.1:8000/api/v1/shopper/shopcart/
请求方式：POST
请求参数：{"id": xxx, "quantity": xxx}
    id:参数类型为Int，必填参数，它代表某个商品的主键ID。
    quantity:参数类型为Int，必填参数，它是购买商品的数量。
响应失败：{"state": "fail", "msg": "加购失败"}
响应成功：{"state": "success", "msg": "加购成功"}
```

购物车页面的商品列表API以POST请求方式进行访问，无须设置请求参数，它会根据当前用户的登录状态获取相应的购物车信息；响应状态码以200表示，购物车信息存放在data字段，详细的API文档如下：

```
URL：127.0.0.1:8000/api/v1/shopper/shopcart/
请求方式：GET
请求参数：无
响应失败：{"state": "success", "msg": "获取成功", "data": []}
响应成功：{
    "state": "success",
    "msg": "获取成功",
    "data": [
        {
            "id": 35,
            "quantity": 1,
            "user_id": 1,
            "commodityInfos_id": {
                "id": 14,
                "name": "纽曼思海藻油DHA软胶囊",
                "sizes": "DHA软胶囊",
                "types": "营养品",
                "price": 499.0,
                "discount": 399.0,
                "stock": 3231,
                "sold": 3412,
                "likes": 1234,
                "created": "2020-02-24",
                "img": "/media/imgs/p14.jpg",
                "details": "/media/details/p14_details.jpg"
            }
        }
    ]
}
```

购物车页面的删除商品API以POST请求方式进行访问，请求参数为carId；响应状态码以200表示，响应数据的字段state等于fail代表删除失败，等于success代表删除成功，详细的API文档如下：

```
URL：127.0.0.1:8000/api/v1/shopper/delete/
请求方式：POST
```

```
请求参数：{"carId": xxx}
    carId:参数类型为Int，必填参数，它是当前用户某行购物车信息，若等于0，则删除所有信息。
响应失败：{"state": "fail", "msg": "删除失败"}
响应成功：{"state": "success", "msg": "删除成功"}
```

购物车页面的在线支付API以POST请求方式进行访问，请求参数total代表结算金额，参数值可以带有人民币符号¥或整数类型；请求参数payInfo代表订单的在线支付编号；请求参数cartId代表购物车信息，购物车的商品创建订单后将移出购物车；响应状态码以200表示，响应数据的字段data是支付宝支付页面链接，以便于前端进行跳转，详细的API文档如下：

```
URL：127.0.0.1:8000/api/v1/shopper/pays/
请求方式：POST
请求参数：{"total": xxx, "payInfo": xxx , "cartId": xxx }
    total:参数类型为String或Int，必填参数，代表当前购物车结算总价。
    payInfo:参数类型为String，非必填参数，代表订单的在线支付编号。
    cartId:参数类型为数组，非必填参数，代表购物车的商品创建订单后将移出购物车。
响应失败：{"state": "fail", "msg": "支付失败", "data": ""}
响应成功：{"state": "success", "msg": "支付成功", "data": "xxx"}
```

个人中心页面的用户退出API以POST请求方式进行访问，无须设置请求参数；响应状态码以200表示，响应数据的字段state等于fail代表退出失败，等于success代表退出成功，详细的API文档如下：

```
URL：127.0.0.1:8000/api/v1/shopper/logout/
请求方式：POST
请求参数：无
响应失败：{"state": "fail", "msg": "退出失败"}
响应成功：{"state": "success", "msg": "退出成功"}
```

个人中心页面的和订单信息API以GET请求方式进行访问，请求参数out_trade_no代表支付完成后，支付宝跳转个人中心页面所设置的订单编号，后端通过获取请求参数out_trade_no写入订单数据；响应状态码以200表示，订单信息存放在data字段，详细的API文档如下：

```
URL：127.0.0.1:8000/api/v1/shopper/home/
请求方式：GET
请求参数：api/v1/shopper/home/?out_trade_no=xx
    out_trade_no:参数类型为String，非必填参数，代表完成支持的订单编号。
响应失败：{"state": "success", "msg": "获取成功", "data": {}}
响应成功：{
    "state": "success",
    "msg": "获取成功",
    "data": {
        "orders": [
            {
                "id": 1,
                "price": 99.9,
                "created_at": "2023-03-29",
                "pay_info": "xxxxxxx",
                "user_id": 1,
                "state": "已支付"
            }
        ]
    }
}
```

用户登录注册页面的登录注册API以POST请求方式进行访问，请求参数为username和password，分别代表用户名和密码；响应状态码以200表示，响应数据的字段state等于fail代表注册或登录失败，等于success代表登录或注册成功，详细的API文档如下：

```
URL: 127.0.0.1:8000/api/v1/shopper/login/
请求方式: POST
请求参数: {"username": xx, "password": xx}
    username:参数类型为String，必填参数，它代表用户注册登录的用户名。
    password:参数类型为String，必填参数，它代表用户注册登录的密码。
响应失败:      {"state": "fail", "msg": "注册或登录失败"}
              {"state": "fail", "msg": "请输入正确密码"}
              {"state": "fail", "msg": "注册失败"}
响应成功:      {"state": "success", "msg": "登录成功"}
              {"state": "success", "msg": "注册成功"}
```

综上所述，整个商城API设计方案说明如下：

（1）商城一共定义了10个API，每个API根据用途设置不同的请求方式和请求参数，其中购物车API（/api/v1/shopper/shopcart/）定义POST和GET请求，分别实现商品加购和获取购物车信息。

（2）所有API的响应状态码以200表示，若API用于获取数据，则判断响应数据的字段data是否为空，若data的值为空，则代表获取失败，否则代表获取成功；若API用于执行数据，则判断响应数据的字段state，state等于fail代表操作失败，state等于success代表操作成功。

2.6 搭建 Mock Server

Mock Server是简单搭建模拟服务器的框架工具，它可以模拟HTTP、HTTPS、Socket等协议。在前后端分离的开发模式中，搭建Mock Server可以实现前后端同步开发，在后端还没完成API开发之前，前端能通过Mock Server获取API的响应数据；当后端完成API开发之后，前端只需更换API的请求地址就能进行联合测试（俗称联调）。

从本质分析，Mock Server是一个简单的后端服务，并且不具备业务逻辑，每个API有明确的请求参数和固定格式的响应数据，前端能通过API请求获取响应数据，因此API的请求方式、请求参数和响应数据的数据格式必须在开发初期落实规范。

搭建Mock Server可以借助第三方工具完成，例如Postman或Apipost等API管理软件，搭建过程以界面操作为主，操作过程较为简单。以Apipost为例，Apipost支持Windows、Linux和Mac系统安装，软件下载和安装本书不做详细讲述。

在Windows系统下打开Apipost软件，当前版本为7.0，其界面如图2-11所示。

打开界面的API设计，单击“新建Http接口”，出现API配置界面。以项目首页的API为例，在API配置界面分别配置API的请求方式、请求参数和响应数据，如图2-12所示。

虽然Apipost能为我们快速搭建Mock Server，但API的响应数据难以满足开发需求，当响应数据返回JSON格式时，数据中含有数组，数组只能创建一个数组元素，不能生成多个数组元素。

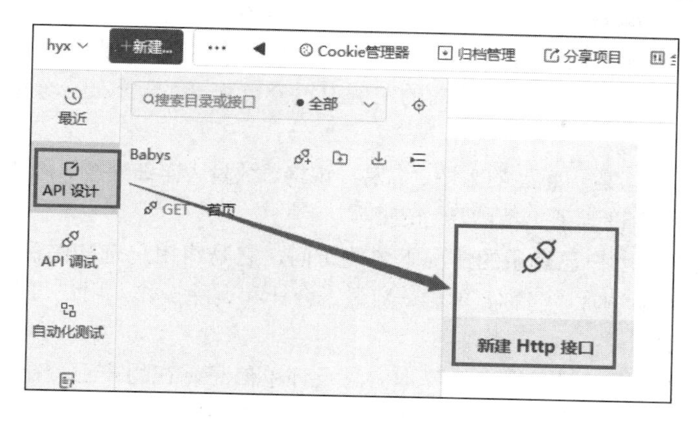

图2-11　Apipost软件

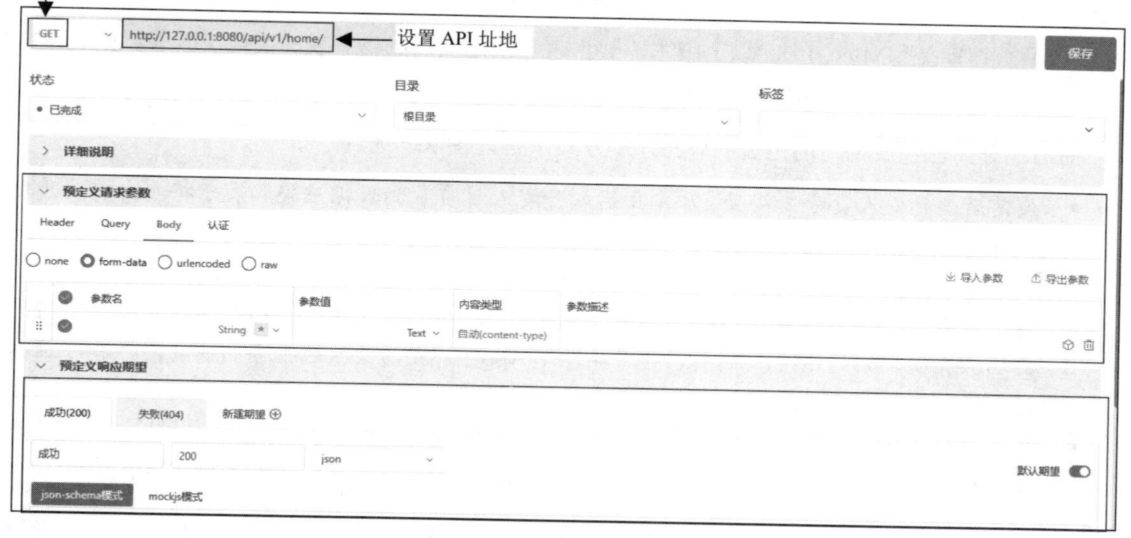

图2-12　API配置界面

除使用第三方API管理软件搭建Mock Server外，还能自己搭建Mock Server，其实现原理也是开发API，只不过API无须实现用户认证、数据加密等复杂功能，并且响应数据的数值和格式是固定不变的。

综上所述，Mock Server是将后端的API进行简化处理，以便于前端临时调用，使前端开发工作不再依赖后端的开发进度。

2.7　本章小结

系统总体结构设计需要由需求工程师和开发人员共同商议，针对用户需求来商量如何设计系统各个功能模块以及各个模块的数据结构。因此，商城网站的概要设计如下：

（1）网站首页应设有导航栏，并且所有功能展示在导航栏，在导航栏的下面展示各类热销商品，单击商品图片即可进入商品详细页面，导航栏上方设有搜索框，以便用户搜索相关商品。

（2）商品列表页将所有商品以一定的规则排序展示，用户可以按照销量、价格、上架时间和收藏数量设置商品的排序方式，并且在页面的左侧设置分类列表，选择某一分类即可筛选出相应的商品信息。

（3）商品详细页展示某一商品的主图、名称、规格、数量、详细介绍、购买按钮和收藏按钮，并在商品详细介绍的左侧设置了热销商品列表。

（4）购物车页面在用户已登录的情况下才能访问，它是将用户选购的商品以列表形式展示，列表的每行数据包含商品图片、名称、单价、数量、合计和删除操作，用户可以增减商品的购买数量，并且能自动计算费用。

（5）个人中心页面用于展示用户的基本信息及订单信息，在用户已登录的情况下才能访问。

（6）用户登录、注册共用一个页面，如果用户账号已存在，则对用户账号和密码验证并登录，如果用户不存在，则对当前的账号和密码进行注册处理。

（7）数据库使用MySQL 8.0以上版本，数据表分别定义商品信息表、商品类别表、购物车信息表、订单信息表和用户表和用户记录表。

前后端分离已经成为当前主流的Web开发方式，它具备以下优点：

- 使前后端开发人员分工明确。原本由后端开发人员负责的数据渲染和展示将交由前端开发人员完成，后端开发人员主要负责业务逻辑处理和提供API，前端开发人员主要负责UI界面设计开发和网页数据渲染展示。
- 解除前后端耦合。将前端UI界面和后端服务数据分离，使后端的API能分别服务于不同的前端UI界面，例如传统PC网页、移动端H5、App等，提高了后端服务的可复用性和可维护性，同时也有利于后端向分布式微服务架构的演变。
- 提高开发效率。前后端开发人员可以同时进行开发，互不干扰，只要双方遵循统一规范（产品原型及API文档）就能各自独立开发，开发完成后进行联合测试（俗称联调）。

目前主流的API规范有RPC（Remote Procedure Call，远程过程调用）和RESTful API，两者说明如下：

- RPC并不是一个网络协议，而是一种调用方式，它是让客户端通过API调用服务器的某个函数方法，服务器会将调用结果返回给客户端。
- RESTful API用于定义API设计风格，基于HTTP实现，使用XML或JSON格式传递数据。这种设计风格理念认为后端开发的任务就是提供数据服务，并支持数据资源的对外访问功能，当客户端访问API时表示操作相应的数据资源，操作数据资源分别使用POST、DELETE、GET、PUT等请求方式实现对数据的增删查改。

Mock Server是简单搭建模拟服务器的框架工具，它可以模拟HTTP、HTTPS、Socket等协议。在前后端分离的开发模式中，搭建Mock Server可以实现前后端同步开发，在后端还没完成API开发之前，前端能通过Mock Server获取API的响应数据；当后端完成API开发之后，前端只需更换API的请求地址就能进行联合测试（俗称联调）。

第 3 章 Golang 后端框架 Gin 入门

本章学习内容：

- Gin安装与入门
- 路由定义与路由变量
- 静态资源服务
- 路由分组管理
- 获取请求信息
- 返回响应数据
- 文件上传功能
- 中间件定义与使用

3.1 Golang 后端框架 Gin

我们选用Golang的Gin框架作为商城项目的后端技术架构，Gin是一个用Golang编写的Web框架，它具有快速运行、路由管理、异常捕获和错误处理、支持中间件，以及支持JSON、XML和HTML渲染等特性。

简单来说，Gin是一个轻量级的Web框架，高度优化路由和中间件功能，可以有效地处理大流量和高并发的请求，不仅能快速开发API，还具有模板渲染功能，换句话说，它支持前后端分离和前后端不分离的开发模式。

在安装Gin之前，我们需要搭建Golang开发环境，Gin要求Golang版本在1.13及以上，本书以Windows操作系统为例进行介绍，详细开发环境如下：

- Golang版本为1.20。
- IDE（Integrated Development Enviroment，集成开发环境）选用Goland。
- 数据库选用MySQL 8.0及以上版本。

关于Golang和Goland的安装以及环境搭建本书不进行详细讲述，读者可以自行查阅相关教程。在E盘创建文件夹MyGin，并使用Goland打开文件夹MyGin，分别通过指令创建MOD文件和安装Gin，打开Goland的Terminal分别输入以下指令：

```
// 创建MOD文件
go mod init MyGin
// 安装Gin
go get -u github.com/gin-gonic/gin
```

上述指令执行完成后，打开go.mod文件即可看到Gin的源码信息，如图3-1所示。

```
go.mod ×
1   module MyGin
2
3   go 1.20
4
5   require (
6       github.com/bytedance/sonic v1.9.1 // indirect
7       github.com/chenzhuoyu/base64x v0.0.0-20221115062448-fe3a3
8       github.com/gabriel-vasile/mimetype v1.4.2 // indirect
9       github.com/gin-contrib/sse v0.1.0 // indirect
10      github.com/gin-gonic/gin v1.9.1 // indirect
11      github.com/go-playground/locales v0.14.1 // indirect
12      github.com/go-playground/universal-translator v0.18.1 //
```

图3-1 Gin的源码信息

接下来在MyGin创建main.go文件，在main.go中使用Gin开发一个简易的Web应用程序，示例代码如下：

```
// MyGin的main.go
package main

import (
    "github.com/gin-gonic/gin"
    "net/http"
)

func main() {
    // 创建Gin对象
    r := gin.Default()
    // 定义路由和处理函数
    r.GET("/", func(c *gin.Context) {
        data := map[string]interface{}{
            "name":  "Golang",
            "value": "你好",
        }
        // 输出 : {"name":"Golang","value":"你好"}
        c.JSON(http.StatusOK, data)
    })
```

```
    // 监听并在 0.0.0.0:8000 上启动服务
    r.Run(":8000")
}
```

分析上述代码得知：

- 使用gin.Default()创建Gin对象r。
- 再由对象r定义路由的请求方式和路由处理函数。
- 最后由对象r调用run()方法运行Web服务。

总的来说，使用Gin开发Web应用程序必须创建Gin实例化对象，再由实例化对象调用相应的函数方法进行路由定义和程序运行等操作。

在Goland中运行main.go文件，运行信息如图3-2所示即代表程序运行成功，打开浏览器并访问http://127.0.0.1:8000/查看运行结果，如图3-3所示。

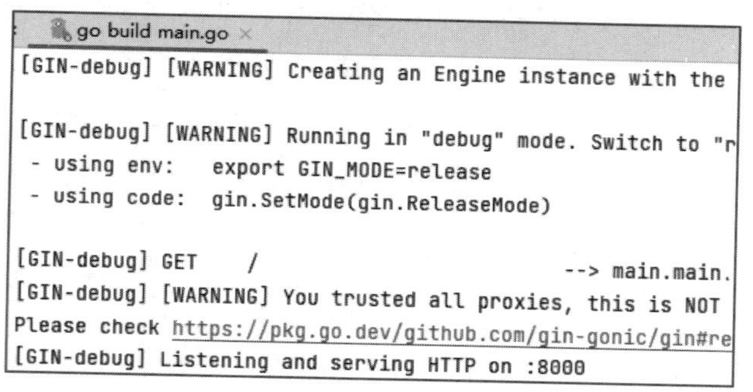

图 3-2　运行信息

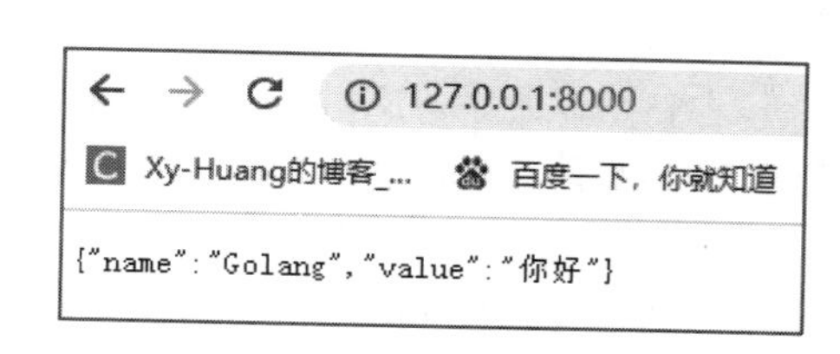

图 3-3　运行结果

3.2　路由定义与路由变量

路由称为URL（Uniform Resource Locator，统一资源定位符），也可以称为URLconf，这是对可以从互联网上得到的资源位置和访问方法的一种简洁表示，是互联网上标准资源的地址。互联网上的每个文件都有一个唯一的路由，用于指出网站文件的路径位置。简单来说，路由就是我们常说的网址，每个网址代表不同的网页。

定义路由一般以字符串格式表示，它与Linux的文件路径十分相似，Linux的“/”代表根目录，路由则以域名作为根目录，常用于网站首页，例如https://www.baidu.com/或http://127.0.0.1:8000/，并且在根目录下可以自行定义不同类别的路由，示例如下：

```
// 类似在Linux的根目录创建文件夹user
http://127.0.0.1:8000/user
// 类似在Linux的根目录创建文件夹product
http://127.0.0.1:8000/product
// 类似在Linux根目录的文件夹user中创建文件夹name
http://127.0.0.1:8000/user/name
// 类似在Linux根目录的文件夹product中创建文件夹name
http://127.0.0.1:8000/product/name
```

使用Gin定义路由必须通过Gin实例化对象调用结构体方法GET()、POST()、DELETE()、PATCH()、PUT()、OPTIONS()、HEAD()和Any()，这些结构体方法代表路由不同的请求方式，并实现路由定义过程，详细示例如下：

```
// 定义根目录（根目录常用于网站首页）的路由，仅支持GET方式访问
r.GET("/", func(c *gin.Context) {})
// 定义路由user，仅支持GET方式访问
r.GET("/user/", func(c *gin.Context) {})
// 定义路由user/login，仅支持POST方式访问
r.POST("/user/login/", func(c *gin.Context) {})
// 定义路由product，支持所有请求方式访问
r.Any("/product/", func(c *gin.Context) {})
```

从上述示例得知，Gin实例化对象的结构体方法设有两个参数，分别说明如下：

- 参数relativePath代表路由地址，它是结构体方法的第一个参数，以字符串格式表示。
- 参数handlers代表路由的处理函数，它是结构体方法的第二个参数，以函数方法格式表示。

当用户在浏览器访问某个路由地址时，Gin根据用户请求方式和已定义的路由找到对应的路由对象，再由路由的处理函数处理当前请求，并且还要输出响应数据呈现在浏览器中。

在日常开发中，有时一个路由可以代表多个不同的页面，如编写带有日期的路由，若根据前面的编写方式，按一年计算，则需要开发者编写365个不同的路由才能实现，这种做法明显是不可取的。

因此，使用Gin定义路由时，可以对路由设置路由变量，使路由具有灵活性。Gin提供两种路由变量的设置方法，示例如下：

```
// MyGin的main.go
package main

import (
    "github.com/gin-gonic/gin"
    "net/http"
)

func main() {
    // 创建Gin对象
    r := gin.Default()
    // 路由/user/:name设置路由变量name
    r.GET("/user/:name", func(c *gin.Context) {
        data := map[string]interface{}{
            "name":  "Golang1",
            "value": c.Param("name"),
        }
        // 输出 : {"name":"Golang","value":"你好"}
        c.JSON(http.StatusOK, data)
    })
    // 路由/product/*name设置路由变量name
    r.GET("/product/*name", func(c *gin.Context) {
        data := map[string]interface{}{
            "name":  "Golang2",
```

```
            "value": c.Param("name"),
        }
        // 输出 : {"name":"Golang","value":"你好"}
        c.JSON(http.StatusOK, data)
    })
    // 监听并在 0.0.0.0:8000 上启动服务
    r.Run(":8000")
}
```

分析上述代码得知：

- 路由/user/:name使用冒号“:”设置路由变量name，变量值以字符串格式表示，如果变量name后面出现斜杠“/”，那么变量值到斜杠“/”为止，例如/user/AA/bb，其变量值等于AA；如果变量name后面没有斜杠“/”，那么变量值等于变量后面的所有内容，例如/user/AAbb，其变量值等于AAbb。
- 路由/product/*name使用星号“*”设置路由变量name，变量值以字符串格式表示，变量值等于变量前面的斜杆“/”加上变量后面的所有内容，例如/product/AA/bb，其变量值等于/AA/bb。

总的来说，使用冒号“:”和星号“*”设置路由变量的区别在于斜杠“/”是否有效。冒号“:”设置路由变量会使斜杠“/”的作用生效，星号“*”设置路由变量会使斜杠“/”的作用失效。

运行上述代码，在浏览器分别访问127.0.0.1:8000/user/AG和127.0.0.1:8000/product/A/b，运行结果如图3-4所示。

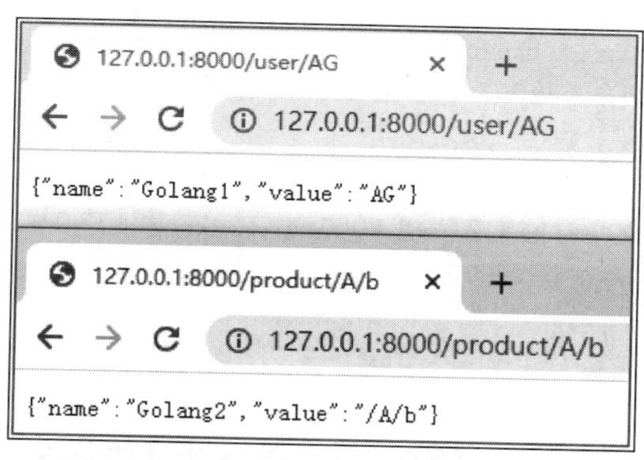

图3-4　运行结果

3.3 静态资源服务

静态资源指的是网站中不会改变的文件。在一般的应用程序中，静态资源包括CSS文件、JavaScript文件以及图片等资源文件。静态资源服务是为本地系统的某个文件夹所有文件或某个文件提供Web访问功能，也就是为本地文件提供相应的路由进行访问。

Gin提供3个结构体方法设置静态资源服务，分别为Static()、StaticFS()和StaticFile()，详细说明如下：

- StaticFS(relativePath string, fs http.FileSystem)是对整个文件夹设置静态资源服务，因此文件夹中的所有文件都会生成静态资源服务。参数relativePath代表路由地址，参数fs代表文件对象。
- Static(relativePath, root string)是在StaticFS()的基础上进行封装，两者实现的功能相同，参数relativePath的含义也相同，参数root代表文件夹的路径信息。
- StaticFile(relativePath, filepath string)的是对某个文件设置静态资源服务，参数relativePath代表路由地址，filepath代表文件的路径信息。

在MyGin创建static文件夹，分别放置文件favicon.ico和p1.jpg，然后打开main.go文件，使用Static()、StaticFS()和StaticFile()设置文件夹static和文件favicon.ico的静态资源服务，示例如下：

```
// MyGin的main.go
package main

import (
    "github.com/gin-gonic/gin"
)

func main() {
    // 创建Gin对象
    r := gin.Default()
    r.Static("/static", "./static")
    // 由于已使用Static设置，无须再使用StaticFS重复设置，因此以代码注释表示
    //r.StaticFS("/static", http.Dir("static"))
    r.StaticFile("/favicon.ico", "./static/favicon.ico")
    // 监听并在 0.0.0.0:8000 上启动服务
    r.Run(":8000")
}
```

运行上述代码，在浏览器访问127.0.0.1:8000/favicon.ico和127.0.0.1:8000/static/p1.jpg即可查看相应的文件内容，如图3-5所示。

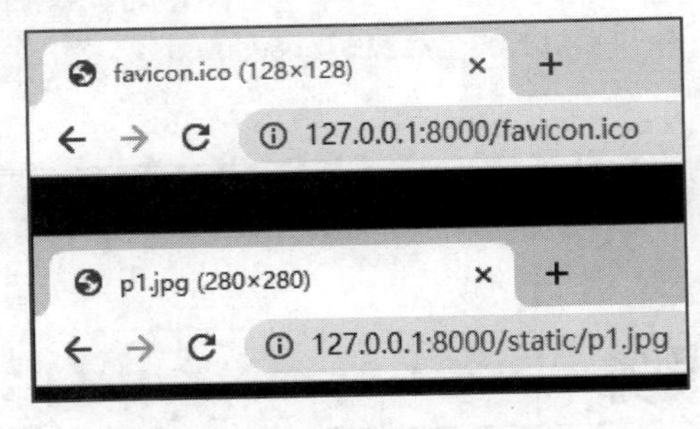

图3-5　访问静态资源服务

3.4　路由分组管理

在实际开发中，我们可能要定义大量的路由信息，当路由信息过多时就不利于维护和管理，

为了更好地管理路由信息，Gin提供了路由分组管理，例如将同一功能模块的所有路由设为同一组，当出现变更时也能快速处理和响应，同时也不会影响其他分组的路由。

以用户功能和产品信息为例，用户功能包含注册、登录、退出、个人查询和修改功能，产品信息包含产品查询、修改功能。根据每个功能定义相应路由，并对所有路由设置分组管理，示例如下：

```
// MyGin的main.go
package main

import (
    "github.com/gin-gonic/gin"
    "net/http"
)

// 定义路由处理函数
func handles(c *gin.Context) {
    data := map[string]interface{}{
        "name":  "Golang",
        "value": "操作成功",
    }
    c.JSON(http.StatusOK, data)
}

func main() {
    // 创建Gin对象
    r := gin.Default()
    // 设置路由的版本信息
    apiv1 := r.Group("/api/v1/")
    // 路由分组user
    user := apiv1.Group("user/")
    {
        user.POST("register/", handles)
        user.POST("login/", handles)
        home := user.Group("home/")
        // 在分组user中再分组home
        {
            home.GET("query/", handles)
            home.POST("modify/", handles)
        }
    }
    // 路由分组product
    product := apiv1.Group("product/")
    {
        product.GET("query/", handles)
        product.POST("modify/", handles)
    }
    // 监听并在 0.0.0.0:8000 上启动服务
    r.Run(":8000")
}
```

分析上述代码得知：

- 自定义函数handles()作为路由处理函数，参数c代表Gin的上下文对象，即HTTP的请求信息。
- 通过Gin实例化对象r调用结构体方法Group()创建路由分组api/v1，代表路由的版本信息，然后对路由分组api/v1再执行分组处理，分别创建路由分组user和product，代表用户和产品路由信息。
- 在路由分组user分别定义路由register和login，实现用户注册和登录，路由分组home隶属于路由分组user，分别定义路由query和modify，实现个人信息的查询和修改。
- 在路由分组product分别定义路由query和modify，实现产品信息的查询和修改。

查看结构体方法Group(relativePath string,handlers ...HandlerFunc)的源码得知，参数relativePath代表路由地址，参数handlers代表分组的所有路由需要执行的中间件。

例如，路由分组home实现用户信息的查询和修改，路由必须在用户已登录状态下才有效，如果用户尚未登录，应自动跳转到用户登录页面。

因此，路由分组home的所有路由需要加上用户验证，在结构体方法Group()中设置参数handlers即可，例如user.Group("home/")改为user.Group("home/", handles)。

综上所述，路由分组由结构体方法Group()实现，并且支持中间件和分组嵌套。分组嵌套的原理和Linux的文件系统十分相似，路由分组可以视为Linux的某个文件夹，每个分组中的路由或子分组代表某个文件或子文件夹。

3.5 获取请求信息

当在浏览器上访问某个网址时，其实质是向网站发送一个HTTP请求，一个完整的HTTP请求包含请求行、请求体和请求头，其中请求行由请求方法、请求地址（即URL）、HTTP协议及版本组成。

HTTP请求有8种请求方式，每种请求方式的说明如表3-1所示。

表 3-1 请求方式

请求方式	说　明
OPTIONS	返回服务器针对特定资源的请求方法
GET	向特定资源发出请求（访问网页）
POST	向指定资源提交数据处理请求（提交表单、上传文件）
PUT	向指定资源位置上传数据内容
DELETE	请求服务器删除 request-URL 所标识的资源
HEAD	与 GET 请求类似，返回的响应中没有具体内容，用于获取报头
TRACE	回复和显示服务器收到的请求，用于测试和诊断
CONNECT	HTTP/1.1 协议中能够将连接改为管道方式的代理服务器

在上述HTTP请求方式中，最基本的是GET请求和POST请求，网站开发者关心的也只有GET请求和POST请求。GET请求和POST请求是可以设置请求参数的，两者的设置方式如下：

- GET请求的请求参数是在路由地址后添加“？”和参数内容，参数内容以key=value形式表示，等号前面的是参数名，后面的是参数值，如果涉及多个参数，每个参数之间就使用“&”隔开，如127.0.0.1:8000/?user=xy&pw=123。
- POST请求的请求参数一般以表单的形式传递，常见的表单使用HTML的form标签，并且form标签的method属性设为POST。

对于Gin来说，请求信息来自路由处理函数的参数c，它是结构体Context的实例化对象，通过调用结构体的属性和方法就能获取相应的请求信息，我们从源码文件查看结构体Context的定义过程，如图3-6所示。

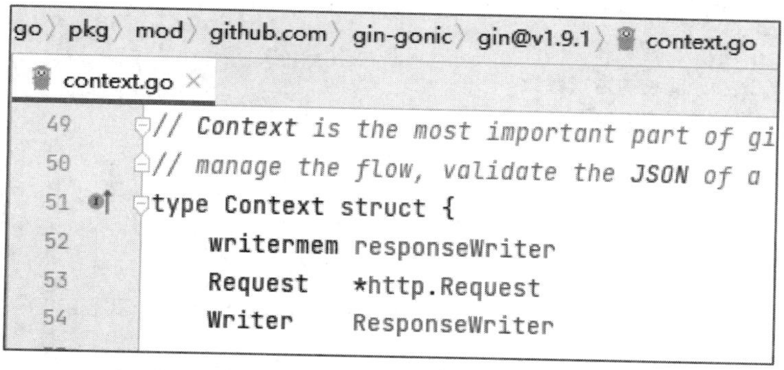

```
go 〉 pkg 〉 mod 〉 github.com 〉 gin-gonic 〉 gin@v1.9.1 〉 context.go
context.go ×
49  // Context is the most important part of gi
50  // manage the flow, validate the JSON of a
51  type Context struct {
52      writermem responseWriter
53      Request   *http.Request
54      Writer    ResponseWriter
```

图3-6　结构体Context的定义过程

由于结构体Context定义了许多属性和方法，并且每个方法也做了详细注释说明，因此列举部分常用的属性和方法，详细示例如下：

```go
// MyGin的main.go
package main

import (
    "encoding/json"
    "fmt"
    "github.com/gin-gonic/gin"
    "net/http"
)

// 定义路由处理函数
func handles(c *gin.Context) {
    // 获取当前请求类型
    method := c.Request.Method
    fmt.Printf("当前请求类型为：%v\n", method)
    // 获取当前请求地址
    urls := c.Request.URL
    fmt.Printf("获取当前请求地址为：%v\n", urls)
    // 获取当前所有Cookies
    cookies := c.Request.Cookies()
    fmt.Printf("获取当前所有Cookies为：%v\n", cookies)
    // 获取Cookies的某个键值对
    cookie, _ := c.Cookie("aa")
    fmt.Printf("获取Cookies的某个键值对：%v\n", cookie)
```

```
// 获取所有请求头信息
header := c.Request.Header
fmt.Printf("获取所有请求头信息：%v\n", header)
// 获取请求头Accept信息
accept := c.GetHeader("Accept")
fmt.Printf("获取请求头Accept信息：%v\n", accept)
// 往请求信息添加数据
c.Set("address", "GuangZhou")
// 获取请求信息的新增数据
address, _ := c.Get("address")
fmt.Printf("获取请求信息的新增数据：%v\n", address)
// 判断请求方式
if method == "GET" {
    // 获取GET请求的请求参数
    // 如果请求参数age不存在，则设置默认值为66
    age := c.DefaultQuery("age", "66")
    fmt.Printf("请求参数name的值为：%v\n", age)
    // 如果请求参数name不存在，则返回空字符串
    name1 := c.Query("name")
    fmt.Printf("请求参数name1的值为：%v\n", name1)
    // 同一请求参数存在2个或以上，使用QueryArray()以切片格式表示
    name2 := c.QueryArray("name")
    fmt.Printf("请求参数name2的值为：%v\n", name2)
} else {
    // 获取POST请求的请求参数
    // 获取表单的请求参数name
    name := c.PostForm("name")
    fmt.Printf("获取表单的请求参数name：%v\n", name)
    // 如果表单的请求参数age不存在，则设置默认值为66
    age := c.DefaultPostForm("age", "66")
    fmt.Printf("获取表单的请求参数age：%v\n", age)
    // 获取JSON数据
    var body map[string]interface{}
    var body1 struct {
        Name string `json:"name"`
    }
    // 使用GetRawData()读取JSON数据
    data, _ := c.GetRawData()
    // 可以使用结构体或集合方式表示JSON数据
    json.Unmarshal(data, &body)
    name1 := body["name"]
    fmt.Printf("获取JSON的请求参数name1：%v\n", name1)
    // 使用BindJSON()读取JSON数据
    // 可以使用结构体或集合方式表示JSON数据
    c.BindJSON(&body1)
    name2 := body1.Name
    fmt.Printf("获取JSON的请求参数name2：%v\n", name2)
}

data := map[string]interface{}{
    "name": "Golang",
```

```
            "value": "操作成功",
        }
        c.JSON(http.StatusOK, data)
}

func main() {
        // 创建Gin对象
        r := gin.Default()
        r.Any("/", handles)
        r.Run(":8000")
}
```

上述示例中，我们定义了首页路由，并且支持所有HTTP请求方式，路由的处理函数handles()演示了如何获取请求信息，详细说明如下：

- c.Request.Method来自结构体Context的属性Request，Request本身也是一个结构体，它来自Golang内置包net/http，从Request调用属性Method即可获得当前请求方式。
- c.Request.URL来自结构体Context的属性Request，从Request调用属性URL（URL本身也是一个结构体）即可获得当前请求的路由地址。
- c.Request.Cookies()来自结构体Context的属性Request，从Request调用方法Cookies()即可获得当前请求的所有Cookie信息。
- c.Cookie()来自结构体Context的方法Cookie()，它从c.Request.Cookies()获取特定的Cookie信息。
- c.Request.Header来自结构体Context的属性Request，从Request调用属性Header（Header本身是集合格式）即可获得当前请求的所有请求头信息。
- c.GetHeader()来自结构体Context的方法GetHeader()，它从c.Request.Header获取特定的请求头信息。
- c.Set(key, value)来自结构体Context的方法Set()，它从当前请求自行添加数据，常用于路由处理函数之间的数据传递。
- c.Get(key) 来自结构体Context的方法Get()，它用于获取当前请求自行添加的数据，常用于路由处理函数之间的数据传递。
- c.DefaultQuery(key, defaultValue) 来自结构体Context的方法DefaultQuery()，它用于获取路由地址上的请求参数，例如127.0.0.1:8000/?user=xy的请求参数user，支持所有请求方式，但常用于GET请求较多的情况，如果请求参数不存在，则以参数defaultValue作为默认值返回。
- c.Query(key)来自结构体Context的方法Query()，它也用于获取路由地址上的请求参数，如果请求参数不存在，则以空字符串作为返回值。
- c.QueryArray(key)来自结构体Context的方法QueryArray()，它也用于获取路由地址上的请求参数并以切片格式返回，当同一请求存在两个或两个以上的请求参数时，相同请求参数的所有数值写入同一个切片，例如127.0.0.1:8000/?name=1&name=2，使用c.QueryArray("name")即可获取切片[1,2]。
- c.PostForm(key)来自结构体Context的方法PostForm()，它从POST请求的表单中获取某个表单字段的数据，如果表单字段不存在，则以空字符串作为返回值。

- c.DefaultPostForm(key, defaultValue)来自结构体Context的方法DefaultPostForm()，它从POST请求的表单中获取某个表单字段的数据，如果表单字段不存在，则以参数defaultValue作为默认值返回。
- c.GetRawData()来自结构体Context的方法GetRawData()，它以字节方式获取请求信息的请求体（即c.Request.Body），然后写入集合或结构体获取JSON数据。
- c.BindJSON(obj)来自结构体Context的方法BindJSON()，它将请求信息的请求体（即c.Request.Body）写入参数obj获取JSON数据，参数obj常用结构体或集合表示。

值得注意的是，c.GetRawData()和c.BindJSON()不能同时使用，两者只能选其一，如果已使用其中一种方法获取JSON数据，则另一种方法将无法获取JSON数据，从而返回空值。

除上述属性和方法外，结构体Context还定义了许多实用的属性方法，如读取Query、XML、YAML和TOML；文件上传、获取请求IP地址、获取请求类型等相关使用及说明建议查阅源码文件。

3.6 返回响应数据

我们知道用户在网站中进行某个操作时，这个过程是用户向网站发送HTTP请求（Request）；而网站会根据用户的操作返回相关的网页内容，这个过程称为响应处理（Response）。

响应处理包含状态码、响应头和响应体（即响应数据），其中HTTP状态码分为5种类型，详细说明如表3-2所示。

表 3-2 状态码类型

状 态 码	说 明
100-199	服务器收到请求并需要请求者继续执行操作
200-299	用于表示请求成功
300-399	用于重定向，需要进一步执行完成请求
400-499	客户端请求异常，常见为请求错误或无法完成请求
500-599	服务器错误，常见为服务器处理请求过程中出现异常

表3-2列举了5种HTTP状态码类型，每一种类型还细分了多种类别，例如常见的200、301、302、400、401、403、404、500等，如表3-3所示。

表 3-3 状态码类别

状 态 码	说 明
200	代表客户端发送的 HTTP 请求被服务器正常处理
301	代表永久重定向，它为请求的资源分配一个新的永久 URL
302	代表临时重定向，它为请求的资源分配新的 URL
400	代表客户端的请求信息中存在语法错误
401	代表客户端的请求信息需要用户认证
403	代表客户端的请求已被拒绝，因为客户端无权访问内容
404	代表客户端的请求无法在服务器找到
500	代表服务器端在执行请求时发生了错误

响应头用来说明响应数据，例如包含Content-Disposition、Content-Encoding、Date等信息，每种信息说明不进行详细介绍，建议读者自行查阅。

响应体（即响应数据）是服务器将HTTP请求处理后返回给客户端，再由客户端通过网页形式呈现给用户，也就是说，我们在浏览器看到的网页内容都是来自响应体（即响应数据）。

响应体（即响应数据）支持多种数据类型，同一功能不同开发架构模式都会改变响应体的数据类型，例如在前后端不分离架构中，网页由后端渲染实现，响应体的数据类型主要为HTML格式；在前后端分离架构中，网页由前端框架渲染实现，响应体的数据类型主要为JSON格式。

Gin框架的响应数据支持多种数据类型，如HTML、JSON、JSONP、XML、YAML、TOML等，我们将通过示例讲述如何使用Gin返回不同类型的响应数据。

首先在MyGin创建文件夹templates，在templates中创建模板文件index.tmpl，该文件用于HTML模板渲染，文件代码如下：

```
// templates的index.tmpl
<html>
    <h1>
        {{ .name }}
    </h1>
</html>
```

然后在MyGin的main.go为不同类型的响应数据定义响应路由和处理函数，代码示例如下：

```
// MyGin的main.go
package main

import (
    "github.com/gin-gonic/gin"
    "net/http"
)

// 定义路由处理函数
func HtmlHandles(c *gin.Context) {
    // 将变量title写入模板文件index.tmpl
    c.HTML(http.StatusOK, "index.tmpl", gin.H{
        "name": "Golang",
    })
}

func JsonHandles(c *gin.Context) {
    data := gin.H{
        "name": "Golang",
    }
    c.JSON(http.StatusOK, data)
}
func JsonpHandles(c *gin.Context) {
    data := gin.H{
        "name": "Golang",
    }
    c.JSONP(http.StatusOK, data)
}
```

```
func YamlHandles(c *gin.Context) {
    data := gin.H{
        "name": "Golang",
    }
    c.YAML(http.StatusOK, data)
}

func XmlHandles(c *gin.Context) {
    data := gin.H{
        "name": "Golang",
    }
    c.XML(http.StatusOK, data)
}

func TomlHandles(c *gin.Context) {
    data := gin.H{
        "name": "Golang",
    }
    c.TOML(http.StatusOK, data)
}

func main() {
    // 创建Gin对象
    r := gin.Default()
    // 使用LoadHTMLGlob()或LoadHTMLFiles()设置HTML模板文件所在文件夹
    r.LoadHTMLGlob("templates/*")
    r.GET("/html/", HtmlHandles)
    r.GET("/json/", JsonHandles)
    r.GET("/jsonp/", JsonpHandles)
    r.GET("/yaml/", YamlHandles)
    r.GET("/xml/", XmlHandles)
    r.GET("/toml/", TomlHandles)
    r.Run(":8000")
}
```

分析上述代码得知：

- 所有不同类型的响应数据以集合格式表示，集合的key以字符串表示，集合的value以接口表示；Gin的gin.H{}是集合变量，等同于map[string]interface{}{}。
- 由结构体Context的实例化对象调用结构体方法将响应数据转换为其他数据类型，例如c.JSON()返回JSON数据，c.XML()返回XML数据等。
- 结构体方法HTML(code int, name string, obj any)设有3个参数，参数code是HTTP状态码，参数name是模板文件的路径信息，参数obj是响应数据，Gin的模板引擎将响应数据渲染在模板文件，从而生成动态网页，例如响应数据的name对应模板文件index.tmpl的变量{{ .name }}。
- 结构体方法JSON()、JSONP()、XML()、YAML()和TOML()设有两个参数：code和obj。参数code是HTTP状态码；参数obj是响应数据，不同的结构体方法自动将参数obj转换为相应的数据类型。

最后运行上述示例，在浏览器依次访问所有路由即可查看不同数据类型的响应数据，其中YAML和TOML以文件方式呈现，而HTML、JSON、JSONP和XML直接呈现在网页上，如图3-7所示。

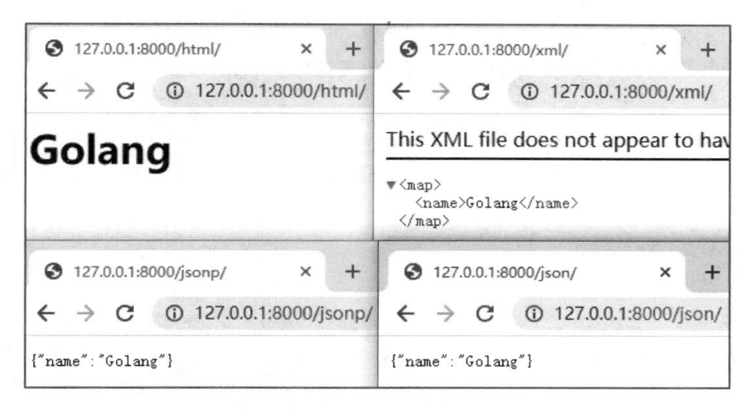

图3-7　查看HTML、JSON、JSONP和XML

除此之外，重定向功能是以特殊方式返回响应数据的，它通过路由处理函数实现路由跳转功能，分为HTTP重定向和路由重定向。HTTP重定向是从路由A调整访问路由B，路由重定向是路由A的处理函数改为路由B的处理函数，详细代码如下：

```
// MyGin的main.go
package main

import (
    "github.com/gin-gonic/gin"
    "net/http"
)

func main() {
    // 创建Gin对象
    r := gin.Default()
    r.GET("", func(c *gin.Context) {
        data := map[string]interface{}{
            "name": "Golang",
        }
        c.JSON(http.StatusOK, data)
    })
    // HTTP重定向
    r.GET("/reset/", func(c *gin.Context) {
        c.Redirect(http.StatusMovedPermanently, "/")
    })
    // 路由重定向
    r.GET("/reset2/", func(c *gin.Context) {
        // 在上下文中改变路由的路径
        c.Request.URL.Path = "/"
        // 把修改后的上下文写入路由
        r.HandleContext(c)
    })
```

```
    r.Run(":8000")
}
```

运行上述代码，打开浏览器的开发者工具并访问127.0.0.1:8000/reset/和127.0.0.1:8000/reset2/，在开发者工具的Network查看请求信息就能区分两者的差异，如图3-8所示。

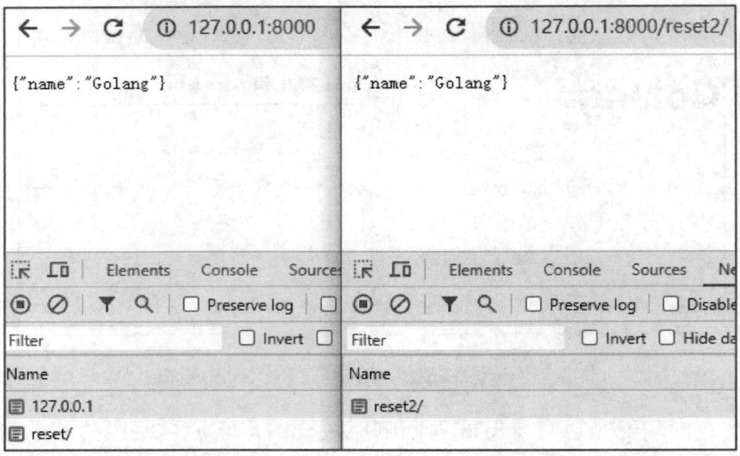

图3-8 HTTP重定向和路由重定向

3.7 文件上传功能

文件上传分为单文件上传和多文件上传，它是从浏览器读取本地文件并通过表单方式上传到服务器，本节将通过示例讲述如何使用Gin框架实现文件上传功能。

首先在MyGin分别创建文件夹static和templates，在templates创建文件index.tmpl，然后在index.tmpl编写HTML的网页表单，代码如下：

```
// templates的index.tmpl
<html>
    <div>单文件上传</div>
    <form action="/upload/" method="POST" enctype="multipart/form-data">
        <input type="file" name="file">
        <input type="submit" value="单文件上传">
    </form>

    <div>多文件上传</div>
    <form action="/uploads/" method="POST" enctype="multipart/form-data">
        <input type="file" name="file" multiple>
        <input type="submit" value="多文件上传">
    </form>
</html>
```

分析上述代码得知：

- 我们分别为单文件上传和多文件上传定义表单upload和表单uploads，表单以POST方式请求。

- 单文件上传由路由upload负责处理（即action="/upload/"），多文件上传由路由uploads负责处理（即action="/uploads/"）。
- 单文件上传和多文件上传之间的差异在于文件控件（即<input type="file">）是否设置属性multiple，若设置属性multiple，则允许上传多文件，否则只允许上传单文件。

下一步在MyGin的main.go中分别定义首页路由、路由upload和路由uploads，示例代码如下：

```
// MyGin的main.go
package main

import (
    "github.com/gin-gonic/gin"
    "net/http"
    "os"
    "path"
)

// 定义路由处理函数
func indexHandles(c *gin.Context) {
    // 将模板文件作为网页内容
    c.HTML(http.StatusOK, "index.tmpl", gin.H{})
}
func uploadHandles(c *gin.Context) {
    // 获取表单的字段file
    file, _ := c.FormFile("file")
    // 创建文件目录
    dir := "./static/upload/"
    os.MkdirAll(dir, 0666)
    // 构建文件路径
    dst := path.Join(dir, file.Filename)
    // 上传文件至指定目录
    c.SaveUploadedFile(file, dst)
    // 返回响应数据
    c.JSON(http.StatusOK, gin.H{
        "status": "success",
    })
}

func uploadsHandles(c *gin.Context) {
    // 以切片方式获取文件
    form, _ := c.MultipartForm()
    files := form.File["file"]
    // 创建文件目录
    dir := "./static/upload/"
    os.MkdirAll(dir, 0666)
    for _, file := range files {
        // 构建文件路径
        dst := path.Join(dir, file.Filename)
        // 上传文件至指定目录
        c.SaveUploadedFile(file, dst)
```

```
    }
    // 返回响应数据
    c.JSON(http.StatusOK, gin.H{
        "status": "success",
    })
}

func main() {
    // 创建Gin对象
    r := gin.Default()
    // 配置静态资源
    r.Static("/static", "./static")
    // 使用LoadHTMLGlob()或LoadHTMLFiles()设置HTML模板文件所在文件夹
    r.LoadHTMLGlob("templates/*")
    // 路由定义
    r.GET("/", indexHandles)
    r.POST("/upload/", uploadHandles)
    r.POST("/uploads/", uploadsHandles)
    r.Run(":8000")
}
```

分析上述代码得知：

- MyGin的文件夹static和templates分别设为静态资源文件夹和模板文件夹，static用于存储上传文件，templates用于首页路由读取模板文件index.tmpl。
- 首页路由的处理函数indexHandles()通过模板引擎读取模板文件，将文件内容作为响应数据并呈现在浏览器中。
- 路由upload由结构体Context的实例化对象调用FormFile()获取表单字段file，从浏览器提交表单中读取的文件信息；然后在static创建文件夹upload，再由结构体Context的实例化对象调用SaveUploadedFile()将文件信息保存在文件夹upload中。
- 路由uploads由结构体Context的实例化对象调用MultipartForm()获取表单信息，再读取表单字段file的所有文件，通过循环遍历方式将所有文件依次保存在文件夹upload中。
- 对比路由upload和路由uploads得知，单文件和多文件上传的区别在于表单信息获取途径不同，而文件保存方式是相同的，并且多文件上传方法也适用于单文件。

最后运行MyGin的main.go文件，在浏览器访问127.0.0.1:8000，在网页上分别执行单文件和多文件上传操作。文件上传成功将保存在MyGin的static/upload文件夹，如图3-9所示。

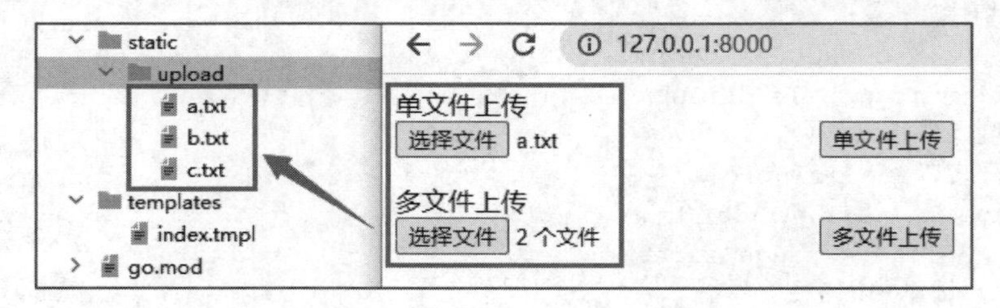

图3-9　文件上传

3.8 中间件定义与使用

Gin的中间件又称为拦截器或过滤器，它是在HTTP请求被处理的前后所执行的程序，它以函数方式表示，其本质上也是一个路由处理函数。

在使用r:=gin.Default()创建Gin实例化对象时，默认引用内置中间件Logger和Recovery，分别实现日志记录和异常恢复功能。查看中间件Logger或Recovery的定义得知，以Recovery为例，它以函数方式定义，并且函数返回值为Gin定义的HandlerFunc类型，如图3-10所示。

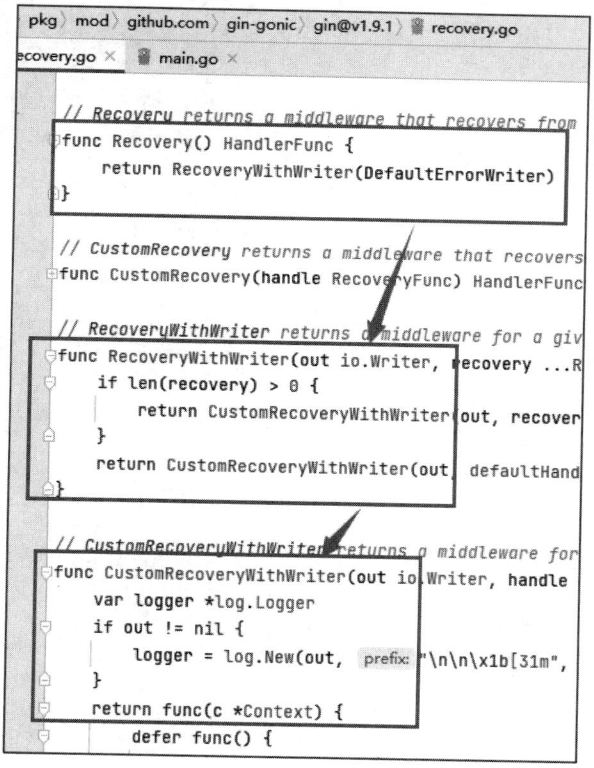

图3-10　中间件Recovery源码信息

从图3-10可以看出，中间件Recovery的函数调用关系最后由函数CustomRecoveryWithWriter实现，并且以return func(c *Context){}作为中间件Recovery的返回值。换句话说，如果我们需要自定义中间件，其代码格式如下：

```
// xxx代表自定义中间件名称
func xxx() gin.HandlerFunc{
    // 返回值以匿名函数表示
    return func(c *gin.Context) {
    }
}
func main() {
    r := gin.Default()
```

```
    // 使用中间件，实质是调用函数
    r.Use(xxx())
}
```

从中间件的定义过程得知，中间件本质是Gin定义的HandlerFunc类型，因此对中间件的定义代码进行简化，其代码格式如下：

```
// xxx代表自定义中间件名称
func xxx(c *gin.Context) {
}
func main() {
    r := gin.Default()
    // 使用中间件
    r.Use(xxx)
}
```

从简化代码可以看到，我们去掉了中间件原本的外层函数，在使用过程中，以函数名表示即可，它与路由处理函数的定义与使用是完全一样的。

下一步将通过示例讲述如何实现中间件的定义与使用，示例代码如下：

```
// MyGin的main.go
package main

import (
    "fmt"
    "github.com/gin-gonic/gin"
    "net/http"
)

// 定义路由处理函数
func handles(c *gin.Context) {
    // 返回响应
    fmt.Printf("执行路由处理函数\n")
    c.JSON(http.StatusOK, gin.H{
        "status": "success",
    })
}

func MyMiddleware(c *gin.Context) {
    if c.Query("end") == "1" {
        fmt.Printf("中间件中断了，不再往下执行\n")
        c.JSON(http.StatusOK, gin.H{
            "status": "fail",
        })
        c.Abort()
    } else {
        fmt.Printf("中间件完成执行，继续往下执行\n")
        c.Next()
        fmt.Printf("中间件已完成执行\n")
    }
}
```

```
func main() {
    // 创建Gin对象
    r := gin.Default()
    // 路由定义
    // 所有路由使用中间件MyMiddleware
    //r.Use(MyMiddleware)
    // 路由分组user使用中间件MyMiddleware
    user := r.Group("/user/", MyMiddleware)
    //user.Use(MyMiddleware)
    user.GET("/", handles)
    // 单路由使用中间件MyMiddleware
    r.GET("/school/", MyMiddleware, handles)
    r.Run(":8000")
}
```

分析上述代码得知：

- 我们分别定义路由处理函数handles和中间件MyMiddleware，两者的定义过程和函数结构是相同的。
- 中间件MyMiddleware调用了结构体方法Abort()和Next()，这是中间件的常用方法，Abort()实现终止执行，类似于循环遍历里面的break语句；Next()是跳过当前中间件，往下执行其他中间件或路由处理函数，当执行完成后再回到原来的中间件继续执行。
- 中间件的使用分为全局使用和局部使用，全局使用是所有路由都必须执行中间件处理，由Gin对象调用方法Use()即可设置全局使用，如r.Use(MyMiddleware)。
  局部使用只对部分路由执行中间件处理，如果在路由分组使用中间件，在Group()或Use()设置中间件即可，如r.Group("/user/", MyMiddleware)或user.Use(MyMiddleware)；如果在路由使用中间件，将中间件设置在路由处理函数前面即可，如r.GET("/school/", MyMiddleware, handles)。

运行示例代码，在浏览器访问127.0.0.1:8000/user/?end=1和127.0.0.1:8000/user/?end=2，在Goland分别查看后台信息，如图3-11所示。

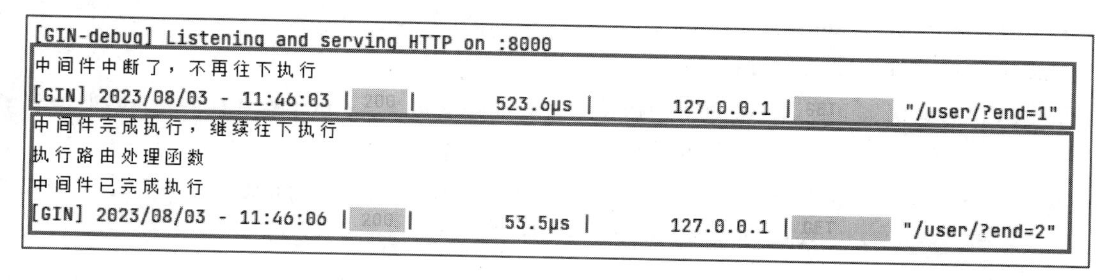

图3-11　Gin后台信息

从图3-11分析得知：

- 当访问127.0.0.1:8000/user/?end=1时，中间件MyMiddleware调用Abort()终止后续执行，将Abort()上一行代码的c.JSON()作为响应内容。也就是说，在使用Abort()之前，必须在此之前设置响应内容，否则浏览器没有内容展示。

- 当访问127.0.0.1:8000/user/?end=2时，中间件MyMiddleware调用Next()跳过当前中间件，执行路由处理函数handles()，因此输出“执行路由处理函数”；当路由处理函数执行完成后，程序回到中间件MyMiddleware继续执行，因此输出“中间件已完成执行”。

3.9 本章小结

Gin是一个轻量级的Web框架，高度优化路由和中间件功能，可以有效地处理大流量和高并发的请求，不仅能快速开发API，并且具有模板渲染功能，换句话说，它能支持前后端分离和前后端不分离的开发模式。

路由可视为我们常说的网址，每个网址代表不同的网页。定义路由一般以字符串格式表示，它与Linux的文件路径十分相似，Linux的“/”代表根目录，路由则以域名作为根目录，常用于网站首页，例如https://www.baidu.com/或http://127.0.0.1:8000/，并且在根目录下可以自行定义不同类别的路由。

Gin分别使用冒号“:”和星号“*”设置路由变量，两者的区别在于斜杠“/”是否有效。冒号“:”设置路由变量会使斜杠“/”的作用生效，星号“*”设置路由变量会使斜杠“/”的作用失效。

Gin提供3个结构体方法设置静态资源服务，分别为Static()、StaticFS()和StaticFile()，详细说明如下：

- StaticFS(relativePath string, fs http.FileSystem)是对整个文件夹设置静态资源服务，因此文件夹里面的所有文件都会生成静态资源服务。
- Static(relativePath, root string)是在StaticFS()的基础上进行封装的，两者实现的功能相同。
- StaticFile(relativePath, filepath string)是对某个文件设置静态资源服务。

Gin的路由分组由结构体方法Group()实现，并且支持中间件和分组嵌套。分组嵌套的原理和Linux的文件系统十分相似，路由分组可以视为Linux的某个文件夹，每个分组中的路由或子分组代表某个文件或子文件夹。

Gin的请求信息来自路由处理函数的参数c，它是结构体Context的实例化对象，通过调用结构体的属性和方法就能获取相应的请求信息。

- 响应处理包含状态码、响应头和响应体（即响应数据），Gin的响应数据支持多种数据类型，如HTML、JSON、JSONP、XML、YAML、TOML等。
- Gin支持单文件上传和多文件上传，分别使用FormFile()和MultipartForm()获取表单的文件信息，然后调用SaveUploadedFile()保存文件。

Gin的中间件又称为拦截器或过滤器，它是在HTTP请求被处理的前后所执行的程序，它以函数方式表示，其本质上也是一个路由处理函数，并且中间件的使用分为全局使用和局部使用。

除此之外，Gin还有许多实用功能，例如日志记录、验证器、自定义HTTP配置、运行多个服务等，详细示例建议查看官方文档https://gin-gonic.com/zh-cn/。

第 4 章

数据模型设计与应用

本章学习内容：

- Gorm安装与入门
- 模型定义与数据迁移
- 模型关联模式
- 数据创建
- 数据更新
- 数据删除
- 数据查询
- 执行原生SQL
- 链式操作
- 钩子函数
- 数据库事务

4.1 Gorm 安装与入门

开发人员经常接触的关系数据库主要有MySQL、Oracle、SQL Server、SQLite和PostgreSQL，操作数据库的方法大致有以下两种：

（1）直接使用数据库接口连接。每一种编程语言都会提供连接和操作的包或模块。这类包或模块的操作步骤都是连接数据库、执行SQL语句、提交事务、关闭数据库连接。每次操作都需要Open/Close Connection，如此频繁地操作对于整个系统无疑是一种浪费。对于一个企业级的应用来说，这无疑是不科学的开发方式。

（2）通过ORM（Object/Relation Mapping，对象—关系映射）框架来操作数据库。这是随着面向对象软件开发方法的发展而产生的，面向对象的开发方法是当今企业级应用开发环境中的主流开发方法，关系数据库是企业级应用环境中永久存放数据的主流数据存储系统。对象和关系数据是业务实体的两种表现形式，业务实体在内存中表现为对象，在数据库中表现为关系数据。内存中的对象之间存在关联和继承关系，而在数据库中，关系数据无法直接表达多对多关联和继承关系。因此，ORM系统一般以中间件的形式存在，主要实现程序对象到关系数据库数据的映射。

在实际工作中，企业级开发都是使用ORM框架来实现数据库持久化操作的，所以作为一个开发人员，很有必要学习ORM框架。

当前Golang较为常用的ORM框架有Gorm、Xorm和Gorose。其中Gorm的文档教程最为详细，并支持多国语言，如图4-1所示。

图4-1 Gorm官方网站

下面以Gorm和MySQL为例讲述如何使用Gorm实现MySQL的数据操作。在MyGin文件夹创建文件main.go，并在GoLand的Terminal窗口分别输入指令创建文件go.mod和搭建Gorm开发环境，输入并执行如下指令：

```
// 创建文件go.mod
go mod init MyGin
// 下载Gorm框架
go get gorm.io/gorm
// 下载Gorm的MySQL驱动
go get gorm.io/driver/mysql
```

上述指令分别安装Gorm框架和Gorm框架定义的MySQL驱动，使用不同数据库需要下载对应的数据库驱动，目前Gorm官方支持的数据库类型有MySQL、PostgreSQL、SQLite和SQL Server，不同数据库驱动的下载指令如下：

```
// 下载Gorm的MySQL驱动
go get gorm.io/driver/mysql
// 下载Gorm的PostgreSQL驱动
go get gorm.io/driver/postgres
// 下载Gorm的SQLite驱动
go get gorm.io/driver/sqlite
// 下载Gorm的SQL Server驱动
go get gorm.io/driver/sqlserver
```

指令执行完成后，打开文件go.mod即可看到Gorm和MySQL相关模块和依赖，如图4-2所示。

```
go.mod
1   module MyGin
2
3   go 1.20
4
5   require (
6       github.com/go-sql-driver/mysql v1.7.0 // indirect
7       github.com/jinzhu/inflection v1.0.0 // indirect
8       github.com/jinzhu/now v1.1.5 // indirect
9       gorm.io/driver/mysql v1.5.1 // indirect
10      gorm.io/gorm v1.25.2 // indirect
11  )
```

图4-2　Gorm和MySQL相关模块和依赖

下一步在MyGin的main.go使用Gorm实现MySQL数据库连接，示例代码如下：

```
// MyGin的main.go
package main

import (
    "fmt"
    "gorm.io/driver/mysql"
    "gorm.io/gorm"
    "time"
)

func main() {
    // 定义数据库连接对象
    var dsn = fmt.Sprintf("root:1234@tcp(localhost:3306)/mygo?
                        charset=utf8mb4&parseTime=True&loc=Local")
    var DB, _ = gorm.Open(mysql.Open(dsn), &gorm.Config{
        // 禁止创建数据库的外键约束
        DisableForeignKeyConstraintWhenMigrating: true,
    })
    // 设置数据库连接池
    sqlDB, _ := DB.DB()
    // SetMaxIdleConns设置空闲连接池中连接的最大数量
    sqlDB.SetMaxIdleConns(10)
    // SetMaxOpenConns设置打开数据库连接的最大数量
    sqlDB.SetMaxOpenConns(100)
    // SetConnMaxLifetime设置连接可复用的最大时间
    sqlDB.SetConnMaxLifetime(time.Hour)
}
```

分析上述代码得知：

- 构建数据库连接由变量dsn、函数方法mysql.Open()和mysql.Open()以及结构体对象Config共同完成。
- 变量dsn用于连接MySQL数据库信息，包含用户名、密码、数据库名称、IP地址、数据库编码等。调用mysql.Open()（即Gorm的MySQL驱动）使用变量dsn构建接口对象Dialector。
- 再调用gorm.Open()构建数据库对象DB，它代表MySQL的某个数据库，即变量dsn的数据库mygo连接对象。该函数的第一个参数是接口对象Dialector，第二个参数是结构体对象Config。

- 由数据库对象DB调用结构体方法DB()获得通用数据库对象sqlDB，再通过sqlDB调用相应结构体方法即可设置数据库连接池。

从源码分析结构体Config得知，它的属性用于配置数据库功能，由于每个属性所代表的功能说明均可在官方文档（gorm.io/docs/gorm_config.html和gorm.io/docs/session.html）查阅，本书便不再重复讲述。

4.2 模型定义与数据迁移

ORM是通过对象关系映射操作数据库的，也就是说数据库的每张表在程序中以对象（统称为模型）方式表示，通过操作程序对象就能实现数据表的数据处理。

在Gorm中，模型以结构体表示。默认情况下，结构体名称代表数据表名；结构体属性代表数据表字段名；结构体属性的数据类型代表数据表字段的数据类型；结构体标签代表数据表字段的属性设置，如数据长度、唯一值、主键或索引等，多个属性之间用英文格式的分号隔开，示例代码如下：

```
type Table struct {
    UserName string `gorm:"type:varchar(255);unique"`
    Password string `gorm:"type:varchar(255)"`
}
```

如将上述结构体Table转换为数据表，数据表名称和字段名都会有细微变化，详细说明如下：

- 结构体名称和结构体属性名的首个字母必须大写，以便于程序调用，这是Golang语法规则。
- 如果结构体名称是单个单词，对应表名以小写+复数形式表示，如Table的表名为tables。
- 如果结构体名称是多个单词，多个单词判断标准是否存在大写字母或下画线，对应表名是单词小写+单词之间用下画线连接，如MyTa或My_Ta的表名为my_ta。
- 如果结构体属性是单个单词，对应字段名以小写形式表示，如Password的字段名为password。
- 如果结构体属性是多个单词，对应字段名是单词小写+单词之间用下画线连接，如UserName的字段名为user_name。

关于详细的模型定义，例如结构体嵌套、表字段的权限控制、时间自动更新、结构体标签设置等，Gorm的官方文档（gorm.io/docs/models.html）已有详细介绍，本书不再重复讲述。

在模型定义过程中，结构体属性的基本数据类型包含整型、字符串、时间类型和布尔型等，如需定义其他数据类型，如JSON或Geometry等特殊类型，可通过自定义数据类型实现，实现过程在官方文档（gorm.io/docs/data_types.html）已有说明，本书不再重复讲述。

在实际开发中，如果结构体名称与数据表名称存在差异，可以重写结构体方法TableName()，将数据表名称重新定义，示例代码如下：

```
type Table struct {
    UserName string `gorm:"type:varchar(255);unique"`
    Password string `gorm:"type:varchar(255)"`
}
```

```
// 重新命名数据表名称为myTT
func (Table) TableName() string {
  return "myTT"
}
```

在定义模型的过程中，我们会对字段设置索引，常用的数据库索引分别为唯一索引、普通索引、组合索引和全文索引，每一种索引的设置方式各有不同，详细示例代码如下：

```
type Table struct {
    // 设置主键属性primaryKey也是设置唯一索引
    Id int64 `gorm:"primaryKey"`
    // unique或uniqueIndex都是设置唯一索引
    // UserName string `gorm:"type:varchar(255);unique"`
    UserName string `gorm:"type:varchar(255);uniqueIndex"`
    // index是创建普通索引
    Password string `gorm:"type:varchar(255);index"`
    // 组合索引是两个属性使用同一个索引名称
    // 如 index:age_sex是普通索引，索引名为age_sex
    Age int64  `gorm:"index:age_sex"`
    Sex string `gorm:"type:varchar(255);index:age_sex"`
    // class:FULLTEXT是设置全文索引
    Introduce string  `gorm:"type:TEXT;index:,class:FULLTEXT"`
}
```

从上述示例代码得知，每一种索引设置方法各有不同，其实Gorm的索引设有相应属性进行配置，例如常用属性index、class、type、comment和sort，说明如下：

- 属性index用于设置索引名称，必选属性，默认以“idx_表名称_字段名称”表示，即使以默认值命名索引也要写上“index:”，否则索引创建失败。
- 属性class用于设置索引类型，可选属性，默认以普通索引表示。
- 属性type用于设置索引方法，可选属性，默认以BTREE表示。
- 属性comment用于设置索引注释，可选属性，默认为空。
- 属性sort用于设置排序规则，可选属性，默认为ASC（升序排列）。

根据上述配置属性，分别设置唯一索引、普通索引、组合索引和全文索引，示例代码如下：

```
type Table struct {
    // 设置唯一索引
    Id int64 `gorm:"index:id,class:UNIQUE,type:HASH,comment:,sort:desc"`
    // 设置普通索引
    UserName string `gorm:"index:,class:,type:,comment:名字,sort:"`
    // 组合索引是两个属性使用同一个索引名称
    // 如 index:age_sex是普通索引，索引名为age_sex
    Age int64  `gorm:"index:age_sex,class:,type:,comment:,sort:"`
    Sex string `gorm:"index:age_sex,class:,type:,comment:,sort:"`
    // class:FULLTEXT用于设置全文索引
    Introduce string `gorm:"index:,class:FULLTEXT,type:,comment:,sort:"`
}
```

上述示例只列举日常使用最多的索引创建方法，如果想深入了解索引更多使用方法，建议查阅官方文档（gorm.io/docs/indexes.html）。

数据迁移是将结构体转换数据表的过程，这个过程由程序自动完成，Gorm的数据迁移由数据库对象DB调用结构体方法AutoMigrate()即可完成，数据迁移逻辑说明如下：

- 如果结构体对应的数据表不存在，程序会在数据库创建相应的数据表和表字段。
- 如果结构体对应的数据表已存在，当结构体属性与表字段相互对应时，数据迁移不做任何更新操作；当修改结构体属性名时，程序在数据表创建新的字段名并保留旧的字段名；当只修改结构体属性的数据类型或标签时，程序只修改原有字段的数据类型或字段属性。
- 数据表的字段数量允许大于或等于结构体的属性数量。

除执行自动迁移外，Gorm还定义了很多结构体方法执行数据表、表字段、视图、外键约束、索引的增删改查操作，详细说明建议查阅官方文档（gorm.io/docs/migration.html）。

综上所述，ORM的对象关系映射操作包括模型定义和数据迁移，下一步将通过示例完整演示ORM的对象关系映射操作过程，代码如下：

```
// MyGin的main.go
package main

import (
    "fmt"
    "gorm.io/driver/mysql"
    "gorm.io/gorm"
    "time"
)

type Base struct {
    gorm.Model
    // 创建唯一索引
    Username string `gorm:"type:varchar(255);unique"`
    Password string `gorm:"type:varchar(255)"`
}

type User struct {
    Base Base `gorm:"embedded"`
    // 登录时间，autoUpdateTime是自动更新
    LoginTime time.Time `gorm:"autoUpdateTime:milli"`
}

type Info struct {
    gorm.Model
    UserId int64 `json:"userId"`
    // 创建外键关联
    User User `gorm:"foreignkey:UserId"`
    // 创建普通索引
    Age int64 `gorm:"index:,class:,type:,comment:,sort:"`
}
```

```
// 结构体User默认的数据表名为Users
// 如果自定义数据表名，可自定义TableName方法
func (User) TableName() string {
    return "myUser"
}

func main() {
    // 定义数据库连接对象
    var dsn = fmt.Sprintf("root:1234@tcp(localhost:3306)/mygo?
                charset=utf8mb4&parseTime=True&loc=Local")
    var DB, _ = gorm.Open(mysql.Open(dsn), &gorm.Config{
        // 禁止创建数据库的外键约束
        DisableForeignKeyConstraintWhenMigrating: true,
    })
    // 执行数据迁移
    DB.AutoMigrate(&User{}, &Info{})
}
```

分析上述代码得知：

- 结构体Base嵌套结构体gorm.Model，并定义属性Username和password。gorm.Model是Gorm自定义结构体，包含4个属性：ID、CreatedAt、UpdatedAt和DeletedAt，代表数据的主键id、创建时间、更新时间和删除时间；属性Username和password以字符串表示，并且为Username创建唯一索引。
- 结构体User嵌套结构体Base，它用于定义用户信息表，它含有结构体Base的所有属性，其中属性LoginTime以时间表示，并设置时间自动更新。
- 结构体Info嵌套结构体gorm.Model；属性UserId和User构建结构体User的外键关联；属性Age以整型表示，同时创建为普通索引。
- 结构体方法TableName()为结构体User自定义数据表名称，返回值为字符串类型，代表数据表名称。
- 主函数main()实现了数据库连接过程与数据自动迁移，数据迁移由数据库对象DB调用结构体方法AutoMigrate()，将结构体User和Info转为对应的数据表。

4.3 模型关联模式

一个模型对应数据库的一张数据表，但是每张数据表之间是可以存在外键关联的，表与表之间有3种关联：一对一、一对多和多对多。

一对一关联存在于两张数据表中，第一张表的某一行数据只与第二张表的某一行数据相关，同时第二张表的某一行数据也只与第一张表的某一行数据相关，这种表关系被称为一对一关联，以表4-1和表4-2为例进行说明。

表 4-1 一对一关联的第一张表

ID	姓 名	国 籍	参加节目
1001	王大锤	中国	万万没想到
1002	全智贤	韩国	蓝色大海的传说
1003	刀锋女王	未知	计划生育

表 4-2 一对一关联的第二张表

ID	出生日期	逝世日期
1001	1988	NULL
1002	1981	NULL
1003	未知	3XXX

表4-1和表4-2的字段ID是一一对应的，并且不会在同一张表中有重复ID，使用这种外键关联通常是一张数据表设有太多字段，将常用的字段抽取出来并组成一张新的数据表。Gorm构建数据表的一对一关联的示例代码如下：

```
// MyGin的main.go
package main

import (
    "fmt"
    "gorm.io/driver/mysql"
    "gorm.io/gorm"
)

// 一对一关联实现方式一
type User struct {
    ID         uint   `gorm:"primarykey"`
    Name        string `gorm:"type:varchar(255);unique"`
    Nationality string `gorm:"type:varchar(255)"`
    Masterpiece string `gorm:"type:varchar(255)"`
}

type Info struct {
    ID    uint   `gorm:"primarykey"`
    Birth  string `gorm:"type:varchar(255)"`
    Elapse string `gorm:"type:varchar(255)"`
    UserID int64
    User   User
}

// 一对一关联实现方式二
type User1 struct {
    ID          uint   `gorm:"primarykey"`
    Name        string `gorm:"type:varchar(255);unique"`
    Nationality string `gorm:"type:varchar(255)"`
    Masterpiece string `gorm:"type:varchar(255)"`
    Info1       Info1
```

```
}

type Info1 struct {
    ID          uint    `gorm:"primarykey"`
    Birth       string  `gorm:"type:varchar(255)"`
    Elapse      string  `gorm:"type:varchar(255)"`
    User1ID     int64
}

func main() {
    // 定义数据库连接对象
    var dsn = fmt.Sprintf("root:1234@tcp(localhost:3306)/mygo?
                    charset=utf8mb4&parseTime=True&loc=Local")
    var DB, _ = gorm.Open(mysql.Open(dsn), &gorm.Config{
        // 启用创建数据库的外键约束
        DisableForeignKeyConstraintWhenMigrating: false,
    })
    // 执行数据迁移
    DB.AutoMigrate(&User{}, &Info{}, &User1{}, &Info1{})
}
```

运行上述代码，在数据库中分别创建数据表user和info、user1和info1，打开Navicat Premium查看数据表的表关系，如图4-3所示。

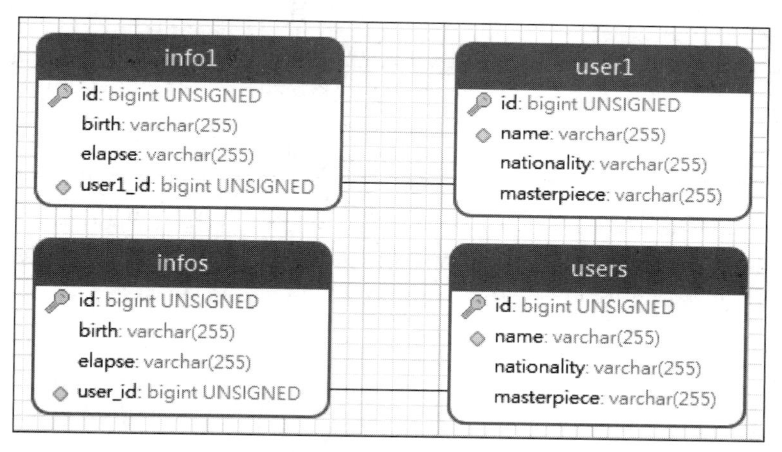

图4-3　数据表关系

分析上述示例得知：

- 在结构体构建一对一关联有两种实现方式，两者的区别在于结构体属性差异，但所对应的数据表字段完成相同。例如结构体User和Info是一对一关联的，结构体User1和Info1是一对一关联的；结构体User和User1对应的数据表字段相同，结构体Info和Info1对应的数据表字段相同。
- 结构体User和Info的一对一关联在Gorm官方文档视为Belongs To类型。当只执行结构体Info数据查询时，由于设有属性User，对应User信息允许写入结构体Info的属性User。当只执行结构体User数据查询时，由于User没有属性与Info关联，因此无法将对应Info信息写入结构体User。

- 结构体User1和Info1的一对一关联在Gorm官方文档视为Has One类型。当只执行结构体Info数据查询时，由于设有属性User1ID，它是结构体User1的主键id信息，再通过主键执行结构体User1数据查询就能得到相应信息。当只执行结构体User1数据查询时，由于设有属性Info1，对应Info1信息允许写入结构体User1的属性Info1。

总的来说，Gorm实现一对一关联分别有Belongs To和Has One类型，两者不仅在概念上存在差异，而且在数据处理（增删改查）上也有所差异。此外，关于两者的更多应用，请查阅官方文档（gorm.io/docs/belongs_to.html和gorm.io/docs/has_one.html）。

一对多关联存在于两张或两张以上的数据表中，第一张表的某一行数据可以与第二张表的一到多行数据进行关联，但是第二张表的每一行数据只能与第一张表的某一行数据进行关联，以表4-3和表4-4为例进行说明。

表 4-3　一对多关联的第一张表

ID	姓　名	国　籍
1001	王大锤	中国
1002	全智贤	韩国
1003	刀锋女王	未知

表 4-4　一对多关联的第二张表

ID	节　目
1001	万万没想到
1001	报告老板
1003	星际 2
1003	英雄联盟

在表4-3中，字段ID的数据可以重复，并且可以在表4-4中找到对应的数据，表4-3的字段ID是唯一的，但是表4-4的字段ID允许重复，字段ID相同的数据对应表4-3某一行数据，这种表关系在日常开发中最为常见。Gorm构建数据表的一对多关联的示例代码如下：

```
// MyGin的main.go
package main

import (
	"fmt"
	"gorm.io/driver/mysql"
	"gorm.io/gorm"
)

// 一对多关联
type User struct {
	ID          uint   `gorm:"primarykey"`
	Name        string `gorm:"type:varchar(255);unique"`
	Nationality string `gorm:"type:varchar(255)"`
	Program     []Program
}
```

```
type Program struct {
    ID     uint   `gorm:"primarykey"`
    Name   string `gorm:"type:varchar(255)"`
    UserID int64
}

func main() {
    // 定义数据库连接对象
    var dsn = fmt.Sprintf("root:1234@tcp(localhost:3306)/mygo?
                    charset=utf8mb4&parseTime=True&loc=Local")
    var DB, _ = gorm.Open(mysql.Open(dsn), &gorm.Config{
        // 启用创建数据库的外键约束
        DisableForeignKeyConstraintWhenMigrating: false,
    })
    // 执行数据迁移
    DB.AutoMigrate(&User{}, &Program{})
}
```

运行上述代码，在数据库中分别创建数据表user和program，打开Navicat Premium查看数据表的表关系，如图4-4所示。

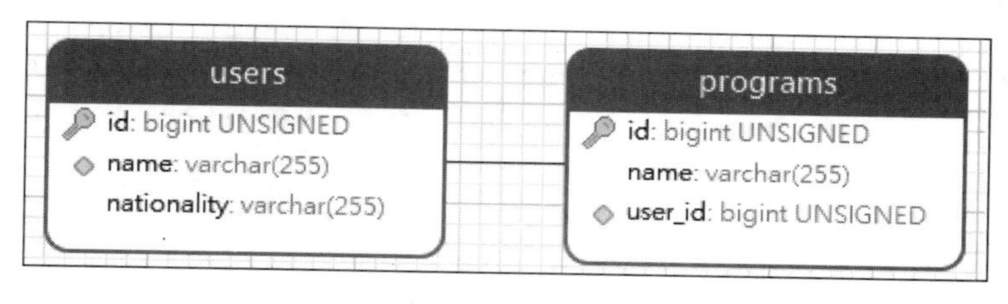

图4-4 数据表关系

分析上述示例得知，一对多关联在一对一关联（Has One类型）的基础上将关联属性的数据类型改为切片格式即可，如结构体User的关联属性Program以[]Program表示。

此外，一对多关联还支持重写外键、重写引用、多态关联、外键约束，详情请查阅官方文档（gorm.io/docs/has_many.html）。

多对多关联存在于两张或两张以上的数据表中，第一张表的某一行数据可以与第二张表的一到多行数据进行关联，同时第二张表中的某一行数据也可以与第一张表的一到多行数据进行关联，以表4-5和表4-6为例进行说明。

表4-5 多对多关联的第一张表

ID	姓 名	国 籍
1001	王大锤	中国
1002	全智贤	韩国
1003	刀锋女王	未知

表4-6 多对多关联的第二张表

ID	节 目
10001	万万没想到
10002	报告老板

（续表）

ID	节　目
10003	星际 2
10004	英雄联盟

表4-5和表4-6的数据关系如表4-7所示。

表 4-7　两张表的数据关系

ID	节目 ID	演员 ID
1	10001	1001
2	10001	1002
3	10002	1001

从以上3张数据表中可以发现，一个演员可以参加多个节目，而一个节目也可以由多个演员来共同演出，并且每张表的字段ID都是唯一的。从表4-7中可以发现，节目ID和演员ID出现了重复的数据，分别对应表4-5和表4-6的字段ID，多对多关联需要使用新的数据表来管理两张表的数据关系。Gorm构建数据表的多对多关联的示例代码如下：

```
// MyGin的main.go
package main

import (
    "fmt"
    "gorm.io/driver/mysql"
    "gorm.io/gorm"
)

// 多对多关联
type User struct {
    ID          uint      `gorm:"primarykey"`
    Name        string    `gorm:"type:varchar(255);unique"`
    Nationality string    `gorm:"type:varchar(255)"`
    Program     []Program `gorm:"many2many:user_program"`
}

type Program struct {
    ID   uint   `gorm:"primarykey"`
    Name string `gorm:"type:varchar(255)"`
}

func main() {
    // 定义数据库连接对象
    var dsn = fmt.Sprintf("root:1234@tcp(localhost:3306)/mygo?
                    charset=utf8mb4&parseTime=True&loc=Local")
    var DB, _ = gorm.Open(mysql.Open(dsn), &gorm.Config{
        // 启用创建数据库的外键约束
        DisableForeignKeyConstraintWhenMigrating: false,
    })
    // 执行数据迁移
```

```
    DB.AutoMigrate(&User{}, &Program{})
}
```

运行上述代码，在数据库中分别创建数据表user、program和user_program，打开Navicat Premium查看数据表的表关系，如图4-5所示。

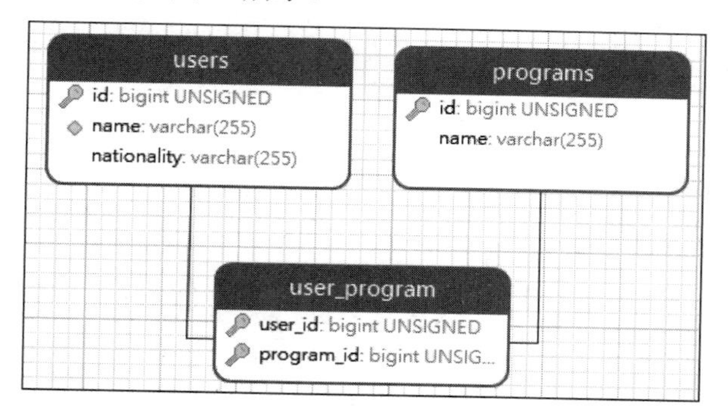

图4-5　数据表关系

数据表的多对多关联在某模型中设置关联属性，数据类型为切片格式并且设置结构体标签声明为多对多关联，如结构体User的Program，其数据类型为[]Program，结构体标签为many2many:user_program，其中user_program可自行命名，它是程序自行创建数据表，用于管理多对多关联数据。

此外，Gorm支持对多对多关联的反向引用、重写外键、自定义连接表、外键约束、复合外键等功能，详情请查阅官方文档（gorm.io/docs/many_to_many.html）。

4.4　数据创建

Gorm对数据库的数据执行增删改查操作是借助内置ORM框架所提供的API方法实现的，也就是由数据库连接对象DB调用相应结构体方法执行数据的增删改查操作。

数据创建由结构体方法Create()完成，在Goland查看相应源码内容，如图4-6所示。结构体方法Create()方法设有参数value，数据类型为接口格式，通常以结构体对象表示，返回值为数据库连接对象DB。

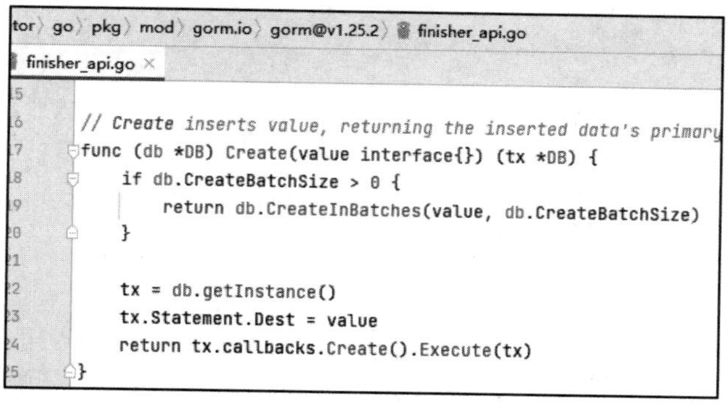

```
tor 〉 go 〉 pkg 〉 mod 〉 gorm.io 〉 gorm@v1.25.2 〉 finisher_api.go
finisher_api.go ×
15
16  // Create inserts value, returning the inserted data's primary
17  func (db *DB) Create(value interface{}) (tx *DB) {
18      if db.CreateBatchSize > 0 {
19          return db.CreateInBatches(value, db.CreateBatchSize)
20      }
21
22      tx = db.getInstance()
23      tx.Statement.Dest = value
24      return tx.callbacks.Create().Execute(tx)
25  }
```

图4-6　结构体方法Create()

我们从Create()定义可以得出5种常用的数据创建方式：单数据创建、创建部分字段、批量创建、以集合格式创建数据、创建数据关联，示例代码如下：

```
// MyGin的main.go
package main

import (
    "fmt"
    "gorm.io/driver/mysql"
    "gorm.io/gorm"
    "time"
)

// 官方文档：https://gorm.io/docs/create.html

// 多对多关联
type User struct {
    ID          uint       `gorm:"primarykey"`
    Name        string     `gorm:"type:varchar(255);unique"`
    Nationality string     `gorm:"type:varchar(255)"`
    Program     []Program `gorm:"many2many:user_program"`
}

type Program struct {
    ID   uint   `gorm:"primarykey"`
    Name string `gorm:"type:varchar(255)"`
    //Online time.Time `gorm:"null"`
    Online time.Time `gorm:"autoCreateTime"`
}

func main() {
    // 定义数据库连接对象
    var dsn = fmt.Sprintf("root:1234@tcp(localhost:3306)/mygo?
                charset=utf8mb4&parseTime=True&loc=Local")
    var DB, _ = gorm.Open(mysql.Open(dsn), &gorm.Config{
        // 启用创建数据库的外键约束
        DisableForeignKeyConstraintWhenMigrating: false,
    })
    // 执行数据迁移
    DB.AutoMigrate(&User{}, &Program{})
    // 单表创建数据
    t, _ := time.Parse("2006-01-02", "1982-10-01")
    p1 := Program{Name: "西游记", Online: t}
    r1 := DB.Create(&p1)
    fmt.Printf("Program创建数据ID为：%v\n", p1.ID)
    fmt.Printf("返回插入记录的条数：%v\n", r1.RowsAffected)
    // 创建部分字段
    p2 := Program{Name: "红楼梦", Online: t}
    // Select是对部分字段赋值
    // Select没有选中的属性，当属性设有默认值或已赋值时，字段也会生成数据
    DB.Select("Name").Create(&p2)
```

```
    //DB.Omit("Online").Create(&p2)
    // 批量创建
    p3 := []Program{{Name: "三国演义"}, {Name: "水浒传"}}
    DB.Create(&p3)
    // 使用集合创建单数据
    m1 := map[string]interface{}{"Name": "封神榜"}
    DB.Model(&Program{}).Create(&m1)
    // 使用切片批量创建
    m2 := []map[string]interface{}{
        {"Name": "姜子牙"},
        {"Name": "哪吒"},
    }
    DB.Model(&Program{}).Create(&m2)
    // 创建数据关联
    u1 := User{Name: "Tom", Nationality: "China",
               Program: []Program{p1}}
    DB.Create(&u1)
    u2 := User{Name: "Tim", Nationality: "China",
               Program: []Program{{Name: "大闹天宫"},
               {Name: "流浪地球"}}}
    DB.Create(&u2)
}
```

分析上述示例得知：

- 结构体User和Program组成多对多关联，关联属性为结构体User的属性Program。
- 单数据创建是对结构体进行实例化，再将实例化对象作为Create()的参数，由数据库连接对象DB调用Create()即可完成数据创建。如果结构体属性设有默认值或允许为null，则该属性可根据需求而决定是否赋值处理，例如结构体Program的Online设为autoCreateTime或null，在实例化过程中允许不为属性Online赋值。
- 当数据创建完成后，可以从结构体对象获取某个属性的值，如p1.ID用于获取数据创建后的主键ID信息，还可以从Create()返回值获取数据库插入记录的条数或异常信息，如r1.RowsAffected或r1.Error。
- 创建部分字段是在调用Create()之前，先由数据库连接对象DB调用Select()或Omit()选择需要赋值的字段，最后才调用Create()完成数据创建。Select()用于设置允许赋值的字段；Omit()用于排除无须赋值的字段，使用Select()时，当结构体属性已赋值并且没有被Select()设置，该字段会被赋值，例如p2已对Online赋值，执行DB.Select("Name").Create(&p2)自动为Online赋值，或者将p2去掉属性Online，由于属性Online设有默认值autoCreateTime，同样字段也会自动赋值。
- 批量创建是在单数据创建的基础上将结构体对象改用切片方式表示，切片的每个元素代表一行数据，将切片作为Create()参数并执行调用即可完成批量创建。
- 单数据创建是以集合map[string]interface{}表示，key为字符串，value为接口类型，满足结构体属性的多种数据类型；批量创建将多个集合数据写入切片对象。调用Create()之前，需要调用结构体方法Model()设置结构体对象，告诉Gorm往哪一张数据表创建数据。

- 创建数据关联与单数据创建（批量创建）方式相同，只需为关联属性设置属性值即可，例如结构体User的Program是结构体Program，也就是说，User和Program形成了结构体嵌套关系，在创建数据的过程中，只需为属性Program设置属性值即可创建关联，如果属性Program没有赋值，则被视为没有创建关联。

运行上述代码，数据库将创建数据表users、programs和user_program，打开Navicat Premium分别查看数据表的数据，如图4-7所示。

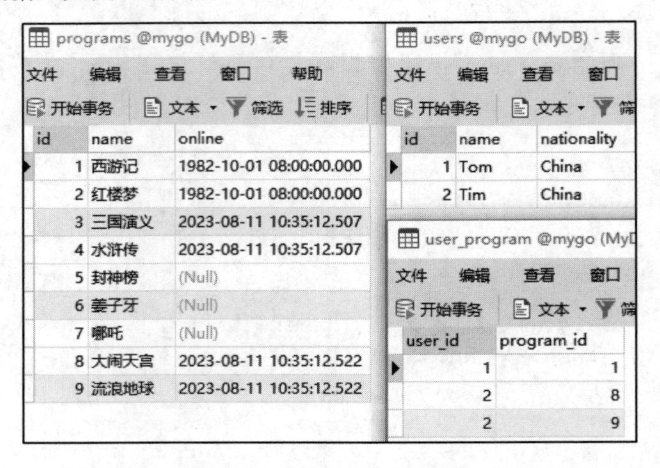

图4-7　数据表users、programs和user_program

4.5 数据更新

数据更新可以根据不同情况选择不同的结构体方法，目前有5种结构体方法实现数据更新，示例如下：

```
// MyGin的main.go
package main

import (
	"fmt"
	"gorm.io/driver/mysql"
	"gorm.io/gorm"
	"time"
)

// 官方文档：https://gorm.io/docs/update.html

// 多对多关联
type User struct {
	ID          uint      `gorm:"primarykey"`
	Name        string    `gorm:"type:varchar(255);unique"`
	Nationality string    `gorm:"type:varchar(255)"`
	Program     []Program `gorm:"many2many:user_program"`
```

```
}

type Program struct {
    ID   uint   `gorm:"primarykey"`
    Name string `gorm:"type:varchar(255)"`
    //Online time.Time `gorm:"null"`
    Online time.Time `gorm:"autoCreateTime"`
}

func main() {
    // 定义数据库连接对象
    var dsn = fmt.Sprintf("root:1234@tcp(localhost:3306)/mygo?
                   charset=utf8mb4&parseTime=True&loc=Local")
    var DB, _ = gorm.Open(mysql.Open(dsn), &gorm.Config{
        // 启用创建数据库的外键约束
        DisableForeignKeyConstraintWhenMigrating: false,
    })
    // 执行数据迁移
    DB.AutoMigrate(&User{}, &Program{})
    // 数据根据主键信息执行创建或更新
    // p1的属性ID存在数据库，执行数据更新
    p1 := Program{ID: 1, Name: "西游记", Online: time.Now()}
    DB.Save(&p1)
    // p2的属性ID不存在数据库或没有没有赋值，执行数据创建
    p2 := Program{Name: "西游记", Online: time.Now()}
    //p2 := Program{ID: 10000, Name: "西游记", Online: time.Now()}
    DB.Save(&p2)
    // 更新单个字段
    // 查找数据表某行数据，再调用Update()更新某行数据
    // 若不设置查询条件，则视为全表更新
    DB.Model(&Program{}).Where("id = ?",2).Update("online",time.Now())
    // 更新多个字段
    // 查找数据表某行数据，再调用Updates()更新某行数据
    // 若不设置查询条件，则视为全表更新
    // 使用结构体对象更新
    DB.Model(&Program{}).Where("id = ?",3).Updates(Program{Name:"三国A"})
    // 使用集合更新
    DB.Model(&Program{}).Where("id = ?", 4).Updates(
                map[string]interface{}{
                    "name": "水浒传A", "online": time.Now()
                })
    // 更新单个字段，不执行钩子函数
    DB.Model(&Program{}).Where("id = ?", 5).UpdateColumn(
                                   "online", time.Now())
    // 更新多个字段，不执行钩子函数
    DB.Model(&Program{}).Where("id = ?", 6).UpdateColumns(
                Program{Name: "姜子牙A", Online: time.Now()})
}
```

上述代码演示结构体方法Save()、Update()、Updates()、UpdateColumn()和UpdateColumns()的调用过程，下一步将深入分析各个方法的功能细节。

结构体方法Save()在不同条件下可以实现数据更新或数据创建，在Goland查看源码了解其定义过程，如图4-8所示。

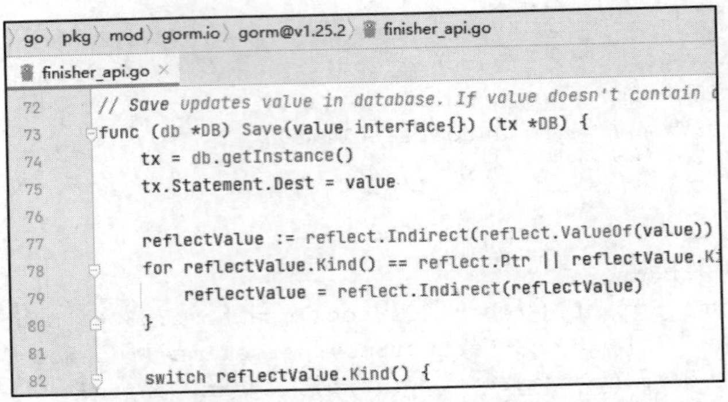

```
go 〉 pkg 〉 mod 〉 gorm.io 〉 gorm@v1.25.2 〉 finisher_api.go
finisher_api.go ×
72    // Save updates value in database. If value doesn't contain
73    func (db *DB) Save(value interface{}) (tx *DB) {
74        tx = db.getInstance()
75        tx.Statement.Dest = value
76
77        reflectValue := reflect.Indirect(reflect.ValueOf(value))
78        for reflectValue.Kind() == reflect.Ptr || reflectValue.Ki
79            reflectValue = reflect.Indirect(reflectValue)
80        }
81
82        switch reflectValue.Kind() {
```

图4-8　结构体方法Save()

分析Save()源码与示例代码得知：

- Save()设有参数value，数据类型为接口格式，参数值一般以结构体对象或切片表示。
- 当结构体对象已对主键设置数值，并且主键不存在数据库时，执行数据创建；如果主键已存在数据库，则执行数据更新。
- 当结构体对象没有设置主键，程序将执行数据创建。
- 数据更新与创建也支持批量操作，参数value改为切片格式传入即可，每个切片元素为结构体对象。

结构体方法Update()只支持单个字段更新，在Goland查看源码了解其定义过程，如图4-9所示。

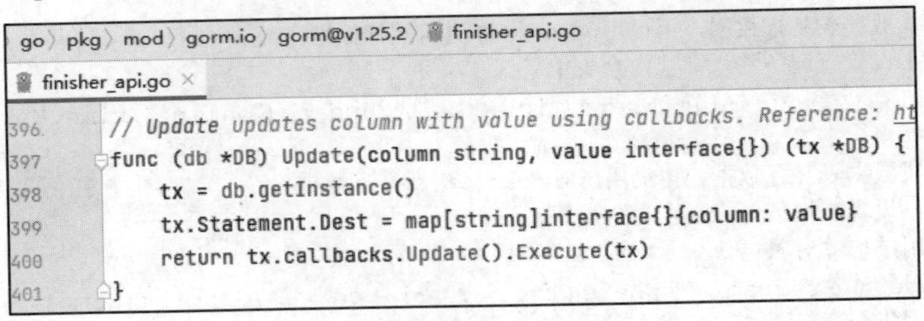

```
go 〉 pkg 〉 mod 〉 gorm.io 〉 gorm@v1.25.2 〉 finisher_api.go
finisher_api.go ×
396   // Update updates column with value using callbacks. Reference: ht
397   func (db *DB) Update(column string, value interface{}) (tx *DB) {
398       tx = db.getInstance()
399       tx.Statement.Dest = map[string]interface{}{column: value}
400       return tx.callbacks.Update().Execute(tx)
401   }
```

图4-9　结构体方法Update()

分析Update()源码与示例代码得知：

- Update()设有参数column和value，参数column以字符串表示，代表数据表字段名，并非结构体属性名，数据表字段名不同于结构体属性名，两者之间是相互对应的，但名称存在明显区别；参数value以接口表示，代表修改后的数据表字段值。
- 数据更新分为全表更新和部分更新。如果更新部分数据，在调用Update()之前必须执行数据查询；如果直接调用Update()将对数据表全部数据的字段进行更新处理，如DB.Update("online", time.Now())将对全表所有数据的字段online进行更新。
- 在更新部分数据的过程中，当出现数据查询结果为空的情况时，数据更新将不会执行任何操作。

结构体方法Updates()支持单个或多个字段更新，实现原理与Update()相似，只不过两者的参数各不相同，在Goland查看源码了解其定义过程，如图4-10所示。

```
go 〉 pkg 〉 mod 〉 gorm.io 〉 gorm@v1.25.2 〉 finisher_api.go
finisher_api.go ×
403    // Updates updates attributes using callbacks. values
404    func (db *DB) Updates(values interface{}) (tx *DB) {
405        tx = db.getInstance()
406        tx.Statement.Dest = values
407        return tx.callbacks.Update().Execute(tx)
408    }
```

图4-10　结构体方法Updates()

分析Updates()源码与示例代码得知：

- Updates()设有参数values，数据类型为接口格式，通常以结构体或集合方式表示。如果参数以结构体表示，只要结构体属性设置了数值都会执行相应的数据更新操作，例如Updates(Program{Name: "三国演义A"})没有设置字段online的值，因此只更新字段name。
- Updates()与Update()的更新逻辑相同，也支持全表更新和部分更新。

结构体方法UpdateColumn()只支持单个字段更新，它与Update()实现的功能相同；结构体方法UpdateColumns()支持单个或多个字段更新，它与Updates()实现的功能相同。UpdateColumn()和UpdateColumns()在执行过程中不会调用钩子函数（钩子函数是在数据操作之前或之后所自动执行的函数），关于钩子函数的详细说明将会在后续章节深入讲述。

最后运行上述示例代码，在4.4节的数据（见图4-7）基础上进行数据更新，数据表programs的数据更新情况如图4-11所示。

programs @mygo (MyDB) - 表
文件　编辑　查看　窗口　帮助
开始事务　文本 ▾　筛选　排序

id	name	online
1	西游记	2023-08-12 12:03:05.084
2	红楼梦	2023-08-12 12:03:05.102
3	三国A	2023-08-08 12:02:41.000
4	水浒传A	2023-08-12 12:03:05.108
5	封神榜	2023-08-12 12:03:05.112
6	姜子牙A	2023-08-12 12:03:05.115
7	哪吒	(Null)
8	大闹天宫	2023-08-12 12:02:41.035
9	流浪地球	2023-08-12 12:02:41.035
10	西游记	2023-08-12 12:03:05.100

图4-11　数据表programs

4.6 数据删除

数据删除由结构体方法Delete()完成，在Goland查看相应源码内容，如图4-12所示。结构体方法Delete()方法设有参数value和conds，参数value为接口格式，通常以结构体对象表示，参数conds为可选参数，数据类型为接口格式，用于实现数据查询，再将查询结果进行删除处理，返回值为数据库连接对象DB。

使用Gorm进行数据删除分为软删除和硬删除，两者说明如下：

- 软删除又称为逻辑删除或标记删除，它不会真的从数据表删除数据，而是用特定字段标记信息是否已删除，默认情况下，当结构体设有gorm.DeletedAt类型属性时都会执行软删除。

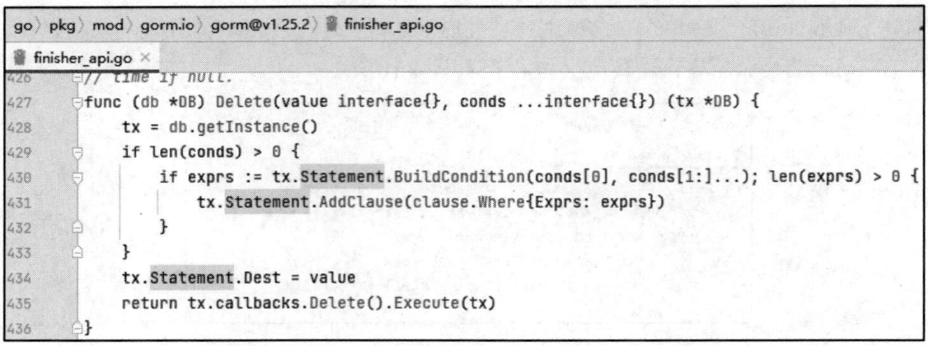

```
go 〉pkg 〉mod 〉gorm.io 〉gorm@v1.25.2 〉finisher_api.go
finisher_api.go ×
426    // time if null.
427    func (db *DB) Delete(value interface{}, conds ...interface{}) (tx *DB) {
428        tx = db.getInstance()
429        if len(conds) > 0 {
430            if exprs := tx.Statement.BuildCondition(conds[0], conds[1:]...); len(exprs) > 0 {
431                tx.Statement.AddClause(clause.Where{Exprs: exprs})
432            }
433        }
434        tx.Statement.Dest = value
435        return tx.callbacks.Delete().Execute(tx)
436    }
```

图4-12 结构体方法Delete()

- 硬删除是直接从数据表删除数据，当结构体没有gorm.DeletedAt类型属性时就会直接删除；当结构体存在gorm.DeletedAt类型属性时，若想永久删除数据或者查询已执行软删除的数据，可以调用结构体方法Unscoped()实现。

为了进一步理解Gorm的数据删除过程，我们将通过示例加以说明，示例如下：

```
// MyGin的main.go
package main

import (
    "fmt"
    "gorm.io/driver/mysql"
    "gorm.io/gorm"
    "gorm.io/gorm/clause"
    "time"
)

// 官方文档：https://gorm.io/docs/delete.html

// 多对多关联
type User struct {
    ID          uint      `gorm:"primarykey"`
    Name        string    `gorm:"type:varchar(255);unique"`
    Nationality string    `gorm:"type:varchar(255)"`
    Program     []Program `gorm:"many2many:user_program"`
    Deleted     gorm.DeletedAt
}

type Program struct {
    ID   uint   `gorm:"primarykey"`
    Name string `gorm:"type:varchar(255)"`
    //Online time.Time `gorm:"null"`
    Online  time.Time `gorm:"autoCreateTime"`
    Deleted gorm.DeletedAt
}

func main() {
    // 定义数据库连接对象
```

```
    var dsn = fmt.Sprintf("root:1234@tcp(localhost:3306)/mygo?
                       charset=utf8mb4&parseTime=True&loc=Local")
    var DB, _ = gorm.Open(mysql.Open(dsn), &gorm.Config{
        // 启用创建数据库的外键约束
        DisableForeignKeyConstraintWhenMigrating: false,
        // 是否允许全表删除
        AllowGlobalUpdate: false,
    })
    // 执行数据迁移
    DB.AutoMigrate(&User{}, &Program{})

    // 软删除不会删除表数据，在数据中记录删除时间
    // 必须在数据表中定义gorm.DeletedAt类型字段，用于记录删除时间
    // 删除全表数据以及外键关联
    // 调用Select(clause.Associations)同时删除关联
    // 如果在数据表Program删除数据，但与User存在关联
    // 则无法删除成功，因为结构体Program没有外键属性
    u := []User{}
    DB.Find(&u).Select(clause.Associations).Delete(&u)
    // 删除符合条件的所有数据
    // 默认按主键删除
    DB.Delete(&Program{ID: 1})
    // 如果参数conds是整型或字符串，则代表删除一行
    // 如果参数conds是切片，则代表批量删除
    //DB.Delete(&Program{}, []int{9, 10})
    // 等价于
    DB.Delete(&[]Program{{ID: 9}, {ID: 10}})
    // 若以其他字段作为查询条件
    // 参数conds以SQL语句的条件查询格式表示即可
    DB.Delete(&Program{}, "name = ?", "大闹天宫")
    DB.Where("name = ?", "姜子牙A").Delete(&Program{})
    // 查询已删除的数据
    p1 := Program{}
    DB.Unscoped().Where("id = ?", 6).Find(&p1)
    fmt.Printf("软删除的数据为：%v\n", p1.Name)
    // 永久删除数据
    DB.Unscoped().Delete(&p1)
}
```

分析上述代码得知：

- 结构体User和Program存在多对多关联，并且设有gorm.DeletedAt类型属性Deleted，也就是说，所有数据删除都会执行软删除，结构体属性Deleted用于记录数据删除时间。
- 执行数据删除之前，由数据库连接对象DB调用Find()或Where()对数据表进行数据查询，再调用Delete()执行数据删除，或者在Delete()设置数据查询条件。
- 如果数据存在外键关联，并且结构体设有关联属性，则调用Select(clause.Associations)将关联数据一并删除，否则数据将提示删除失败；如果结构体没有关联属性，并且存在外键关联，则无法删除数据。

- Delete()的参数value默认支持主键删除，也就是说，只要结构体对象为主键属性设置数值都能删除数据，例如DB.Delete(&Program{ID: 1})删除主键ID=1的数据；参数value还能以切片表示，用于删除多行数据，例如DB.Delete(&[]Program{{ID: 9}, {ID: 10}})。
- Delete()的参数conds用于实现数据查询，例如DB.Delete(&Program{}, []int{9, 10})，其参数值以切片[]int{9, 10}表示，删除主键ID=9和ID=10的数据；如需查询非主键属性的数据，则可以使用字符串表示，例如DB.Delete(&Program{}, "name = ?", "大闹天宫")用于查询name=大闹天宫的数据并删除。
- 除使用Delete()的参数conds查询数据外，还可以调用Where()进行数据查询，它是数据查询的核心方法之一，再由查询结果调用Delete()即可删除数据。
- 如需对软删除数据执行操作，可以调用结构体方法Unscoped()，例如实现数据查询DB.Unscoped().Where("id = ?",6).Find(&p1)，实现硬删除DB.Unscoped().Delete(&p1)。

最后运行上述示例代码，在4.5节的数据（见图4-11）基础上进行数据删除，数据表programs、users和user_program的数据情况如图4-13所示。

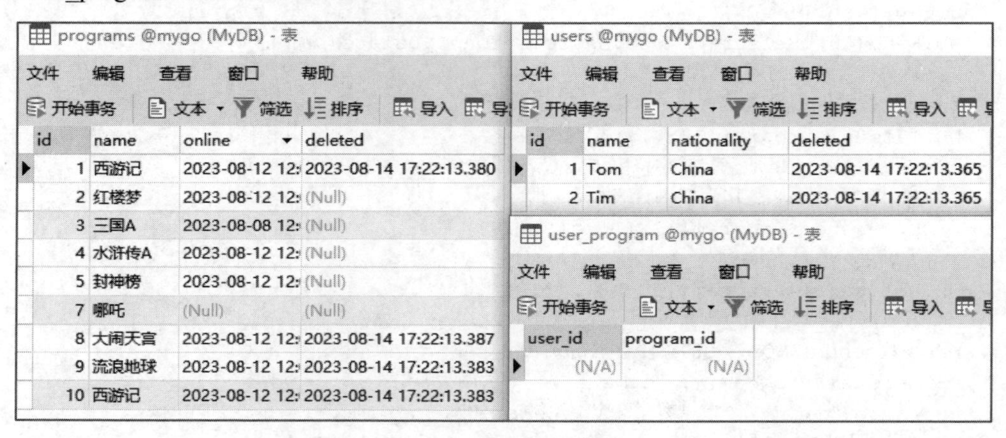

programs @mygo (MyDB) - 表

id	name	online	deleted
1	西游记	2023-08-12 12:	2023-08-14 17:22:13.380
2	红楼梦	2023-08-12 12:	(Null)
3	三国A	2023-08-08 12:	(Null)
4	水浒传A	2023-08-12 12:	(Null)
5	封神榜	2023-08-12 12:	(Null)
7	哪吒	(Null)	(Null)
8	大闹天宫	2023-08-12 12:	2023-08-14 17:22:13.387
9	流浪地球	2023-08-12 12:	2023-08-14 17:22:13.383
10	西游记	2023-08-12 12:	2023-08-14 17:22:13.383

users @mygo (MyDB) - 表

id	name	nationality	deleted
1	Tom	China	2023-08-14 17:22:13.365
2	Tim	China	2023-08-14 17:22:13.365

user_program @mygo (MyDB) - 表

user_id	program_id
(N/A)	(N/A)

图4-13　数据表programs、users和user_program

4.7　数据查询

数据查询是一个大而全的功能，它比增删改操作还要复杂，包含多方面的查询方式，例如数据统计、多表查询、子查询、排序去重、分组查询等。

Gorm根据不同的数据查询定义了相应的结构体方法，其中First()、Last()、Find()、Where()在日常开发中使用最多，而且也是基础的核心语法，下面通过示例讲述如何使用Gorm实现简单数据查询：

```
// MyGin的main.go
package main

import (
    "fmt"
    "gorm.io/driver/mysql"
```

```
    "gorm.io/gorm"
    "gorm.io/gorm/clause"
    "time"
)

// 官方文档：https://gorm.io/docs/query.html

// 多对多关联
type User struct {
    ID          uint        `gorm:"primarykey"`
    Name        string      `gorm:"type:varchar(255);unique"`
    Nationality string      `gorm:"type:varchar(255)"`
    Program     []Program `gorm:"many2many:user_program"`
    Deleted     gorm.DeletedAt
}

type Program struct {
    ID   uint    `gorm:"primarykey"`
    Name string `gorm:"type:varchar(255)"`
    //Online time.Time `gorm:"null"`
    Online  time.Time `gorm:"autoCreateTime"`
    Deleted gorm.DeletedAt
}

func main() {
    // 定义数据库连接对象
    var dsn = fmt.Sprintf("root:1234@tcp(localhost:3306)/mygo?
                    charset=utf8mb4&parseTime=True&loc=Local")
    var DB, _ = gorm.Open(mysql.Open(dsn), &gorm.Config{
        // 启用创建数据库的外键约束
        DisableForeignKeyConstraintWhenMigrating: false,
        // 是否允许全表删除
        AllowGlobalUpdate: false,
    })
    // 执行数据迁移
    DB.AutoMigrate(&User{}, &Program{})

    p1 := Program{}
    // 查询数据表第一条数据，默认以主键升序排序
    // SQL语句：SELECT * FROM programs ORDER BY id LIMIT 1;
    DB.First(&p1)
    // 获取最后一条记录
    // SQL语句：SELECT * FROM programs ORDER BY id DESC LIMIT 1;
    res := DB.Last(&p1)
    // 返回找到的记录数
    fmt.Printf("返回找到的记录数：%v\n", res.RowsAffected)
    // 返回error或者nil
    fmt.Printf("返回异常信息：%v\n", res.Error)

    // 查询所有对象
    u2 := []User{}
    // 如果存在外键属性
    // 调用Preload(clause.Associations)获取外键数据
    // 参考官方文档：https://gorm.io/docs/preload.html
```

```
    DB.Preload(clause.Associations).Find(&u2)
    // 设置查询条件，默认以主键筛选
    DB.Preload(clause.Associations).Find(&u2, []int{1})
    // 查询非主键字段
    DB.Preload(clause.Associations).Find(&u2,"name IN ?",[]string{"Tim"})
    // 等同于
    DB.Preload(clause.Associations).Where("name IN ?",
                                     []string{"Tim"}).Find(&u2)
}
```

上述代码分别使用First()、Last()、Find()、Where()实现数据查询，我们结合每个结构体方法的源码进行分析：

- First()以主键升序获取数据表第一条数据，它设有参数dest和conds，参数dest以结构体或集合格式表示，使用集合必须调用Model()指定结构体对象，告诉程序从哪张数据表查找数据，例如DB.Model(&Program{}).First(&map[string]interface{}{})，参数conds是可选参数，用于设置查询条件。
- Last()用于获取数据表最后一条数据，它设有参数dest和conds，并且与First()的参数作用完全相同。
- Find()用于获取符合条件的所有数据，它设有参数dest和conds，并且与First()的参数作用完全相同。
- Where()用于设置数据查询条件，它设有参数query和args，参数query通常以字符串表示，用于设置数据查询条件，参数args为参数query提供字符串格式化。
- 在数据查询过程中，当查询对象存在外键关联时，可以调用Preload(clause.Associations)获取外键数据，外键数据自动加载到结构体的外键属性，例如结构体User的Program。
- 由于结构体Program没有外键属性，如果查询对象是结构体Program，同时也要得到外键数据，则可以在结构体Program增加外键属性User，数据类型为[]User，结构体标签为`gorm:"many2many:user_program"`。

上述示例简单演示了Gorm的数据查询，由于这部分内容较多，而且官方文档也有详细介绍，因此本书不再一一详细介绍，读者可以根据以下官方链接查阅相关资料，建议结合相应源码进行分析学习。

```
https://gorm.io/docs/query.html
https://gorm.io/docs/advanced_query.html
https://gorm.io/docs/preload.html
```

4.8 执行原生 SQL

除使用Gorm提供的函数方法执行数据操作外，还可以通过Gorm执行原生SQL，从而实现相应的数据操作。执行原生SQL是由Raw()+Scan()或Exex()实现的，Raw()+Scan()适用于所有SQL语句，Exex()仅适用增删改操作，两者的应用示例如下：

```
// MyGin的main.go
package main

import (
    "fmt"
    "gorm.io/driver/mysql"
    "gorm.io/gorm"
    "time"
)

// 官方文档：https://gorm.io/docs/sql_builder.html
// 多对多关联
type User struct {
    ID          uint      `gorm:"primarykey"`
    Name        string    `gorm:"type:varchar(255);unique"`
    Nationality string    `gorm:"type:varchar(255)"`
    Program     []Program `gorm:"many2many:user_program"`
}

type Program struct {
    ID     uint      `gorm:"primarykey"`
    Name   string    `gorm:"type:varchar(255)"`
    Online time.Time `gorm:"autoCreateTime"`
}

func main() {
    // 定义数据库连接对象
    var dsn = fmt.Sprintf("root:1234@tcp(localhost:3306)/mygo?
                    charset=utf8mb4&parseTime=True&loc=Local")
    var DB, _ = gorm.Open(mysql.Open(dsn), &gorm.Config{
        // 启用创建数据库的外键约束
        DisableForeignKeyConstraintWhenMigrating: false,
        // 是否允许全表删除
        AllowGlobalUpdate: false,
    })
    // 执行数据迁移
    DB.AutoMigrate(&User{}, &Program{})
    // 使用Raw()+Scan()执行原生SQL
    u1 := User{}
    DB.Raw("SELECT * FROM users WHERE id = ?", 1).Scan(&u1)
    fmt.Printf("数据表users的id=1的数据：%v\n", u1)
    // Exex()执行原生SQL，但无法返回执行结果
    DB.Exec("UPDATE programs SET `name`=? WHERE id IN ?","大话西游",[]int{10})
}
```

分析上述代码得知：

- Raw()+Scan()通过Raw()执行原生SQL语句，然后将执行结果由Scan()写入结构体对象User，因为它能返回SQL的执行结果，所以适用于所有SQL语句。
- Exex()是直接执行原生SQL语句，但不会返回SQL的执行结果，只返回数据库连接对象，因此它不适合执行数据查询。

- Raw()和Exex()都是执行原生SQL语句，两者最大的区别在于是否返回执行结果，我们分析两者的源码内容，发现两者在定义过程中是一致的，只不过不同的返回值决定是否返回执行结果，如图4-14所示。

```
func (db *DB) Raw(sql string, values ...interface{}) (tx *DB) {
    tx = db.getInstance()
    tx.Statement.SQL = strings.Builder{}

    if strings.Contains(sql, substr: "@") {
        clause.NamedExpr{SQL: sql, Vars: values}.Build(tx.State
    } else {
        clause.Expr{SQL: sql, Vars: values}.Build(tx.Statement)
    }
    return
}
```

```
func (db *DB) Exec(sql string, values ...interface{}) (tx *DB) {
    tx = db.getInstance()
    tx.Statement.SQL = strings.Builder{}

    if strings.Contains(sql, substr: "@") {
        clause.NamedExpr{SQL: sql, Vars: values}.Build(tx.Statem
    } else {
        clause.Expr{SQL: sql, Vars: values}.Build(tx.Statement)
    }

    return tx.callbacks.Raw().Execute(tx)
```

图4-14　Raw()和Exex()源码

4.9 链式操作

链式操作允许连续调用多个结构体方法执行数据操作，它一共有3种类型方法：链式方法、终结方法、新建会话方法。

链式方法在数据库连接对象DB调用特定结构体方法之后，由结构体方法的返回值作为当前数据对象，再通过当前数据对象调用结构体方法，每次调用都是在上一次的基础上设置数据操作。为了更深入地理解链式方法，我们通过示例加以说明：

```
p := Program{}
// 设置筛选条件，返回当前数据对象
DB1 := DB.Where("name like ?", "%西游%")
// 由当前数据对象调用方法执行SQL语句
// 等于：DB.Where("name like ?","%西游%").Where("id > ?",2).First(&p)
// SQL: SELECT * FROM programs WHERE `name` like "%西游%" AND id > 2;
DB1.Where("id > ?", 2).First(&p)

// 上述示例等同于
DB.Where("name like ?", "%西游%").Where("id > ?", 2).First(&p)
```

分析上述示例得知：

- 数据库连接对象DB调用Where()设置数据查询，从方法返回值得到当前数据对象DB1。
- 使用对象DB1调用Where()设置数据查询，它在对象DB调用Where()的基础上再次执行数据操作，最后调用First()将查询结果加载到结构体对象p中。
- 当重复使用对象DB1调用结构体方法时，它都是在对象DB1上一次的基础上再次执行数据操作。也就是说，从对象DB1开始，所有数据操作会形成一条链子，链子的每个结点代表每一次数据操作，最终操作结果由整条链子所有的数据操作决定。

如果从源码分析链式方法，其本质是某些特定的结构体方法，例如Where()、Select()、Omit()、Joins()、Scopes()、Preload()、Raw()等，以Where()为例，其源码如图4-15所示。

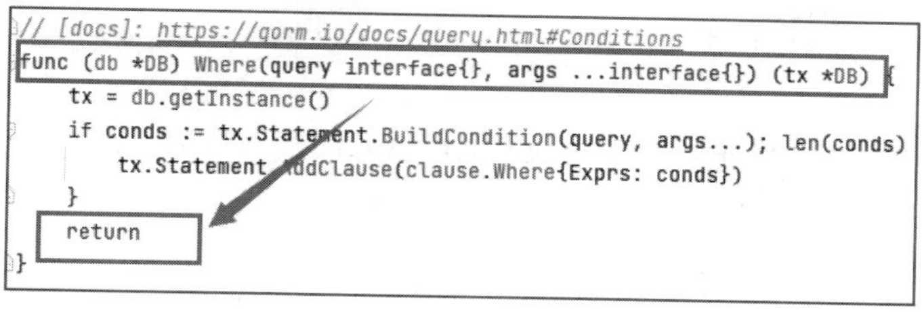

```
// [docs]: https://gorm.io/docs/query.html#Conditions
func (db *DB) Where(query interface{}, args ...interface{}) (tx *DB) {
    tx = db.getInstance()
    if conds := tx.Statement.BuildCondition(query, args...); len(conds)
        tx.Statement.AddClause(clause.Where{Exprs: conds})
    }
    return
}
```

图4-15　Where()源码

从图4-15得知，只要结构体方法的返回值是return，而且返回值类型为*DB（即能被数据库连接对象调用），这些结构体方法就可以称为链式方法。

终结方法是将数据操作生成相应SQL并在数据库直接执行，例如Create()、First()、Find()、Save()、Update()、Delete()、Scan()等，这些结构体方法也有返回值，并且返回值类型也是*DB，以Find()为例，其源码如图4-16所示。

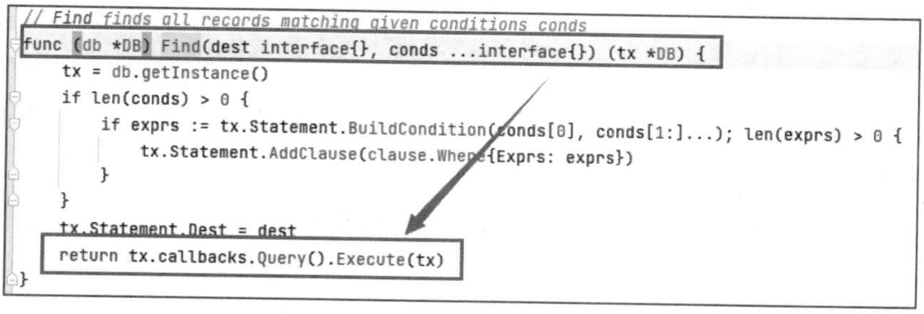

```
// Find finds all records matching given conditions conds
func (db *DB) Find(dest interface{}, conds ...interface{}) (tx *DB) {
    tx = db.getInstance()
    if len(conds) > 0 {
        if exprs := tx.Statement.BuildCondition(conds[0], conds[1:]...); len(exprs) > 0 {
            tx.Statement.AddClause(clause.Where{Exprs: exprs})
        }
    }
    tx.Statement.Dest = dest
    return tx.callbacks.Query().Execute(tx)
}
```

图4-16　Find()源码

从图4-16得知，只要结构体方法的返回值是return tx.callbacks.Query().Execute(tx)，而且返回值类型为*DB（即能被数据库连接对象调用），这些结构体方法就可以称为终结方法。

链式方法和终结方法最大的区别在于返回值是否存在tx.callbacks.Query().Execute(tx)，即是否执行注册回调和SQL语句。链式方法只在程序中设置数据操作对象，但不会在数据库执行相应操作，而终结方法是将程序的数据操作对象转换为相应SQL并在数据库执行。

新建会话方法是将数据库连接对象进行共享，防止链式方法影响数据操作结果，例如在同一数据表执行两次数据查询，每次查询都有部分相同的查询条件，示例如下：

```
// SELECT * FROM users WHERE nationality = 'China' AND name = 'Tom'
DB.Where("nationality = ?", "China").Where("name = ?", "Tom")
// SELECT * FROM users WHERE nationality = 'China' AND name = 'Tim'
DB.Where("nationality = ?", "China").Where("name = ?", "Tim")
```

从上述示例看到，两次数据查询都有相同条件nationality = 'China'，如果将相同条件以新建会话表示，每次查询都无须重复编写相同条件Where("nationality = ?", "China")，实现示例如下：

```
// 实例化新建会话对象
tx := DB.Where("nationality = ?","China").Session(&gorm.Session{})
tx := DB.Where("nationality = ?","China").WithContext(context.Background())
tx := DB.Where("nationality = ?","China").Debug()
// 使用新建会话对象执行数据查询
// SELECT * FROM users WHERE nationality = 'China' AND name = 'Tom'
tx.Where("name = ?", "Tom")
```

```
// SELECT * FROM users WHERE nationality = 'China' AND name = 'Tim'
tx.Where("name = ?", "Tim")
```

如上述示例使用链式方法执行，当对象tx执行第二次数据查询时，它将自动混入name='Tom'的查询条件，从而导致查询结果与实际需求不相符，示例如下：

```
// 链式方法
tx := DB.Where("nationality = ?", "China")
// SELECT * FROM users WHERE nationality = 'China' AND name = 'Tom'
tx.Where("name = ?", "Tom")
// SELECT * FROM users WHERE nationality = 'China'
// AND name = 'Tim' AND name = 'Tom'
tx.Where("name = ?", "Tim")
```

4.10 钩子函数

钩子函数是数据创建、更新、删除、查询过程中自动触发的函数调用，不同数据操作有不同钩子函数，详细说明如下：

数据创建设有4个钩子函数，每个钩子函数的执行顺序如下：

```
// 开始事务
BeforeSave()
BeforeCreate()
// 创建数据
AfterCreate()
AfterSave()
// 提交或回滚事务
```

数据更新设有4个钩子函数，每个钩子函数的执行顺序如下：

```
// 开始事务
BeforeSave()
BeforeUpdate()
// 更新数据
AfterUpdate()
AfterSave()
// 提交或回滚事务
```

数据删除设有两个钩子函数，每个钩子函数的执行顺序如下：

```
// 开始事务
BeforeDelete()
// 删除数据
AfterDelete()
// 提交或回滚事务
```

数据查询设有一个钩子函数，每个钩子函数的执行顺序如下：

```
// 查询数据
AfterFind()
```

所有钩子函数都以结构体方法表示，当某个数据模型发生数据变化时，程序将自动调用相应钩子函数，以模型User为例，示例代码如下：

```
// MyGin的main.go
package main

import (
    "fmt"
    "gorm.io/driver/mysql"
    "gorm.io/gorm"
)

// 官方文档：https://gorm.io/docs/hooks.html

type User struct {
    ID          uint   `gorm:"primarykey"`
    Name        string `gorm:"type:varchar(255);unique"`
    Nationality string `gorm:"type:varchar(255)"`
}

// 自定义创建数据前的钩子函数
func (u *User) BeforeCreate(tx *gorm.DB) (err error) {
    fmt.Printf("创建数据之前\n")
    return
}

// 自定义创建数据后的钩子函数
func (u *User) AfterCreate(tx *gorm.DB) (err error) {
    fmt.Printf("创建数据之后\n")
    return
}

// 自定义更新数据前的钩子函数
func (u *User) BeforeUpdate(tx *gorm.DB) (err error) {
    fmt.Printf("更新数据之前\n")
    return
}

// 自定义更新数据后的钩子函数
func (u *User) AfterUpdate(tx *gorm.DB) (err error) {
    fmt.Printf("更新数据之后\n")
    return
}

// 自定义删除数据前的钩子函数
func (u *User) BeforeDelete(tx *gorm.DB) (err error) {
    fmt.Printf("删除数据之前\n")
    return
}

// 自定义删除数据后的钩子函数
func (u *User) AfterDelete(tx *gorm.DB) (err error) {
    fmt.Printf("删除数据之后\n")
    return
}
```

```
// 自定义查询数据后的钩子函数
func (u *User) AfterFind(tx *gorm.DB) (err error) {
    fmt.Printf("查询数据之后\n")
    return
}

func main() {
    // 定义数据库连接对象
    var dsn = fmt.Sprintf("root:1234@tcp(localhost:3306)/mygo?
                charset=utf8mb4&parseTime=True&loc=Local")
    var DB, _ = gorm.Open(mysql.Open(dsn), &gorm.Config{})
    // 执行数据迁移
    DB.AutoMigrate(&User{})
    // 创建数据
    DB.Create(&User{Name: "Mary", Nationality: "USA"})
    // 更新数据
    DB.Model(&User{}).Where("name = ?","Mary").Update("name","Lucy")
    // 删除数据
    DB.Delete(&User{}, "name = ?", "Lucy")
    // 查询数据
    u := User{}
    DB.First(&u)
}
```

分析上述示例得知：

- 示例代码没有自定义钩子函数BeforeSave()和AfterSave()，它们是创建和更新数据的共有钩子函数。一般情况下，不建议对它们重新定义，因为难以区分当前操作是创建数据还是更新数据。
- 钩子函数的结构体对象u可以获取结构体属性和方法，从而得到当前数据内容，例如创建数据时，通过u.Name能获取当前创建的数据的字段name的值。
- 钩子函数的参数tx是当前数据库连接对象，以便于执行其他的数据操作；钩子函数的返回值err主要返回异常信息，以便于追踪程序异常情况。

```
C:\Users\Administrator\Ap
创建数据之前
创建数据之后
更新数据之前
更新数据之后
删除数据之前
删除数据之后
查询数据之后
```

图4-17 运行结果

运行上述代码并在Goland查看程序的输出结果，如图4-17所示。

4.11 数据库事务

数据库事务是指由一组操作组成的一个工作单元，这个工作单元具有ACID特性，即原子性（Atomicity）、一致性（Consistency）、隔离性（Isolation）和持久性（Durability），每个特性说明如下：

- 原子性是指工作单元的所有操作要么全部成功，要么全部失败。如果有一部分成功和一部分失败，那么执行成功也要全部回滚到执行前的状态。

- 一致性是指执行一次事务会使数据从一个状态转换到另一个状态，执行前后数据都是完整的。
- 隔离性是指在事务执行过程中，任何数据的改变只存在于事务之中，对外界没有影响，事务与事务之间是完全隔离的，只有事务提交后，其他事务才可以查询到最新数据。
- 持久性是指在事务完成后，被处理的数据是永久性存储的，即使发生断电宕机，数据依然存在。

事务最典型的例子是银行转账功能，详细说明如下：

（1）例如A和B账号各有1000元，当A转账100给B时，A账号余额为900，B账号余额为1100。

（2）A和B账号的余额变化涉及两条数据操作，A账号的余额减100，B账号的余额加100，若这两个数据操作同时执行成功，则说明转账成功，若这两个数据操作同时执行失败，则说明转账失败。

（3）如果A账号的余额成功减掉100，而B账号的余额没有增加100，此时A账号的余额为900，B账号的余额为1000，导致转账金额100元凭空消失。

（4）如果B账号的余额成功增加100，而A账号的余额没有减掉100，此时A账号的余额为1000，B账号的余额为1100，导致B账号凭空多出100元。

Gorm的事务机制包含事务禁止与启用、自动事务、手动事务，应用示例如下：

```
// MyGin的main.go
package main

import (
    "fmt"
    "gorm.io/driver/mysql"
    "gorm.io/gorm"
)

// 官方文档：https://gorm.io/docs/transactions.html

type User struct {
    ID          uint   `gorm:"primarykey"`
    Name        string `gorm:"type:varchar(255);unique"`
    Nationality string `gorm:"type:varchar(255)"`
}

func main() {
    // 定义数据库连接对象
    var dsn = fmt.Sprintf("root:1234@tcp(localhost:3306)/mygo?
                charset=utf8mb4&parseTime=True&loc=Local")
    var DB, _ = gorm.Open(mysql.Open(dsn), &gorm.Config{
        // 全局关闭事务
        SkipDefaultTransaction: false,
    })
    // 执行数据迁移
    DB.AutoMigrate(&User{})
    // 创建新会话关闭事务
    //tx := DB.Session(&gorm.Session{SkipDefaultTransaction:true})
    //u := User{}
    //tx.First(&u)
```

```
    // 自动事务
    DB.Transaction(func(tx *gorm.DB) error {
        // 执行数据操作
        if err := tx.Create(&User{Name: "Tom"}).Error; err != nil {
            fmt.Printf("事务异常1，回滚了\n")
            return err
        }
        fmt.Printf("事务正常1，提交了\n")
        return nil
    })
    // 手动事务
    // 创建事务对象tx
    tx := DB.Begin()
    // 执行数据操作
    err := tx.Create(&User{Name: "Tom"}).Error
    if err != nil {
        // 事务回滚
        fmt.Printf("事务异常2，回滚了\n")
        // 回滚整个事务
        tx.Rollback()
    } else {
        // 事务提交
        fmt.Printf("事务正常2，提交了\n")
        tx.Commit()
    }

    // 事务的保存点和回滚至保存点
    tx1 := DB.Begin()
    tx1.Create(&User{Name: "Lucy"})
    // 设置保存点
    tx1.SavePoint("sp1")
    tx1.Create(&User{Name: "Betty"})
    // 回滚到指定保存点
    tx1.RollbackTo("sp1")
    tx1.Commit()
}
```

上述示例说明如下：

- 事务禁止与启用分为全局设置和新建会话设置。全局设置是在结构体Config设置属性SkipDefaultTransaction等于true即可关闭事务，默认情况是开启事务；新建会话设置是在数据库连接对象DB建立新的连接对象，类似于在主进程创建子进程，新建会话在结构体Session设置属性SkipDefaultTransaction即可开启或禁用事务。
- 自动事务通过定义结构体方法Transaction()完成，它设有参数fc和opts，其源码信息如图4-18所示。参数fc以函数方式表示，用于编写事务的业务逻辑；参数opts用于设置事务选项，如事务隔离等级，一般无须设置，使用数据库默认值即可。
- 手动事务包含事务开始Begin()、事务保存点SavePoint()、事务回滚Rollback()或RollbackTo()、事务提交Commit()等操作。

- 事务开始Begin()代表后续所有数据操作皆属于当前事务。
- 事务保存点SavePoint()是对某数据操作所在位置进行标记和命名，以便于RollbackTo()回滚处理。
- 事务回滚分为全回滚和部分回滚。全回滚Rollback()代表事务结束，所有数据回到事务开始之前；部分回滚RollbackTo()是将数据回滚到某个事务保存点。
- 事务提交Commit()代表事务结束，所有数据操作自动提交到数据库，执行相应SQL语句。

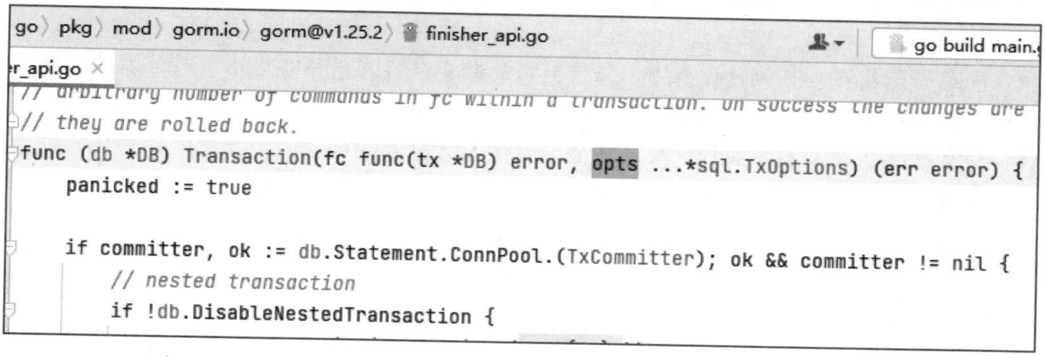

```
go〉pkg〉mod〉gorm.io〉gorm@v1.25.2〉finisher_api.go                go build main.
r_api.go ×
// arbitrary number of commands in fc within a transaction. On success the changes are
// they are rolled back.
func (db *DB) Transaction(fc func(tx *DB) error, opts ...*sql.TxOptions) (err error) {
    panicked := true

    if committer, ok := db.Statement.ConnPool.(TxCommitter); ok && committer != nil {
        // nested transaction
        if !db.DisableNestedTransaction {
```

图4-18 结构体方法Transaction()

4.12 本章小结

ORM是通过对象关系映射操作数据库，也就是说数据库的每张表在程序中以对象（统称为模型）方式表示，通过操作程序对象就能实现数据表的数据处理。

Gorm对数据库的数据执行增删改查操作是借助内置ORM框架所提供的API方法实现的，也就是由数据库连接对象DB调用相应结构体方法执行数据操作，还可以执行原生SQL，从而实现更复杂的数据操作。

链式操作分为链式方法、终结方法、新建会话方法，三者说明如下：

- 只要结构体方法的返回值是return，而且返回值类型为*DB（即能被数据库连接对象调用），这些结构体方法就可以称为链式方法。
- 只要结构体方法的返回值是return tx.callbacks.Query().Execute(tx)，而且返回值类型为*DB（即能被数据库连接对象调用），这些结构体方法就可以称为终结方法。
- 链式方法和终结方法最大的区别在于返回值是否存在tx.callbacks.Query().Execute(tx)，即是否执行注册回调和SQL语句。链式方法只在程序中设置数据操作对象，但不会在数据库执行相应操作，而终结方法是将程序的数据操作对象转换为相应SQL并在数据库执行。
- 新建会话方法是将数据库连接对象进行共享，防止链式方法影响数据操作结果，它是由结构体方法Session()、WithContext()和Debug()创建的。

Gorm一共设有9个钩子函数：BeforeSave()、BeforeCreate()、AfterCreate()、AfterSave()、BeforeUpdate()、AfterUpdate()、BeforeDelete()、AfterDelete()、AfterFind()，每个钩子函数只有在特定数据操作才会自动触发。

数据库事务是指由一组操作组成的一个工作单元，这个工作单元具有ACID特性，即原子性（Atomicity）、一致性（Consistency）、隔离性（Isolation）和持久性（Durability），每个特性说明如下：

- 原子性是指工作单元的所有操作要么全部成功，要么全部失败。如果有一部分成功和一部分失败，那么执行成功也要全部回滚到执行前的状态。
- 一致性是指执行一次事务会使数据从一个状态转换到另一个状态，执行前后数据都是完整的。
- 隔离性是指在事务执行过程中，任何数据的改变只存在于事务之中，对外界没有影响，事务与事务之间是完全隔离的，只有事务提交后，其他事务才可以查询到最新数据。
- 持久性是指在事务完成后，被处理的数据是永久性存储的，即使发生断电宕机，数据依然存在。

第5章 商城后端开发

本章学习内容：

- 后端设计与说明
- 系统功能配置
- 定义数据模型
- 数据分页功能
- 使用中间件实现会话
- 跨域配置与路由定义
- 注册登录与退出
- 商城首页
- 商品列表
- 商品详细、收藏与加购
- 购物车功能
- 支付宝支付配置
- 在线支付功能
- 个人中心
- 项目启动与运行

5.1 后端设计与说明

如果使用Gin作为后端开发框架，必须设计合理的代码目录，以便于后期的维护和扩展。由于Gin没有提供标准的代码目录，开发者在开发过程中只能根据主观意识自行设计代码目录，一个好的代码目录必须结构清晰易懂，每个功能分类明确。

我们根据商城项目需求设计后端代码目录，首先在E盘创建文件夹baby；然后在baby分别创建文件夹settings、middleware、models、routers、servers、static和文件main.go；最后通过Goland打开文件夹baby，在终端Terminal输入指令go mod init baby创建go.mod文件，整个代码目录如图5-1所示。

图5-1　后端代码目录

根据图5-1分析得知，每个文件夹或文件的功能说明如下：

- settings用于实现系统功能配置，例如数据库连接信息、JWT功能配置、在线支付密钥等信息。
- middleware用于实现Gin的中间件功能，例如实现JWT用户认证。
- models用于定义数据模型和数据分页功能。
- routers用于定义Gin的路由信息。
- servers用于定义Gin的路由处理函数。
- static用于存放项目的静态资源文件，例如商品的主图和详细图。
- main.go用于实现项目运行与启动。

下一步在代码目录的每个文件夹创建相应的go文件，以便于后期的开发与导入，详细操作如下：

- 在settings创建并打开settings.go，在文件首行写入代码package settings，将其命名为settings包。
- 在middleware创建并打开jwt.go，在文件首行写入代码package middleware，将其命名为middleware包。
- 在models分别创建并打开models.go和paginate.go，分别在文件首行写入代码package models，将其命名为models包。
- 在routers创建并打开routers.go，在文件首行写入代码package routers，将其命名为routers包。
- 在servers创建文件夹v1，它是定义API的v1版本的路由处理函数，在v1分别创建并打开commodity.go和shopper.go，分别在文件首行写入代码package v1，将其命名为v1包。
- 在static创建文件夹details和imgs，分别放入商品的详细图和主图，此外还需配置相应的路由地址（详细说明将在5.6节讲述），并且商品数据表需要记录静态资源路径（详细说明将在5.4节讲述）。当前端获取某商品信息时，能通过相应字段获取商品详细图和主图的访问链接。
- 打开baby的main.go，在文件首行写入代码package main，将其命名为main包。

综上所述，我们已完成整个项目的代码目录设计，设计思路如下：

- 不同功能模块归属于不同文件夹和文件，同一个文件夹的不同文件可以将功能进行细分处理，例如中间件middleware的jwt.go实现JWT功能，如需实现中间件的权限认证，则可以创建auth.go文件。
- 每个文件夹、文件和包的命名应尽量保持一致，如果命名不规范，在调用模块时很容易出现混淆和错乱。

5.2　系统功能配置

后端功能配置是由settings的settings.go实现的，涉及数据库连接信息、JWT功能配置、Gin运行模式、分页功能的页数设置和在线支付信息等。我们在settings.go编写详细的功能配置，代码如下：

```
// settings的settings.go
package settings

import (
    "github.com/gin-gonic/gin"
    "time"
)

type Database struct {
    User     string
    Password string
    Host     string
    Name     string
}

var MySQLSetting = &Database{
    User:     "root",
    Password: "1234",
    Host:     "127.0.0.1:3306",
    Name:     "baby",
}

// gin.DebugMode：表示开发环境模式
// gin.ReleaseMode：表示生产环境模式
// gin.TestMode：表示测试环境模式
var Mode = gin.ReleaseMode

// JWT的有效时间
var TokenExpireDuration = time.Minute * 30

// JWT的加密盐
var Secret = []byte("你好")

// 分页功能，每一页的数据量
var PageSize = 6

// 支付信息
var AppId = ""
var AlipayPublicKeyString = ``
var AppPrivateKeyString = ``
```

上述代码说明如下：

- 数据库连接信息以结构体Database实例化对象MySQLSetting表示，对象命名必须以大写字母开头表示，以便于其他模块导入和调用，结构体属性User、Password、Host、Name分别代表数据库登录账号、密码、IP地址+端口以及数据库名称。
- 变量Mode用于设置Gin运行模式，一共设有3种运行模式：开发环境模式（gin.DebugMode）、生产环境模式（gin.ReleaseMode）和测试环境模式（gin.TestMode）。

- 变量TokenExpireDuration用于设置JWT的有效时间，以时间格式表示，当前设置为30分钟有效。
- 变量Secret用于设置JWT的加密盐，以切片格式表示，切片元素为byte类型。
- 变量PageSize用于设置分页功能的每页数据量，以整型表示。
- 变量AppId、AlipayPublicKeyString、AppPrivateKeyString用于设置支付宝的支付信息，详细内容将在后续章节讲述。

5.3 定义数据模型

从项目需求得知，项目所需的数据表有商品信息表、商品类型表、购物车信息表、订单信息表、用户表、用户记录表，并且数据表之间还存在数据关联。

在设计数据表时，同一个需求可以有多种设计方案，但必须考虑每种方案的性能和扩展性。以商品信息表和商品类型表为例，为什么要将商品类型表单独划分为一个数据表，在商品信息表新增两个字段也能标记商品类型。换句话说，只要商品信息表可以得到商品类型，就无须额外新建数据表记录商品类型。

上述设计方案也能满足项目需求，但从性能来说，这种设计方案不太友好，具体原因如下：

- 由于商品信息和商品类型存在一对多关系，一个类别下允许有多个商品，如果商品信息表通过新增字段记录商品类型，则容易造成商品信息表的数据冗余。
- 如需查询所有商品类型，则对商品信息表进行全表查询，并对所有商品类型进行去重和归类（如果商品类型设有多级类别，每个类别都要归类处理）。当商品信息表数据量过大时，数据查询和数据去重归类都会对性能造成很大影响。

我们按照第2章的系统设计说明分别为商品信息表、商品类型表、购物车信息表、订单信息表、用户表、用户记录表定义对应的数据模型，在models的models.go实现数据库连接、定义数据模型、数据迁移和数据库连接池设置，实现代码如下：

```
// models的models.go
package models

import (
    "baby/settings"
    "crypto/md5"
    "encoding/hex"
    "fmt"
    "gorm.io/driver/mysql"
    "gorm.io/gorm"
    "time"
)

// 定义数据表结构
type Types struct {
    gorm.Model
    Firsts  string `json:"firsts" gorm:"type:varchar(255)"`
```

```
    Seconds string `json:"seconds" gorm:"type:varchar(255)"`
}

type Commodities struct {
    gorm.Model
    Name     string   `json:"name" gorm:"type:varchar(255)"`
    Sizes    string   `json:"sizes" gorm:"type:varchar(255)"`
    Types    string   `json:"types" gorm:"type:varchar(255)"`
    Price    float64  `json:"price"`
    Discount float64  `json:"discount"`
    Stock    int64    `json:"stock"`
    Sold     int64    `json:"sold"`
    Likes    int64    `json:"likes"`
    Created  time.Time `json:"created"`
    Img      string   `json:"img" gorm:"type:varchar(255)"`
    Details  string   `json:"details" gorm:"type:varchar(255)"`
}

type Users struct {
    gorm.Model
    Username  string    `json:"username" gorm:"type:varchar(255);unique"`
    Password  string    `json:"password" gorm:"type:varchar(255)"`
    IsStaff   int64     `json:"isStaff" gorm:"default:0"`
    LastLogin time.Time `json:"lastLogin"`
}

type Carts struct {
    gorm.Model
    Quantity    int64       `json:"quantity"`
    CommodityId int64       `json:"commodityId"`
    Commodities Commodities `gorm:"foreignkey:CommodityId"`
    UserId      int64       `json:"userId"`
    Users       Users       `json:"-" gorm:"foreignkey:UserId"`
}

type Orders struct {
    gorm.Model
    Price   string `json:"price" gorm:"type:varchar(255)"`
    PayInfo string `json:"payInfo" gorm:"type:varchar(255)"`
    UserId  int64
    Users   Users `json:"-" gorm:"foreignkey:UserId"`
    State   int64 `json:"state"`
}

type Records struct {
    gorm.Model
    CommodityId int64       `json:"commodityId"`
    Commodities Commodities `gorm:"foreignkey:CommodityId"`
    UserId      int64       `json:"userId"`
    Users       Users       `json:"-" gorm:"foreignkey:UserId"`
}

type Jwts struct {
    gorm.Model
```

```
    Token  string   `json:"token" gorm:"type:varchar(1000)"`
    Expire time.Time `json:"expire"`
}

// 定义模型Users的钩子函数BeforeCreate，为字段Password加密处理
func (u *Users) BeforeSave(db *gorm.DB) error {
    m := md5.New()
    m.Write([]byte(u.Password))
    u.Password = hex.EncodeToString(m.Sum(nil))
    return nil
}

// 定义数据库连接对象
var dsn=fmt.Sprintf("%s:%s@tcp(%s)/%s?
    charset=utf8mb4&parseTime=True&loc=Local",
    settings.MySQLSetting.User,
    settings.MySQLSetting.Password,
    settings.MySQLSetting.Host,
    settings.MySQLSetting.Name)
var DB, err = gorm.Open(mysql.Open(dsn), &gorm.Config{
    // 禁止创建数据表的外键约束
    DisableForeignKeyConstraintWhenMigrating: true,
})

// Setup initializes the database instance
func Setup() {
    if err != nil {
        fmt.Printf("模型初始化异常: %v", err)
    }
    // 数据迁移
    DB.AutoMigrate(&Types{})
    DB.AutoMigrate(&Commodities{})
    DB.AutoMigrate(&Users{})
    DB.AutoMigrate(&Carts{})
    DB.AutoMigrate(&Orders{})
    DB.AutoMigrate(&Records{})
    DB.AutoMigrate(&Jwts{})
    // 设置数据库连接池
    sqlDB, _ := DB.DB()
    // SetMaxIdleConns设置空闲连接池中连接的最大数量
    sqlDB.SetMaxIdleConns(10)
    // SetMaxOpenConns设置打开数据库连接的最大数量
    sqlDB.SetMaxOpenConns(100)
    // SetConnMaxLifetime设置连接可复用的最大时间
    sqlDB.SetConnMaxLifetime(time.Hour)
}
```

分析上述代码得知：

- 结构体Types代表商品类型表，它内嵌结构体gorm.Model，额外设有属性Firsts和Seconds，分别代表一级类别和二级类别。

- 结构体Commodities代表商品类型表，内嵌结构体gorm.Model并额外设有11个属性，其中属性types与结构体Types的Seconds相互对应。
- 结构体Users代表用户表，内嵌结构体gorm.Model并额外设有4个属性；此外还自定义了钩子函数BeforeSave，当数据更新或创建时，钩子函数将自动执行，对当前数据的属性Password进行MD5的数据加密处理。
- 结构体Carts代表购物车信息，内嵌结构体gorm.Model并额外设有5个属性，其中属性UserId、Users和结构体Users构成一对多关联，CommodityId、Commodities和结构体Commodities构成一对多关联。
- 结构体Orders代表订单信息，内嵌结构体gorm.Model并额外设有5个属性，其中属性UserId、Users和结构体Users构成一对多关联。
- 结构体Records代表用户记录表，内嵌结构体gorm.Model并额外设有4个属性，其中属性UserId、Users和结构体Users构成一对多关联，CommodityId、Commodities和结构体Commodities构成一对多关联。
- 结构体Jwts代表JWT信息表，用于记录用户会话状态，它内嵌结构体gorm.Model并额外设有属性Token和Expire，分别代表JWT信息和会话过期时间。
- 所有结构体标签分别对Gorm和Json设置数据格式，Gorm用于设置结构体属性在数据表的数据格式，Json用于设置JSON数据与结构体属性的对应关系（也称为序列化处理），其中json:"-" 表示不进行序列化。
- 变量dsn用于执行字符串格式化，从settings的settings.go获取结构体对象MySQLSetting，将数据库信息以字符串格式表示，再通过Gorm执行数据库连接，并且在创建数据表时，禁止创建数据表外键约束，数据库连接对象DB以大写格式表示，以便于其他模块导入和调用。
- 函数Setup主要实现数据迁移和数据库连接池设置，函数在程序运行开始之前将被调用，也就是说，函数Setup只在baby的main.go导入和调用。

5.4　数据分页功能

数据分页主要用于数据列表，因为网页不可能全部展示所有商品信息，如果数据量过多就会导致加载过慢，对用户体验十分不友好。数据分页是一个常见功能，其实现原理如下：

- 浏览器在路由地址通过请求参数设置当前页，告知服务器当前请求需要哪一页数据。
- 服务器根据当前页和每页展示的数据量对数据表进行数据分页处理，分页后将得到当前分页数据、上一页、下一页、总页数和所有数据总数。

Gin的分页功能主要是对Gorm进行分页处理，对Gorm的数据查询进行分页处理，将分页结果返回给Gin进行数据响应。我们在models.py的paginate.go中定义函数Paginate实现数据分页功能，代码如下：

```
// models.py的paginate.go
package models
```

```
import (
    "baby/settings"
    "gorm.io/gorm"
)

func Paginate(db *gorm.DB,p int) (*gorm.DB,int,int,int,int){
    // 若当前页数小于或等于0，则当前页数变为第一页
    if p <= 0 {
        p = 1
    }
    // 计算所有数据总数和总页数
    var count int64
    db.Count(&count)
    pageCount := int(count) / settings.PageSize
    // 若如果存在余数，则对pageCount加1处理
    if int(count)%settings.PageSize > 0 {
        pageCount += 1
    }
    // 当前页数超出总页数，则当前页数变为总页数
    if p >= pageCount {
        p = pageCount
    }
    // 计算上一页
    previous := 1
    if p >= 0 {
        previous = p - 1
    }
    // 计算下一页
    next := p + 1
    if next > pageCount {
        next = pageCount
    }
    // 计算数据偏移量，用于数据查询
    offset := (p - 1) * settings.PageSize
    res := db.Offset(offset).Limit(settings.PageSize)
    return res, previous, next, int(count), pageCount
}
```

分析上述代码得知：

- 函数设有参数db和p，分别代表Gorm数据查询结果和当前页，函数返回值分别代表当前分页数据、上一页、下一页、所有数据总数和总页数。
- 当参数p小于或等于0时，默认当前页等于1，即代表获取第一页数据。
- 计算所有数据总数是通过参数db调用结构体方法Count()获取的，并以变量count表示。
- 计算总页数是所有数据总数除以每页展示的数据量，每页展示的数据量来自settings.go的变量PageSize，如果计算结果存在余数，则总页数加1处理，最终总页数由变量pageCount表示。
- 计算上一页必须以当前页（即参数p）作为判断条件，用于解决临界值计算。如果当前页大于或等于0，上一页等于当前页减1；如果当前页小于0，则默认上一页等于1。

- 计算下一页必须以总页数（即变量pageCount）作为判断条件，用于解决临界值计算。下一页默认当前页加1，如果下一页大于总页数，下一页等于总页数。
- 计算当前页数据是通过当前页和每页展示数据量计算数据偏移量的，例如每页展示数据量为6时，第一页的数据偏移量为0，第二页的数据偏移量为6，第三页的数据偏移量为12，以此类推，再由参数db调用Offset()和Limit()从数据偏移量获取当前分页数据。

5.5 使用中间件实现会话

我们知道HTTP请求是无状态的，当用户向服务器发起多个请求时，服务器无法分辨这些请求来自哪个用户。为了解决HTTP请求的无状态问题，目前常见的解决方案有Cookie、Session和Json Web Token（JWT）。

浏览器向服务器发送请求，服务器做出响应之后，二者便会断开连接（会话结束），下次用户再来请求服务器，服务器没有办法识别此用户是谁。比如用户登录功能，如果没有Cookie机制支持，那么只能通过查询数据库实现，并且每次刷新页面都要重新操作一次用户登录才可以识别用户，这会给开发人员带来大量的冗余工作，简单的用户登录功能也会给服务器带来巨大的负载压力。

Cookie是从浏览器向服务器传递数据，让服务器能够识别当前用户，而服务器对Cookie的识别机制是通过Session实现的，Session存储了当前用户的基本信息，如姓名、年龄和性别等。由于Cookie存储在浏览器里面，而且Cookie的数据是由服务器提供的，如果服务器将用户信息直接保存在浏览器中，就很容易泄露用户信息，并且Cookie大小不能超过4KB，不能支持中文，因此需要一种机制在服务器的某个域中存储用户数据，这个域就是Session。

总而言之，Cookie和Session是为了解决HTTP无状态的弊端，为了让浏览器和服务端建立长久联系的会话而出现的。

JWT是在网络应用环境传递的一种基于JSON的开放标准，它的设计是紧凑且安全的，用于各个系统之间安全传输JSON数据，并且经过数字签名，可以被验证和信任，适用于分布式的单点登录场景。

JWT的作用是在客户端和服务端之间传递用户信息，服务器从JWT获取对应的用户数据，不仅能直接用于认证，也可以对数据进行加密处理。JWT的认证过程如下：

（1）用户在网页上输入用户名和密码并单击“登录”按钮，前端向后端发送HTTP请求。

（2）后端收到前端的请求后，从请求参数中获取用户名和密码，并进行用户登录验证。

（3）后端验证成功后，将生成一个token并返回给前端。

（4）前端收到token之后，每次发送请求都将token作为请求头或cookie一并传递给后端。

（5）后端收到前端请求后，通过请求头或Cookie获取token，从token获取信息就能识别当前请求来自哪一个用户。

JWT是由三部分数据构成的，第一部分称为头部（Header），第二部分称为载荷（Payload），第三部分称为签证（Signature），各个部分说明如下：

（1）头部存储两部分信息：由类型和加密算法组成，加密算法通常使用HMAC SHA256，然后将类型和加密算法进行Base64编码，完成第一部分的构建。

（2）载荷存放有效数据，比如用户信息等，然后将数据进行Base64编码，完成第二部分的构建。

（3）签名是拼接已编码的头部、载荷和一个公钥，使用头部指定的签名算法进行加密，保证JWT没有被篡改。

前后端分离架构大多数采用JWT方式实现会话功能，在Gin框架下实现JWT需要借助第三方包jwt，我们在项目baby目录下输入安装指令go get -u github.com/golang-jwt/jwt/v5，其GitHub地址为github.com/golang-jwt/jwt。

第三方包jwt安装成功后，在middleware的jwt.go中实现JWT功能，包括结构体定义、JWT的创建与解析、中间件校验功能，详细代码如下：

```
// middleware的jwt.go
package middleware

import (
    "baby/models"
    setting "baby/settings"
    "errors"
    "github.com/gin-gonic/gin"
    "github.com/golang-jwt/jwt/v5"
    "net/http"
    "time"
)

type CustomClaims struct {
    // 自行添加字段
    Username string `json:"username"`
    UserId   int64  `json:"userId"`
    // 内嵌JWT
    jwt.RegisteredClaims
}

// GenToken生成JWT
func GenToken(username string, userId int64) (string, error) {
    expire := time.Now().Add(setting.TokenExpireDuration)
    // 创建一个我们自己的声明
    claims := CustomClaims{
        username, // 自定义的用户名字段
        userId,
        jwt.RegisteredClaims{
            Issuer: "奥力给", // 签发人
        },
    }
    // 使用指定的签名方法创建签名对象
    t := jwt.NewWithClaims(jwt.SigningMethodHS256, claims)
    token, err := t.SignedString(setting.Secret)
    // 使用指定的secret签名并获得完整的编码后的字符串token
    // Token写入数据库
```

```
    j := models.Jwts{Token: token, Expire: expire}
    models.DB.Create(&j)
    return token, err
}

// ParseToken 解析JWT
func ParseToken(tokenString string) (*CustomClaims, error) {
    // 解析token
    // 如果是自定义Claim结构体，则需要使用ParseWithClaims方法
    token, err := jwt.ParseWithClaims(tokenString, &CustomClaims{},
        func(token *jwt.Token) (i interface{}, err error) {
            return setting.Secret, nil
        })
    if err != nil {
        return nil, err
    }
    // 校验token
    if claims, ok:=token.Claims.(*CustomClaims); ok && token.Valid{
        return claims, nil
    }
    return nil, errors.New("invalid token")
}

func JWTAuthMiddleware(c *gin.Context) {
    // 客户端携带Token有三种方式：1.放在请求头，2.放在请求体，3.放在URI
    // 将Token放在Header的Authorization中
    authHeader := c.Request.Header.Get("Authorization")
    if authHeader == "" {
        c.JSON(http.StatusOK, gin.H{
            "state": "fail",
            "msg": "请求头的Authorization为空",
        })
        c.Abort()
        return
    }
    mc, err := ParseToken(authHeader)
    if err != nil {
        c.JSON(http.StatusOK, gin.H{
            "state": "fail",
            "msg": "无效的Token",
        })
        c.Abort()
        return
    }
    var jwts models.Jwts
    models.DB.Where("token = ?", authHeader).First(&jwts)
    if jwts.Token != "" {
        if jwts.Expire.After(time.Now()) {
            jwts.Expire=time.Now().Add(setting.TokenExpireDuration)
            models.DB.Save(&jwts)
        } else {
            // 强制删除表数据
```

```
            models.DB.Unscoped().Delete(&jwts)
        }
    } else {
        c.JSON(http.StatusOK, gin.H{
            "state": "fail",
            "msg":   "无效的Token",
        })
        c.Abort()
        return
    }
    // 将当前请求的username信息保存到请求的上下文c上
    // 路由处理函数通过c.Get("username")来获取当前请求的用户信息
    c.Set("userId", mc.UserId)
    c.Set("username", mc.Username)
    c.Next()
}
```

分析上述代码得知：

- 结构体CustomClaims设有属性Username、UserId和jwt.RegisteredClaims。Username和UserId用于保存用户账号和主键，通过解析JWT能得到用户信息；jwt.RegisteredClaims是第三方包jwt定义的结构体RegisteredClaims，包括JWT基本信息：签发者Issuer、面向用户Subject、接收方Audience、过期时间ExpiresAt、定义时间NotBefore、签发时间IssuedAt、唯一身份标识ID。
- 函数GenToken负责创建JWT。首先创建过期时间expire，设置结构体CustomClaims属性Username、UserId和RegisteredClaims的Issuer；然后调用jwt的NewWithClaims()和SignedString()创建JWT；最后将JWT和过期时间expire写入数据模型Jwts。过期时间expire没有写入结构体RegisteredClaims的ExpiresAt，而是存放在数据模型Jwts中，因为结构体RegisteredClaims的ExpiresAt不会自动更新过期时间。
- 在正常情况下，当用户不断发送请求时，JWT的过期时间应不断更新，计算JWT是否过期时应该以用户最后请求的时间为计算节点，而不是以用户首次获取JWT的时间为计算节点。
- 函数ParseToken负责解析JWT。首先调用jwt.ParseWithClaims()进行第一次解析处理，如果解析准确，就能得到解析对象token，再由token调用Claims()和Valid()进行第二次解析处理，如果解析准确，就得到结构体CustomClaims的实例化对象。
- 中间件JWTAuthMiddleware实现第三方包jwt和Gin的功能对接，整个功能包含获取和解析JWT、在数据模型Jwts校验和处理JWT、从JWT解析结果获取和设置用户信息。
- 首先从请求头获取属性Authorization并写入变量authHeader，如果变量值为空，则说明请求头的Authorization没有设置JWT，表示当前访问无效；如果变量值不为空，则调用函数ParseToken进行JWT解析。
- 如果解析失败，则说明JWT无效；如果解析成功，则能得到结构体CustomClaims的实例化对象mc，从mc可以得到用户账号和主键ID。然后在数据模型Jwts查找JWT信息，若查询结果为空，则说明当前JWT无效；若查询结果不为空，则判断JWT的过期时间，如果已过期，则删除数据，如果尚未过期，则更新JWT的过期时间。

- 整个中间件JWTAuthMiddleware实现了多层条件判断，如果以图解方式说明，则如图5-2所示。

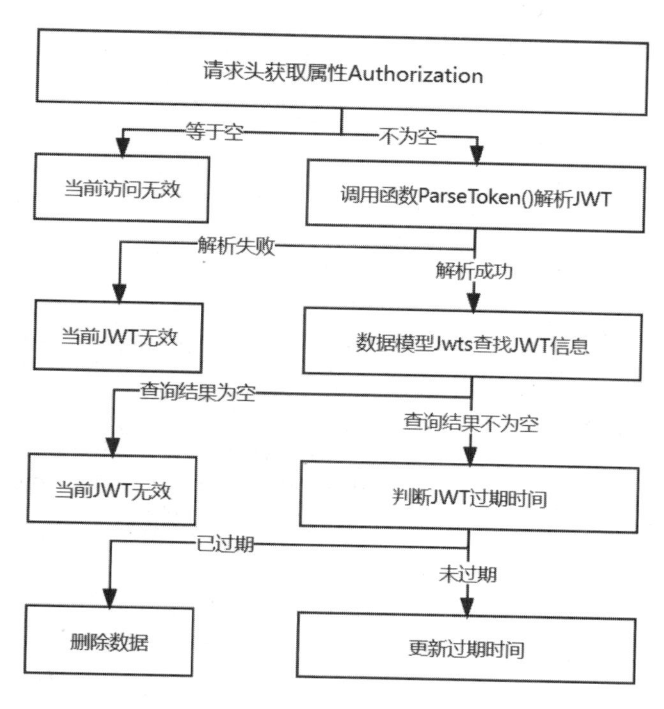

图5-2　中间件JWTAuthMiddleware

5.6　跨域配置与路由定义

路由是后端开发的核心功能之一，它为系统提供详细的访问地址。在开发API的过程中，路由定义建议符合RESTful API规范，这样能避免开发者的个人主义和降低维护成本。

使用Gin定义路由是通过Gin实例对象调用结构体方法，此外还要使用Gin实例对象调用中间件解决前后端分离的跨域问题。

解决跨域问题可以借助第三方包gin-contrib实现，在Goland的Terminal输入安装指令go get github.com/gin-contrib/cors即可。

最后根据商城API设计方案（即2.5节）在routers的routers.go中创建Gin实例对象，实现前后端跨域设置和路由定义，示例代码如下：

```
// routers的routers.go
package routers

import (
    "baby/middleware"
    v1 "baby/servers/v1"
    "baby/settings"
    "github.com/gin-contrib/cors"
```

```
    "github.com/gin-gonic/gin"
    "net/http"
)

func InitRouter() *gin.Engine {
    gin.SetMode(settings.Mode)
    r := gin.New()
    r.Use(gin.Logger())
    r.Use(gin.Recovery())
    r.StaticFS("/static", http.Dir("static"))
    // 配置跨域访问
    config := cors.DefaultConfig()
    // 允许所有域名
    config.AllowAllOrigins = true
    // 允许执行的请求方法
    config.AllowMethods = []string{"GET", "POST"}
    // 允许执行的请求头
    config.AllowHeaders = []string{"tus-resumable", "upload-length",
                            "upload-metadata", "cache-control",
                            "x-requested-with", "*"}
    r.Use(cors.New(config))
    // 定义路由
    apiv1 := r.Group("/api/v1/")
    // 路由分组，部分路由设置中间件JWTAuthMiddleware验证用户
    commodity := apiv1.Group("")
    {
        // 网站首页
        commodity.GET("home/", v1.Home)
        // 商品列表
        commodity.GET("commodity/list/", v1.CommodityList)
        // 商品详细
        commodity.GET("commodity/detail/:id/", v1.CommodityDetail)
        // 用户注册登录
        commodity.POST("shopper/login/", v1.ShopperLogin)
    }
    //shopper := apiv1.Group("")
    //shopper.Use(middleware.JWTAuthMiddleware())
    shopper := apiv1.Group("", middleware.JWTAuthMiddleware)
    {
        // 商品收藏
        shopper.POST("commodity/collect/", v1.CommodityCollect)
        // 退出登录
        shopper.POST("shopper/logout/", v1.ShopperLogout)
        // 个人主页
        shopper.GET("shopper/home/", v1.ShopperHome)
        // 加入购物车
        shopper.POST("shopper/shopcart/", v1.ShopperShopCart)
        // 购物车列表
        shopper.GET("shopper/shopcart/", v1.ShopperShopCart)
        // 在线支付
        shopper.POST("shopper/pays/", v1.ShopperPays)
        // 删除购物车商品
```

```
        shopper.POST("shopper/delete/", v1.ShopperDelete)
    }
    return r
}
```

分析上述代码得知：

- 函数InitRouter()实现路由定义过程，函数返回值以Gin的结构体Engine表示，它是Gin实例对象，包含Muxer、中间件和功能配置等。
- 调用函数SetMode()设置Gin运行模式（即gin.SetMode(settings.Mode)），本示例以生产环境模式运行，其中settings.Mode是settings.go的变量Mode。
- 下一步调用函数New()创建Gin实例对象r（即结构体Engine的实例化对象），再由对象r调用结构体方法Use()分别设置日志记录和异常恢复功能，调用结构体方法StaticFS()将文件夹static所有文件设为静态资源文件。
- 跨域设置是调用第三方包gin-contrib的函数DefaultConfig()创建结构体对象config，通过设置结构体属性AllowAllOrigins、AllowMethods和AllowHeaders分别配置跨域域名、请求方法和请求头，再由第三方包gin-contrib的New()转为Gin中间件，并通过对象r调用Use()写入Gin实例对象。
- 由对象r调用Group()定义路由组apiv1，路由组地址为/api/v1/，再由apiv1调用Group()分别定义路由组commodity和shopper。
- 路由组commodity无须执行用户验证，它的路由包含网站首页、商品列表、商品详细和用户注册登录。
- 路由组shopper设置中间件JWTAuthMiddleware（即jwt.go的函数JWTAuthMiddleware()），代表路由组shopper所有路由都要执行用户验证（即判断当前请求是否带有JWT），它的路由包含商品收藏、退出登录、个人主页、加入购物车、购物车列表、在线支付、删除购物车商品。
- 路由组apiv1表示API的版本信息，路由处理函数在servers/v1中定义，文件夹v1命名刚好对应API的版本信息。如果需要升级为v2版本，可以新增路由组apiv2，在servers创建文件夹v2，这样设计便于后期维护和扩展。

5.7 注册登录与退出

用户注册登录的路由地址为/api/v1/shopper/login/，它由路由组commodity定义，支持POST请求，其路由处理函数为ShopperLogin()，在servers/v1/shopper.go中定义ShopperLogin()，代码如下：

```
// servers/v1/shopper.go
package v1

import (
    "baby/middleware"
    "baby/models"
    "crypto/md5"
```

```
    "encoding/hex"
    "github.com/gin-gonic/gin"
    "net/http"
    "time"
)

func ShopperLogin(c *gin.Context) {
    context := gin.H{"state": "fail", "msg": "注册或登录失败"}

    var body struct {
        Username string `json:"username"`
        Password string `json:"password"`
    }
    c.BindJSON(&body)
    username := body.Username
    p := body.Password
    if username != "" && p != "" {
        context["state"] = "success"
        // 生成登录时间
        lastLogin := time.Now()
        context["last_login"]=lastLogin.Format("2006-01-02 15:04:05")
        // 密码加密，用于查找用户数据
        m := md5.New()
        m.Write([]byte(p))
        password := hex.EncodeToString(m.Sum(nil))
        // 查找用户，用户存在则登录成功，不存在则创建
        var userID uint
        var users models.Users
        models.DB.Where("username = ?", username).First(&users)
        if users.ID > 0 {
            if users.Password == password {
                userID = users.ID
                users.LastLogin = lastLogin
                models.DB.Save(&users)
                context["msg"] = "登录成功"
            } else {
                context["msg"] = "请输入正确密码"
                context["state"] = "fail"
            }
        } else {
            context["msg"] = "注册成功"
            r := models.Users{Username: username, Password: p,
                              IsStaff: 1, LastLogin: lastLogin}
            models.DB.Create(&r)
            if r.ID > 0 {
                userID = r.ID
            } else {
                context["msg"] = "注册失败"
                context["state"] = "fail"
            }
        }
```

```
        // 创建Token
        token := ""
        if userID > 0 {
            token, _ = middleware.GenToken(username,int64(userID))
        }
        context["token"] = token
    }
    c.JSON(http.StatusOK, context)
}
```

分析上述代码得知：

- 函数使用gin.H{}创建集合context，并且接收HTTP的POST请求，请求参数以JSON格式表示，由请求对象c调用BindJSON()将请求参数写入结构体body，再从结构体body的属性Username和Password获取请求参数username和password。
- 如果请求参数username和password不为空，则当前时间作为登录时间并写入集合context，然后对请求参数password进行MD5加密处理。
- 将请求参数username作为数据模型Users的查询条件，如果数据存在，则代表用户已注册，再根据查询结果的Password与加密后的请求参数password进行对比，如果匹配成功，则说明用户登录成功，如果匹配失败，则说明用户输入的密码错误。
- 如果请求参数username不存在数据模型Users，程序将执行用户注册功能，将请求参数username和加密后的请求参数password写入数据模型Users。
- 当用户注册或登录成功时，程序将调用jwt.go的函数GenToken()创建JWT并写入集合context，再将集合context作为响应数据输出。

用户退出登录的路由地址为/api/v1/shopper/logout/，它由路由组shopper定义，支持POST请求，其路由处理函数为ShopperLogout()，在servers/v1/shopper.go中定义ShopperLogout()，代码如下：

```
// servers/v1/shopper.go
package v1

import (
    "baby/models"
    "github.com/gin-gonic/gin"
    "net/http"
)

func ShopperLogout(c *gin.Context) {
    context := gin.H{"state": "fail", "msg": "退出失败"}
    userId, _ := c.Get("userId")
    if userId != 0 {
        authHeader := c.Request.Header.Get("Authorization")
        if authHeader != "" {
            var jwts models.Jwts
            models.DB.Where("token = ?", authHeader).First(&jwts)
            models.DB.Unscoped().Delete(&jwts)
            context = gin.H{"state": "success", "msg": "退出成功"}
        }
    }
```

```
    c.JSON(http.StatusOK, context)
}
```

上述代码说明如下：

- 使用gin.H{}创建集合context，从请求对象c调用Get()获取userId，数据来源于中间件JWTAuthMiddleware的c.Set("userId", mc.UserId)。换句话说，请求对象c的Set()用于写入数据，Get()用于获取数据，这样就能实现函数之间的数据传递。
- 当userId不为0时，中间件JWTAuthMiddleware对当前JWT验证有效，说明当前用户登录有效。程序从请求头的Authorization获取JWT，在数据模型Jwts查找并永久删除数据。
- 当数据删除成功后，如果后续请求使用已删除JWT，则中间件JWTAuthMiddleware在验证过程中将提示无效的Token。

5.8 商城首页

网站首页一共划分了5个不同的功能区域：商品搜索功能、网站导航、广告轮播、商品分类热销、网站尾部。其中只有商品分类热销需要后端提供API获取真实数据。商品分类热销又分为今日必抢和分类商品：今日必抢是在所有商品中获取销量前10名的商品进行排序；分类商品是在某分类的商品中获取销量前5名的商品进行排序。

网站首页的路由地址为/api/v1/home/，它由路由组commodity定义，支持GET请求，其路由处理函数为Home()，在servers/v1/commodity.go中定义Home()，代码如下：

```
// servers/v1/commodity.go
package v1

import (
    "baby/models"
    "github.com/gin-gonic/gin"
    "net/http"
)

func Home(c *gin.Context) {
    context := gin.H{"state": "success", "msg": "获取成功"}
    data := gin.H{}
    // 今日必抢商品信息
    var commodity []models.Commodities
    models.DB.Order("sold DESC").Find(&commodity)
    data["commodityInfos"]=[][]models.Commodities{
                    commodity[0:4],commodity[4:8]}
    // 分类商品信息
    var classification = map[string]string{"clothes": "儿童服饰",
                        "food": "奶粉辅食", "goods": "儿童用品"}
    for k, v := range classification {
        var types = []string{}
        var temp []models.Commodities
        models.DB.Model(&models.Types{}).Where("firsts = ?", v).
```

```
                                        Select("seconds").Find(&types)
        models.DB.Where("types in ?",types).Order("sold DESC").Find(&temp)
        data[k] = temp[0:5]
    }
    context["data"] = data
    c.JSON(http.StatusOK, context)
}
```

上述代码说明如下：

- 使用gin.H{}创建集合context和data，集合data用于存放今日必抢和分类商品的数据。
- 今日必抢是以销量降序排列方式查询数据模型Commodities的，从查询结果获取前8名数据，数据以二维数组表示并写入集合data。
- 分类商品是从数据模型Commodities分别查找不同类别的商品信息的，主要类别为儿童服饰、奶粉辅食、儿童用品，每个类别的商品信息以销量降序排列方式排列，从中获取前5名数据并写入集合data。
- 最后将集合data写入集合context，再将集合context作为响应数据输出。

5.9 商品列表

商品列表页分为4个功能区域：商品搜索功能、网站导航、商品分类和商品列表信息，其中商品分类和商品列表信息需要后端提供API获取真实数据，并且支持销量、价格、上架时间和收藏数量的排序方式，商品默认以销量排序，并设置分页功能，每一页只显示6条商品信息。

商品列表的路由地址为/api/v1/commodity/list/，它由路由组commodity定义，支持GET请求，其路由处理函数为CommodityList()，在servers/v1/commodity.go中定义CommodityList()，代码如下：

```
// servers/v1/commodity.go
package v1

import (
    "baby/models"
    "github.com/gin-gonic/gin"
    "net/http"
    "strconv"
)

func CommodityList(c *gin.Context) {
    context:=gin.H{"state": "success","msg": "获取成功"}
    data := gin.H{}
    // 获取请求参数
    types := c.DefaultQuery("types", "")
    search := c.DefaultQuery("search", "")
    sort := c.DefaultQuery("sort", "")
    page := c.DefaultQuery("page", "1")
    p, _ := strconv.Atoi(page)
    // 商品分类列表
    var firsts = []string{}
```

```
    models.DB.Model(&models.Types{}).Distinct("firsts").Find(&firsts)
    var res []map[string]interface{}
    for _, f := range firsts {
        var seconds = []string{}
        models.DB.Model(&models.Types{}).Where("firsts = ?", f).
                                    Select("seconds").Find(&seconds)
        res=append(res,map[string]interface{}{"name":f,"value":seconds})
    }
    data["types"] = res
    // 商品列表信息
    var commodity []models.Commodities
    querys := models.DB.Model(&models.Commodities{})
    if types != "" {
        querys = querys.Where("types = ?", types)
    }
    if sort != "" {
        querys = querys.Order(sort + " DESC")
    }
    if search != "" {
        querys = querys.Where("name like ?", "%"+search+"%")
    }
    // 分页
    querys, previous, next, count, pageCount:=models.Paginate(querys,p)
    querys = querys.Find(&commodity)
    data["commodityInfos"] = map[string]interface{}
                {"data": commodity, "previous": previous, "next": next,
                "count": count, "pageCount": pageCount}
    context["data"] = data
    c.JSON(http.StatusOK, context)
}
```

上述代码说明如下：

- 使用gin.H{}创建集合context和data，集合data用于存放商品分类和商品列表信息。
- 从请求对象c获取请求参数types、search、sort和page，分别代表商品类别、商品关键字搜索、数据排序方式和当前页数。
- 商品分类是从数据模型Types查找所有数据，并按照类别等级进行归类处理。首先从数据模型Types查找所有一级类别并进行去重和遍历，再从数据模型Types查找当前一级类别的所有二级类别，最后将归类结果分别写入切片res和集合data。
- 商品列表是从数据模型Commodities查找所有数据，如果请求参数types存在，则对商品类型进行筛选；如果请求参数search存在，则对商品名称进行模糊匹配；如果请求参数sort存在，则以sort的值进行降序排列，参数值分别为sold、price、likes和created，对应商品的销量、价格、收藏和新品。将查询结果作为参数并调用函数Paginate进行分页处理，分页结果依次写入集合data和context，再将集合context作为响应数据输出。

5.10 商品详情、收藏与加购

商品详情页分为5个功能区：商品搜索功能、网站导航、商品基本信息、商品详细介绍和热销推荐，其中商品基本信息包含商品收藏、加购功能，因此商品基本信息、商品详细介绍和热销推荐需要后端提供API支持。

商品详情的路由地址为/api/v1/commodity/detail/:id/，其中id为路由变量，代表商品主键ID，它由路由组commodity定义，支持GET请求，其路由处理函数为CommodityDetail()，在servers/v1/commodity.go中定义CommodityDetail()，代码如下：

```
// servers/v1/commodity.go
package v1

import (
    "baby/middleware"
    "baby/models"
    "github.com/gin-gonic/gin"
    "net/http"
)

func CommodityDetail(c *gin.Context) {
    context := gin.H{"state": "success", "msg": "获取成功"}
    data := gin.H{}
    id := c.Param("id")
    // 获取商品详细信息
    var commodity models.Commodities
    models.DB.Where("id = ?", id).First(&commodity)
    data["commodities"] = commodity
    // 获取推荐商品
    var recommend []models.Commodities
    models.DB.Where("id != ?", id).Order("sold DESC").
                     Limit(5).Find(&recommend)
    data["recommend"] = recommend
    // 收藏状态
    data["likes"] = false
    // 获取请求头的Authorization
    // 获取用户信息，根据用户信息和商品ID查找收藏记录
    authHeader := c.Request.Header.Get("Authorization")
    if authHeader != "" {
        mc, _ := middleware.ParseToken(authHeader)
        if mc != nil {
            UserId := mc.UserId
            if UserId != 0 {
                var records []models.Records
                models.DB.Where("user_id = ? and
                    commodity_id = ?",UserId,id).
                    Find(&records)
```

```
                    if len(records) > 0 {
                        data["likes"] = true
                    }
                }
            }
        }
        context["data"] = data
        c.JSON(http.StatusOK, context)
}
```

上述代码说明如下：

- 使用gin.H{}创建集合context和data，集合data用于存放商品信息、热销推荐、商品收藏状态。
- 从请求对象c获取路由变量id，再将id作为数据模型Commodities的查询条件，查找相应商品数据并写入集合data。
- 热销推荐是从数据模型Commodities查找销量最高的前5名数据，并且数据不能包含当前商品，再将查询结果写入集合data。
- 收藏状态需要从请求头获取Authorization（即获取JWT），再从JWT获取用户信息，将路由变量id和用户信息作为数据模型Records的查询条件，用于获取用户操作记录，如果查询结果不为空，则说明用户已收藏当前商品；如果查询结果为空，则说明用户尚未收藏当前商品。
- 最后将集合data写入集合context，再将集合context作为响应数据输出。

商品收藏是用户在商品详细页单击“收藏”按钮而触发的功能，其实现原理是将当前用户信息和商品信息写入数据模型Records。

商品收藏的路由地址为/api/v1/commodity/collect/，它由路由组shopper定义，支持POST请求，其路由处理函数为CommodityCollect()，在servers/v1/commodity.go中定义CommodityCollect()，代码如下：

```
// servers/v1/commodity.go
package v1

import (
    "baby/models"
    "encoding/json"
    "github.com/gin-gonic/gin"
    "net/http"
)

func CommodityCollect(c *gin.Context) {
    context := gin.H{"state": "fail", "msg": "收藏失败"}
    data, _ := c.GetRawData()
    var body map[string]int64
    json.Unmarshal(data, &body)
    id := body["id"]
    userId, _ := c.Get("userId")
    var records []models.Records
```

```
        models.DB.Where("user_id = ? and commodity_id = ?",
                          userId.(int64), id).Find(&records)
        if len(records) == 0 {
            models.DB.Model(&models.Commodities{}).
                          Where("id = ?", id).Update("likes", 1)
            r:=models.Records{UserId:userId.(int64),CommodityId:id}
            models.DB.Create(&r)
            context["msg"] = "收藏成功"
            context["state"] = "success"
        } else {
            context["msg"] = "收藏取消"
            context["state"] = "success"
            models.DB.Unscoped().Delete(&records)
        }
        c.JSON(http.StatusOK, context)
    }
```

上述代码说明如下：

- 使用gin.H{}创建集合context，它将作为响应数据输出。
- 从请求对象c调用GetRawData()获取请求参数并写入集合body，再从集合body获取请求参数id和userId，分别对应商品主键ID和用户主键ID。
- 将请求参数id和userId作为数据模型Records的查询条件，如果查询结果为空，则说明用户尚未收藏当前商品，程序将在数据模型Records创建数据，并提示收藏成功；如果查询结果不为空，则说明用户已收藏当前商品，程序将永久删除数据并提示取消收藏。

商品加购是用户在商品详细页单击“加入购物车”按钮而触发的功能，其实现原理是将当前用户信息、商品信息和购买数量写入数据模型Carts。

商品加购的路由地址为/api/v1/shopper/shopcart/，它由路由组shopper定义，支持POST请求，其路由处理函数为ShopperShopCart()，在servers/v1/shopper.go中定义ShopperShopCart()，代码如下：

```
// servers/v1/shopper.go
package v1

import (
    "baby/models"
    "github.com/gin-gonic/gin"
    "net/http"
)

func ShopperShopCart(c *gin.Context) {
    context := gin.H{"state": "success", "msg": "获取成功"}
    userId, _ := c.Get("userId")
    if c.Request.Method == "GET" {
        if userId != 0 {
            var carts []models.Carts
            models.DB.Preload("Commodities").Where("user_id = ?",
                    userId.(int64)).Order("id DESC").Find(&carts)
            context["data"] = carts
        }
```

```
    }
    if c.Request.Method == "POST" {
        context = gin.H{"state": "fail", "msg": "加购失败"}
        var body struct {
            Id       int64 `json:"id"`
            Quantity int64 `json:"quantity"`
        }
        c.BindJSON(&body)
        id := body.Id
        quantity := body.Quantity
        var commodity models.Commodities
        models.DB.Where("id = ?", id).First(&commodity)
        // 查找商品是否存在
        if commodity.ID > 0 {
            // 购物车同一商品，只增加购买数量
            var cart models.Carts
            models.DB.Where("commodity_id = ? and
                user_id = ?", id, userId).First(&cart)
            if cart.ID > 0 {
                cart.Quantity += quantity
                models.DB.Save(&cart)
            } else {
                carts := models.Carts{UserId: userId.(int64),
                        CommodityId: id, Quantity: quantity}
                models.DB.Create(&carts)
            }
            context = gin.H{"state":"success","msg":"加购成功"}
        }
    }
    c.JSON(http.StatusOK, context)
}
```

上述代码说明如下：

- 使用gin.H{}创建集合context，它将作为响应数据输出。
- 从请求对象c调用Get()获取userId（即用户主键ID），它来自中间件JWTAuthMiddleware的c.Set("userId", mc.UserId)。
- 程序对HTTP请求方式进行判断，如果是GET请求，则说明当前请求是获取购物车列表；如果是POST请求，说明当前请求是加入购物车操作。
- 在POST请求处理过程中，请求对象c调用BindJSON()将请求参数写入结构体body，再从结构体获取请求参数id和quantity，分别对应商品主键ID和购买数量。
- 根据商品主键ID(即请求参数id)在数据模型Commodities中查找商品信息，如果商品存在，则将userId和id作为数据模型Carts的查询条件，如果查询结果不为空，则说明商品之前已加入了购物车，当前操作将在原有基础上增加购买数量；如果查询结果为空，则说明商品尚未加入过购物车，则在数据模型Carts创建数据。

5.11 购物车功能

购物车页面分为3个功能区域：商品搜索功能、网站导航、商品的购买费用核算，其中商品的购买费用核算需要后端提供API支持，其功能包含获取购物车商品列表、删除购物车商品和在线支付。

购物车商品列表的路由地址为/api/v1/shopper/shopcart/，它由路由组shopper定义，支持GET请求，其路由处理函数为ShopperShopCart()，由于商品加购和购物车商品列表使用同一个路由处理函数ShopperShopCart()，因此使用ShopperShopCart()函数对GET请求处理分析如下：

- 使用gin.H{}创建集合context，它将作为响应数据输出。
- 从请求对象c调用Get()获取userId（即用户主键ID），它来自中间件JWTAuthMiddleware的c.Set("userId", mc.UserId)。
- 在GET请求处理过程中，如果userId大于0，则说明用户处于有效的登录状态，从数据模型Carts查找当前用户的购物车信息。
- 由于数据模型Carts与数据模型Commodities存在数据关联，因此通过Gorm的Preload()加载关联数据，将Commodities的商品信息写入Carts的属性Commodities，从而实现数据表之间的关联查询，最后将查询结果写入集合context。

删除购物车商品是用户在购物车页面单击“删除”或“删除全部”按钮而触发的功能，其实现原理是以当前用户信息或者购物车商品信息作为筛选条件，在数据模型Carts删除相应数据。

删除购物车商品的路由地址为/api/v1/shopper/delete/，它由路由组shopper定义，支持POST请求，其路由处理函数为ShopperDelete()，在servers/v1/shopper.go中定义ShopperDelete()，代码如下：

```
// servers/v1/shopper.go
package v1

import (
    "baby/models"
    "github.com/gin-gonic/gin"
    "net/http"
)

func ShopperDelete(c *gin.Context) {
    var body struct {
        CartId int64 `json:"cartId"`
    }
    c.BindJSON(&body)
    cartId := body.CartId
    var cart []models.Carts
    if cartId != 0 {
        models.DB.Where("id = ?", cartId).Find(&cart)
    } else {
        userId, _ := c.Get("userId")
        models.DB.Where("user_id = ?", userId).Find(&cart)
```

```
    }
    models.DB.Unscoped().Delete(&cart)
    context := gin.H{"state": "success", "msg": "删除成功"}
    c.JSON(http.StatusOK, context)
}
```

上述代码说明如下：

- 通过请求对象c调用BindJSON()将请求参数写入结构体body，再从结构体获取请求参数cartId，代表购物车的主键ID。
- 如果请求参数cartId不为0，则说明当前请求只删除购物车某一行的商品信息，即用户在购物车页面单击“删除”按钮。
- 如果请求参数cartId为0，则说明当前请求是删除当前用户的所有购物车信息，即用户在购物车页面单击“删除全部”按钮。

5.12 支付宝支付配置

在线支付是任何电商平台必不可少的功能，目前最大的支付平台为支付宝、微信支付和京东支付，它们可以绑定银行卡完成支付过程。支付平台的支付流程需要与银行签订商务协议，再由银行提供接口由支付平台进行调度，完成整个支付（退款）流程。

整个支付过程看似简单，但实际应用中涉及财务计算、接口的每次调度费用、授权认证等多方面的协议，而且银行需要考察公司的资质和规模，综合考虑在线支付的可行性与安全性。一般而言，大多数自主开发的电商平台都会首选支付宝、微信支付或京东支付实现在线支付功能。

支付宝、微信支付和京东支付提供了开发文档，但使用支付接口必须为商家或公众号账号，而且还要设置相关信息。以支付宝为例，在浏览器中打开openhome.alipay.com/docCenter/docCenter.htm，在网页中找到“快速入门”并单击“平台入驻”，如图5-3所示。

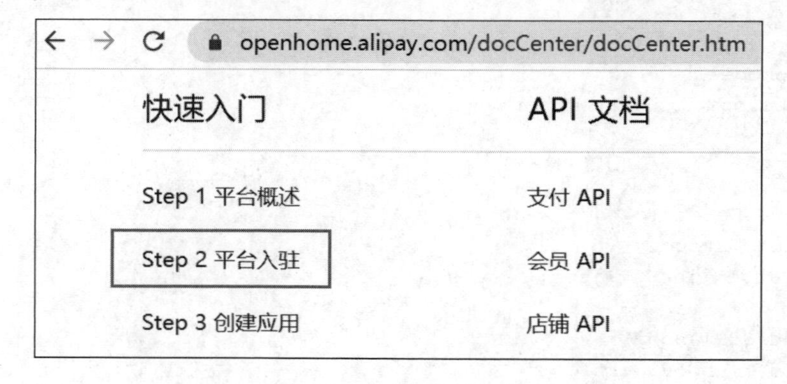

图5-3　支付宝文档中心

成功访问“平台入驻”页面后，我们可以根据文档说明注册入驻开放平台，平台身份可以选择“系统服务商ISV”或“自研开发者”。完成用户入驻后，使用支付宝登录开放平台，然后单击“开发者中心”，如图5-4所示。

图5-4　开发者中心

在开发者中心页面，在线支付可以分为两种模式：上线应用和沙箱应用。首先讲述如何创建上线应用，在页面中找到并单击“创建应用”按钮，然后在弹出的下拉列表中选择“网页&移动应用”选项，最后单击“支付接入”选项，如图5-5所示。在图5-6中填写应用信息并单击“确认创建”按钮即可创建上线应用。

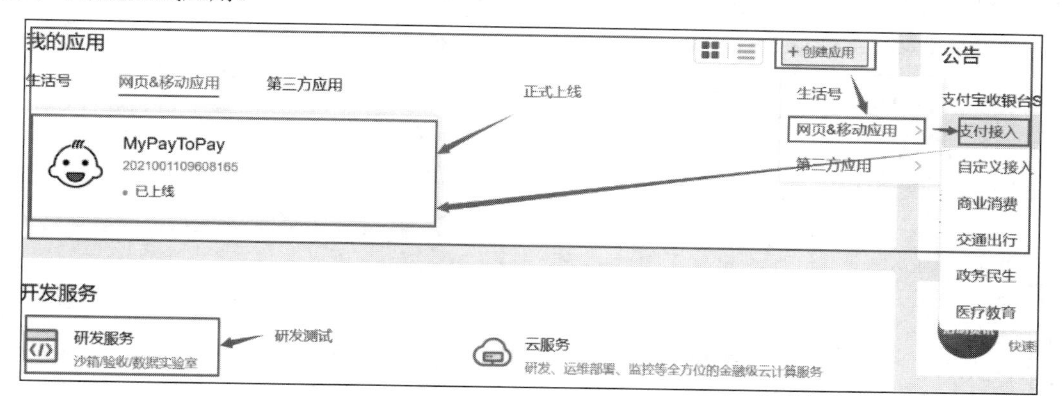

图5-5　开发者中心页面

* 应用名称：
不超过32个字符，查看命名规范
* 应用图标：
上传图片
示意图
请上传应用高清图片，支持.jpg .jpeg .png格式，建议320*320像素，小于3M
应用类型：　网页应用　移动应用
网址url：　例：https://www.example.com/main或http://www.example.com/main
应用简介：
确认创建

图5-6　创建应用

上线应用建议在网站运营上线或上线调试阶段使用，因为API需要商户签约，商户签约需要提供营业执照，并且每次调用API需要收取一定的费用，费用计算如图5-7所示。如果使用上线应用开发网站功能，每次测试支付功能的时候，都需要支付相关费用给支付宝平台，这样就提高了项目开发成本。

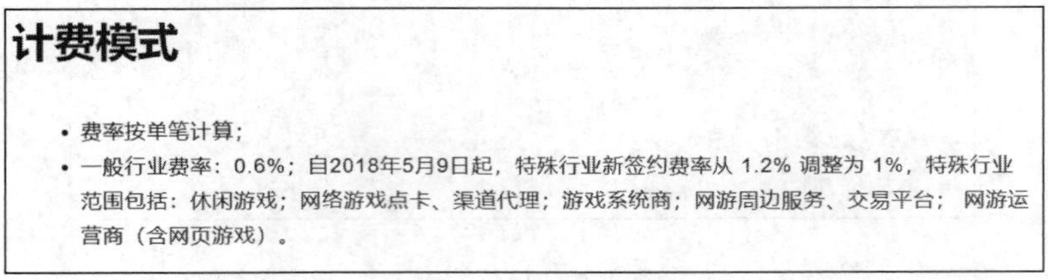

计费模式

- 费率按单笔计算；
- 一般行业费率：0.6%；自2018年5月9日起，特殊行业新签约费率从 1.2% 调整为 1%，特殊行业范围包括：休闲游戏；网络游戏点卡、渠道代理；游戏系统商；网游周边服务、交易平台；网游运营商（含网页游戏）。

图5-7　费用计算

在网站的开发阶段，支付宝为开发者提供了研发服务，在图5-5中单击“研发服务”，浏览器访问“沙箱”应用页面，如图5-8所示。沙箱应用是协助开发者进行接口功能开发及主要功能联调的模拟环境，在沙箱完成接口开发及主要功能调试后，可以在正式环境进行完整的功能验收测试。

图5-8　沙箱环境

上线应用与沙箱应用的信息配置是相同的，换句话说，如果网站在开发阶段使用沙箱应用，当网站上线运营的时候，只需将沙箱应用的信息配置改为上线应用的信息配置即可。它们设有三个重要参数：APPID、支付宝网关和RSA2（SHA256）密钥，每个参数的说明如下：

- APPID是发起请求的应用ID，无论是上线应用还是沙箱应用，它们都有唯一的APPID。
- 支付宝网关由支付宝提供，上线应用的网关为https://openapi.alipay.com/gateway.do，沙箱应用的网关为https://openapi.alipaydev.com/gateway.do。
- RSA2（SHA256）密钥用于保证接口中使用的私钥与公钥匹配成功，否则无法调用接口，这是接口调用的加密设置，每个应用的私钥和公钥都是唯一的。

RSA2（SHA256）密钥有两种加密方式：公钥证书和公钥。单击RSA2（SHA256）密钥的“设置/查看”按钮，然后选择公钥作为加密方式，如图5-9所示。

公钥字符可以使用支付宝密钥生成器或OpenSSL（第三方工具）生成密钥，支付宝密钥生成器仅支持Windows版本和mac OS版本。单击图5-9中的支付宝密钥生成器可跳转到相关文档页面，如图5-10所示，然后单击WINDOWS下载链接即可下载支付宝密钥生成器。

图5-9　配置RSA2（SHA256）密钥

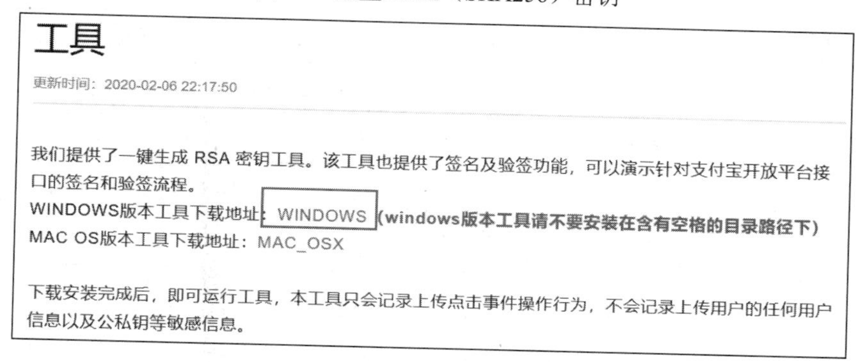

图5-10　支付宝密钥生成器

安装并运行支付宝密钥生成器，在软件界面的左侧选择“生成密钥”，然后依次单击选择“RSA2→PKCS1（非JAVA适用）→生成密钥”，支付宝密钥生成器将自动创建应用私钥和应用公钥，如图5-11所示，并且将应用私钥和应用公钥以文件形式保存到本地计算机，如图5-12所示。

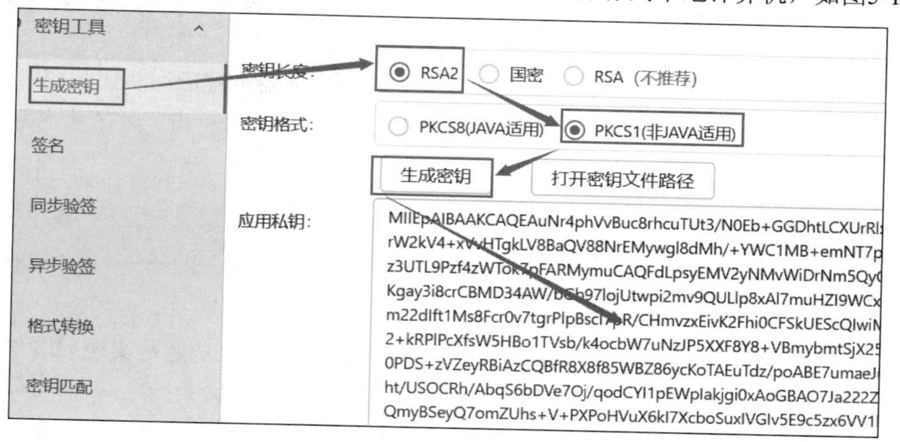

图5-11　创建应用私钥和应用公钥

文档 › 支付宝开放平台开发助手 › RSA密钥

名称	类型	大小
应用公钥2048.txt	文本文档	1 KB
应用私钥2048.txt	文本文档	2 KB

图5-12 应用私钥和应用公钥的文件路径

下一步将支付宝密钥生成器创建的应用公钥复制到沙箱应用的RSA2（SHA256）密钥中，然后单击“保存设置”按钮即可完成RSA2（SHA256）密钥的配置，如图5-13所示。

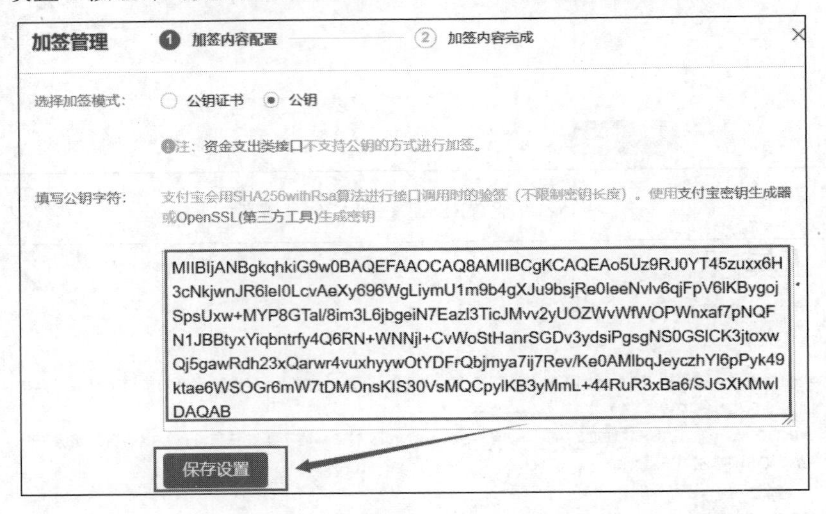

图5-13 配置RSA2（SHA256）密钥

如果RSA2（SHA256）密钥的加密模式选择公钥证书，可以在支付宝密钥生成器创建证书文件，具体的操作流程可以查看官方文档（https://opendocs.alipay.com/open/291/105971）。

综上所述，支付宝的支付接口配置步骤如下：

（1）使用支付宝账号入驻开放平台，平台身份可以选择“系统服务商ISV”或“自研开发者”。

（2）在线支付可以分为两种模式：上线应用和沙箱应用。每个应用设有三个重要参数：APPID、支付宝网关和RSA2（SHA256）密钥。

（3）下载并安装支付宝密钥生成器，使用支付宝密钥生成器创建应用私钥和应用公钥。

（4）将应用公钥复制到沙箱应用的RSA2（SHA256）密钥，然后单击“保存设置”按钮即可。

5.13 在线支付功能

在线支付是由购物车的结算按钮所触发的HTTP请求，整个支付功能是实现后端与支付宝API的功能对接。

我们将5.12节得到的支付信息APPID、应用公钥和应用私钥分别写入项目settings.go的AppId、AlipayPublicKeyString和AppPrivateKeyString，这些支付信息解决后端与支付宝API的验证过程。

在线支付需要使用第三方包alipay实现后端与支付宝对接，在项目执行安装指令go get github.com/smartwalle/alipay/v3即可，相关说明请在https://github.com/smartwalle/alipay查阅。

在线支付的路由地址为/api/v1/shopper/pays/，它由路由组shopper定义，支持POST请求，其路由处理函数为ShopperPays()，在servers/v1/shopper.go中定义ShopperPays()，代码如下：

```
// servers/v1/shopper.go
package v1

import (
    "baby/models"
    "baby/settings"
    "fmt"
    "github.com/gin-gonic/gin"
    "github.com/smartwalle/alipay/v3"
    "net/http"
    "strconv"
    "strings"
    "time"
)

func ShopperPays(c *gin.Context) {
    var body struct {
        Total   string  `json:"total"`
        PayInfo string  `json:"payInfo"`
        CartID  []string `json:"cartId"`
    }
    c.BindJSON(&body)
    total := strings.Replace(body.Total, "¥", "", -1)
    payInfo := body.PayInfo
    cartId := body.CartID
    // 根据请求参数payInfo获取订单信息
    // 如果不在，则从购物车创建订单
    // 如果存在，则从个人中心继续支付之前的订单
    if total == "" {
        context := gin.H{"state": "fail",
                "msg": "支付失败，请输入金额"}
        c.JSON(http.StatusOK, context)
    }
    if payInfo == "" {
        payInfo = strconv.FormatInt(time.Now().UnixNano(), 10)
    }
    userId, _ := c.Get("userId")
    var order models.Orders
    models.DB.Where("pay_info = ?", payInfo).First(&order)
    if order.ID == 0 {
        carts := models.Orders{UserId: userId.(int64),
                Price: total, PayInfo: payInfo, State: 0}
        models.DB.Create(&carts)
    }
    // 删除购物车对应信息
```

```
    if len(cartId) != 0 {
        models.DB.Unscoped().Delete(&[]models.Carts{}, cartId)
    }
    // 调用支付宝接口
    // 买家账号：ltyavg2644@sandbox.com
    // 登录和支付密码：111111
    client,_:=alipay.New(settings.AppId,settings.AppPrivateKeyString,false)
    client.LoadAliPayPublicKey(settings.AlipayPublicKeyString)
    var p = alipay.TradePagePay{}
    //p.ReturnURL = "http://127.0.0.1:8000/api/v1/shopper/home/"
    p.ReturnURL = "http://localhost:8010/#/shopper"
    p.Body = "支付宝测试"
    p.Subject = "测试"
    p.OutTradeNo = payInfo
    p.TotalAmount = total
    p.ProductCode = "FAST_INSTANT_TRADE_PAY"
    url, _ := client.TradePagePay(p)
    payURL := url.String()
    // 响应内容
    context:=gin.H{"state":"success","msg":"支付成功","data":payURL}
    fmt.Println(payURL)
    c.JSON(http.StatusOK, context)
}
```

上述代码说明如下：

- 通过请求对象c调用BindJSON()将请求参数写入结构体body，再从结构体获取请求参数total、payInfo和cartId，分别代表支付金额、订单编号和购物车主键ID。
- 如果total为空，则说明当前请求没有设置支付金额，程序将提示支付失败，请输入金额。如果payInfo为空，则说明当前请求是首次创建订单，以当前时间戳作为payInfo变量值。
- 从请求对象c调用Get()获取userId（即用户主键ID），它来自中间件JWTAuthMiddleware的c.Set("userId", mc.UserId)。
- 将payInfo作为数据模型Orders的查询条件，如果查询结果为空，则根据支付金额、订单编号和用户信息创建订单信息，订单状态State等于0代表订单尚未支付成功。
- 如果cartId不为空，则程序将删除购物车信息，代表购物车的商品已转为订单信息。
- 在线支付由第三方包alipay的函数方法执行，首先调用alipay.New()创建结构体Client的实例化对象client，它代表支付宝客户端对象，包含多种支付功能，如网页支付、手机支付、商家账户当前余额查询、资金授权等。
- 下一步创建结构体alipay.TradePagePay的实例化对象p，用于实现网页支付。结构体属性ProductCode的值是固定不变的；结构体属性ReturnURL是支付成功后，支付宝自动跳转访问的网页地址，其他结构体属性可根据实际需求自行设置。
- 最后由client调用结构体方法TradePagePay()并将p作为参数执行网页支付，返回值url转为字符串格式，它是网页支付链接，程序将支付链接返回给前端，再由前端执行访问即可。

综上所述，在线支付功能包含购物车信息转化订单信息和调用第三方包alipay。购物车信息转化订单信息主要对数据模型Carts和Orders执行数据操作，调用第三方包alipay用于实现后端与支付宝的支付对接。

5.14 个人中心

个人中心页面分为4个功能区域：商品搜索功能、网站导航、用户信息和订单信息，其中用户信息和订单信息需要后端提供API获取真实数据。

个人中心的路由地址为/api/v1/shopper/home/，它由路由组shopper定义，支持GET请求，其路由处理函数为ShopperHome()，在servers/v1/shopper.go中定义ShopperHome()，代码如下：

```
// servers/v1/shopper.go
package v1

import (
    "baby/models"
    "github.com/gin-gonic/gin"
    "net/http"
)

func ShopperHome(c *gin.Context) {
    context := gin.H{"state": "success", "msg": "获取成功"}
    data := gin.H{}
    userId, _ := c.Get("userId")
    payInfo := c.DefaultQuery("out_trade_no", "")
    if payInfo != "" {
        models.DB.Model(&models.Orders{}).Where(
                "pay_info = ?", payInfo).Update("state", 1)
    }
    if userId != 0 {
        var orders []models.Orders
        models.DB.Where("user_id = ?", userId).
                Order("id DESC").Find(&orders)
        data["orders"] = orders
    }
    context["data"] = data
    c.JSON(http.StatusOK, context)
}
```

上述代码说明如下：

- 使用gin.H{}创建集合context和data，集合data用于存放订单信息。
- 从请求对象c调用Get()获取userId（即用户主键ID），它来自中间件JWTAuthMiddleware的c.Set("userId", mc.UserId)。
- 从请求对象c调用DefaultQuery()获取请求参数out_trade_no，并以变量payInfo表示，代表订单编号。订单编号来自前端，前端从支付宝支付成功的回调链接获取，支付宝的订单编号从路由处理函数ShopperPays的结构体alipay.TradePagePay的属性OutTradeNo获取，订单生命周期如图5-14所示。
- 如果变量payInfo不为空，则在数据模型Orders查找相应数据并将订单状态State改为1，说明当前请求已完成支付。

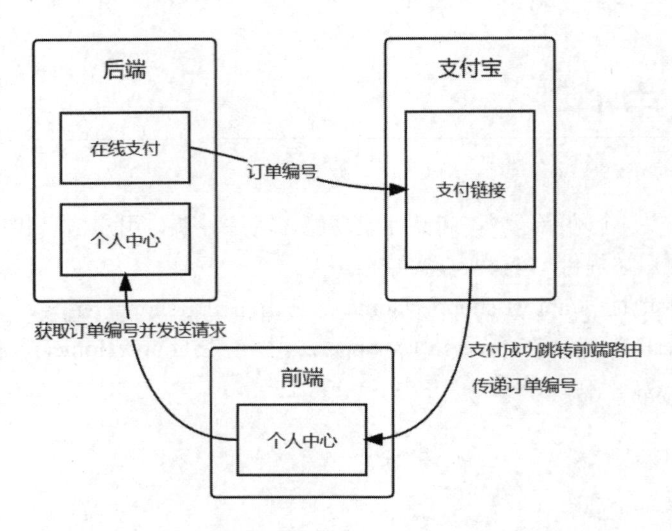

图5-14 订单生命周期

- 最后在Orders查找当前用户所有的订单信息，写入集合data，再将集合data写入集合context，由context作为响应数据输出。
- 个人中心的订单信息尚未实现分页功能，建议读者参考商品列表的分页功能自行实现。

5.15 项目启动与运行

我们已经完成商城后端功能的开发，下一步将运行整个后端项目。在baby的main.go中设置项目初始化和运行配置，代码如下：

```
// baby的main.go
package main

import (
    "baby/models"
    "baby/routers"
    "net/http"
    "time"
)

func init() {
    models.Setup()
}

func main() {
    server := &http.Server{
        Addr:         ":8000",
        Handler:      routers.InitRouter(),
        ReadTimeout:  5 * time.Second,
        WriteTimeout: 10 * time.Second,
```

```
    }
    // 可以使用fvbock/endless替换HTTP的ListenAndServe实现平滑重启
    server.ListenAndServe()
}
```

上述代码说明如下：

- 使用Golang的函数init实现数据库连接和数据迁移，程序在执行主函数main之前将自动执行函数init，确保项目启动之前已实现数据库连接和数据迁移。
- 主函数main通过实例化结构体http.Server创建Web服务对象，其中结构体属性Handler是routers.go的函数InitRouter返回值（即Gin实例对象），这样实现Golang内置包net/http与Gin框架的无缝对接，利用内置包net/http启动Gin。

除使用内置包net/http启动Gin外，Gin官方文档还介绍了其他启动方式，建议读者查阅官方文档，相关文档链接如下：

```
https://gin-gonic.com/docs/examples/graceful-restart-or-stop/
https://gin-gonic.com/docs/examples/run-multiple-service/
```

当程序启动成功后，还需要在数据表添加商品数据，分别在数据表commodities和types中创建商品信息和商品类别，如图5-15所示。

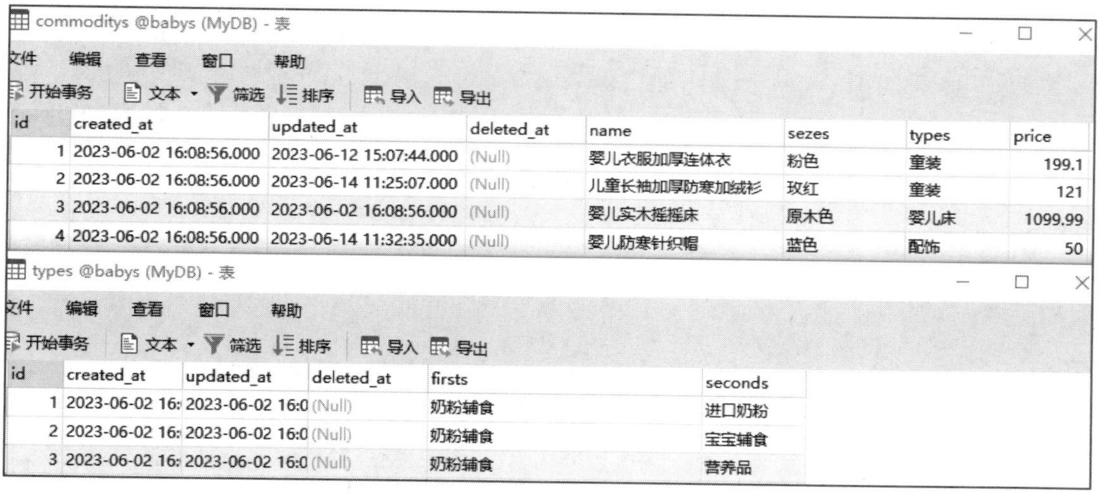

commoditys @babys (MyDB) - 表

文件　编辑　查看　窗口　帮助

开始事务　文本　筛选　排序　导入　导出

id	created_at	updated_at	deleted_at	name	sezes	types	price
1	2023-06-02 16:08:56.000	2023-06-12 15:07:44.000	(Null)	婴儿衣服加厚连体衣	粉色	童装	199.1
2	2023-06-02 16:08:56.000	2023-06-14 11:25:07.000	(Null)	儿童长袖加厚防寒加绒衫	玫红	童装	121
3	2023-06-02 16:08:56.000	2023-06-02 16:08:56.000	(Null)	婴儿实木摇摇床	原木色	婴儿床	1099.99
4	2023-06-02 16:08:56.000	2023-06-14 11:32:35.000	(Null)	婴儿防寒针织帽	蓝色	配饰	50

types @babys (MyDB) - 表

文件　编辑　查看　窗口　帮助

开始事务　文本　筛选　排序　导入　导出

id	created_at	updated_at	deleted_at	firsts	seconds
1	2023-06-02 16:	2023-06-02 16:0	(Null)	奶粉辅食	进口奶粉
2	2023-06-02 16:	2023-06-02 16:0	(Null)	奶粉辅食	宝宝辅食
3	2023-06-02 16:	2023-06-02 16:0	(Null)	奶粉辅食	营养品

图5-15　数据表commodities和types

5.16　本章小结

Gin没有提供标准的代码目录，开发者在开发过程中只能根据主观意识自行设计代码目录，一个好的代码目录必须结构清晰易懂，每个功能分类明确。

数据分页是一个常见功能，其实现原理如下：

- 浏览器在路由地址通过请求参数设置当前页，告知服务器当前请求需要哪一页数据。

- 服务器根据当前页和每页展示的数据量对数据表进行数据分页处理，分页后将得到当前分页数据、上一页、下一页、总页数和所有数据总数。

在Gin实现JWT的过程如下：

- 定义结构体，结构体名称自行命名，但必须内嵌第三方包jwt的结构体RegisteredClaims。
- 定义JWT的创建函数，主要负责结构体实例化和加密创建JWT，并将JWT写入数据模型Jwts。
- 定义JWT的解析函数，主要负责JWT解析处理，从解析结果能得到结构体实例化对象。
- 定义中间件实现第三方包jwt和Gin的功能对接，整个功能包含获取和解析JWT、在数据模型Jwts校验和处理JWT、从JWT解析结果获取和设置用户信息。

定义路由可以利用路由分组管理实现路由版本、权限验证等功能。例如项目定义路由组apiv1代表路由版本，在apiv1再分为路由组commodity和shopper，路由组commodity无须验证用户登录，路由组shopper使用中间件JWTAuthMiddleware验证用户登录。

后端与支付宝对接建议使用第三包实现，这样不必重复造轮子，整个支付流程涉及订单生命周期，示例项目只实现了订单创建和支付状态，正常情况下还有订单的发货状态、确认收货、订单评价、退换货、售后维修等功能，读者不妨思考一下这些功能应如何实现。

第 6 章

Goland 配置 Vue.js 开发环境

本章学习内容：

- 前端框架概述
- 安装Node.Js
- npm的配置与使用
- 使用脚手架创建项目
- 使用Goland配置编码环境
- 目录结构与依赖安装
- 设置公共资源
- 功能配置与应用挂载
- 用户登录功能
- 数据查询功能
- 系统运行效果

6.1 前端框架概述

网站开发分为后端渲染和前后端分离，目前大多数采用前后端分离架构。前后端分离把前端与后端独立开发，两者的代码能放在不同服务器独立部署，将整个网站分为两个不同工程实现，工程之间通过API实现数据交互，前端只需要关注页面的样式与动态数据的解析和渲染，而后端专注于具体业务逻辑。

无论是前端还是后端，在网站开发过程中都离不开框架支持，这并不是说网站开发必须使用框架，但使用框架开发能避免重复造轮子，提高开发效率。

前端主要由HTML、CSS和JavaScript三部分组成，其中CSS和JavaScript都有相应框架或模块，如Bootstrap、jQuery等。但是前后端分离的前端框架并非指CSS、JavaScript的某个框架或模块，它是将HTML、CSS和JavaScript按照约定规则使整个网站能独立运行的框架。

现在前端主流框架有React、Vue和Angular。在国内，Vue的市场份额相当大，许多企业都采用Vue框架开发网站，这归于Vue比React或Angular容易上手，国内生态和教程相对完善。

Vue是一套用于构建用户界面的渐进式框架，它被设计为可以自底向上逐层应用。Vue的核心库只关注视图层，不仅易于上手，还便于与第三方包或已有的项目整合。另一方面，当Vue与现代化的工具链以及各种类包结合使用时，Vue完全能够为复杂的单页应用提供驱动。

简单的Vue入门可以在HTML网页中直接引入Vue.js，这是将Vue当成JavaScript模块引入使用，示例代码如下：

```
<!DOCTYPE html>
<html>
<head>
    // 引入Vue.js
    <script src="https://unpkg.com/vue@next"></script>
</head>
<body>
    <div id="app">
      {{ message }}
    </div>
    // 创建Vue对象
    <script>
    const app = {
      data() {
         return {
           message: 'Hello Vue!!'
         }
      }
    }
    // 挂载Vue对象
    Vue.createApp(app).mount('#app')
    </script>
</body>
</html>
```

从企业级开发角度来说，Vue开发必须在Node.js和WebPack的开发环境下运行，使用Vue脚手架构建项目，以及使用npm安装相关依赖库或模块，详细说明如下：

- Node.js发布于2009年5月，它是基于Chrome V8引擎的JavaScript环境运行的，这是事件驱动、非阻塞式I/O模型，让JavaScript在服务端运行的开发平台，使JavaScript成为与PHP、Python、Java等服务端语言平起平坐的脚本语言。简单来说，Node.js就是使用JavaScript开发的后端语言。
- WebPack称为模块打包机，主要用于分析项目结构，找到JavaScript模块以及浏览器不能直接运行的拓展语言（如Scss或TypeScript等），将其打包为合适的格式以供浏览器直接使用，并且WebPack必须通过Node.js环境完成模块打包过程。
- Vue脚手架是一个基于Vue.js进行快速开发的完整系统，可以实现项目的交互式搭建和零配置原型开发（即通过指令以及提示完成项目搭建），它是基于WebPack构建项目的，并带有合理的默认配置。

- npm是JavaScript的包管理工具，并且是Node.js默认的包管理工具，可以实现下载、安装、共享、分发代码和管理项目依赖关系等功能。

从Vue的发展来说，目前主要分为Vue2和Vue3版本，Vue3版本兼容大部分Vue2的特性，但两者在使用上还是有明显差异的。由于Vue2和Vue3的版本差异问题，导致Vue脚手架也分为@vue/cli和vue-cli版本，@vue/cli兼容Vue2和Vue3，vue-cli只能适用于Vue2。

6.2　安装 Node.js

使用Vue开发项目必须学会搭建Vue开发环境，因此必须搭建Node.js的开发环境。接下来以Windows系统为例，讲述如何安装Node.js的运行环境。

使用浏览器访问Node.js官网，在官网首页就能看到Windows系统的安装包，如图6-1所示。

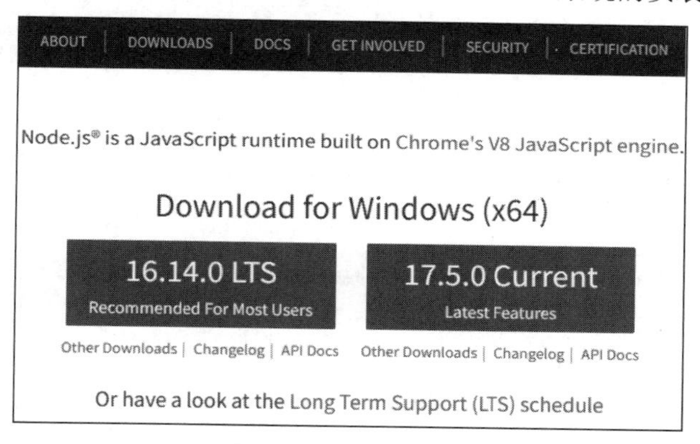

图6-1　Node.js官网

建议读者下载LTS版本，这是Node.js的稳定版本，而Current是最新版本，但可能存在尚未发现的Bug。如果是非Windows操作系统，可以单击网页上的DOWNLOADS链接，找到对应操作系统的安装包，如图6-2所示。

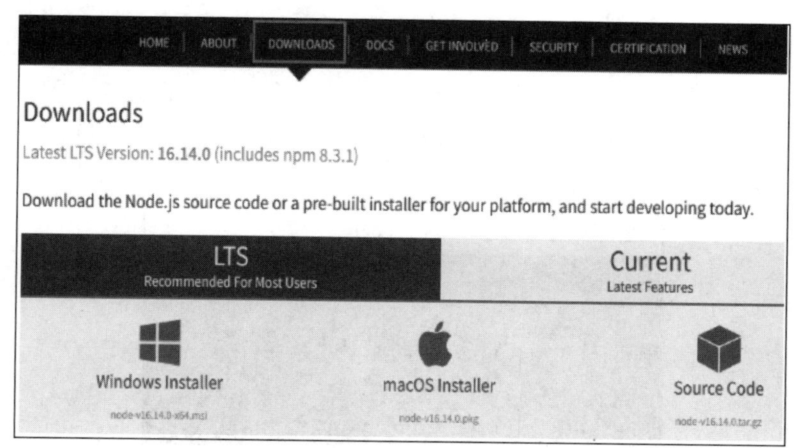

图6-2　Node.js下载页

Windows系统下载的Node.js安装包是MSI格式的文件，只要双击MSI文件即可看到程序安装提示框，如图6-3所示。

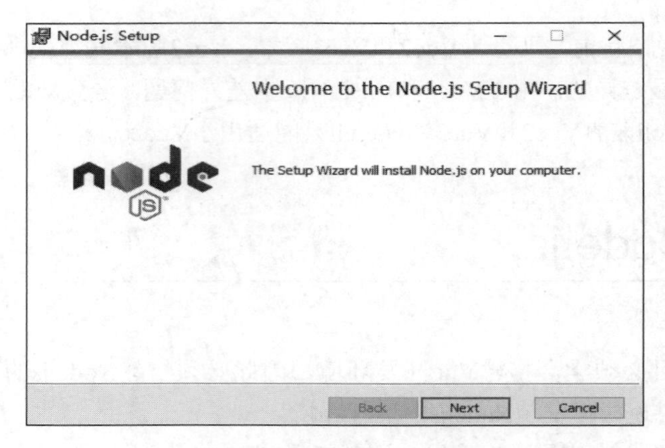

图6-3　Node.js安装界面

一般情况下，使用MSI文件安装Node.js默认会设置Node.js的环境变量和安装npm工具，安装选项在安装界面也有相关提示，如图6-4所示。

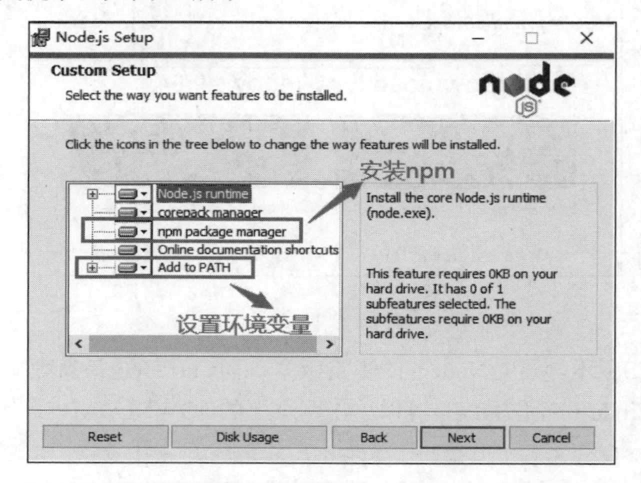

图6-4　安装选项

只要按照安装提示操作即可完成整个安装过程，我们将Node.js的安装目录设置为C:\Program Files\nodejs。安装完成后，打开CMD窗口输入并执行指令node -v即可查看Node.js的版本信息，如图6-5所示。

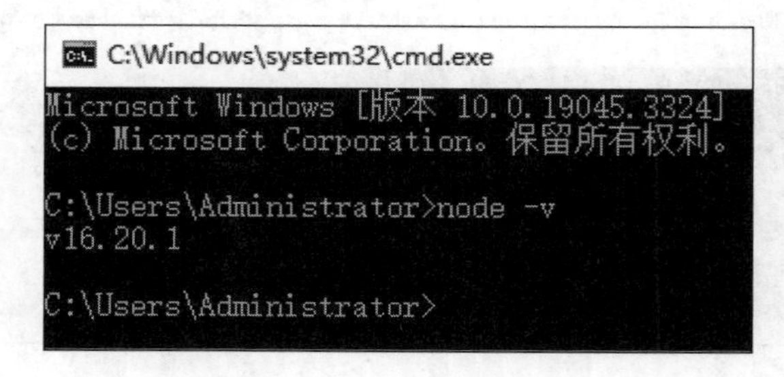

图6-5　Node.js版本信息

Node.js默认安装npm工具，在CMD窗口输入并执行指令npm -v查看npm工具的版本信息，如图6-6所示。

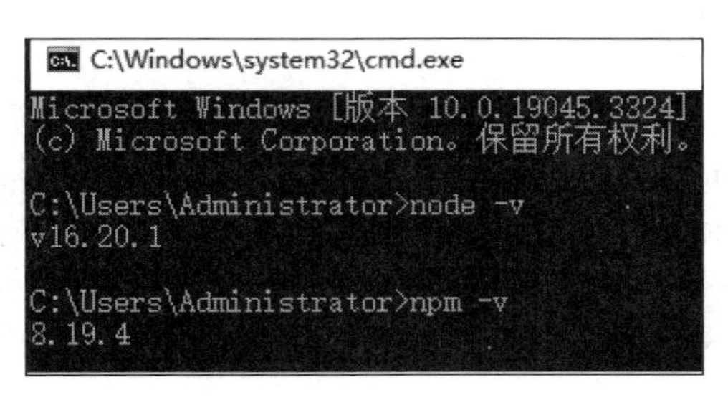

图6-6　npm工具的版本信息

如果在CMD输入node -v无法查看Node.js的版本信息，则说明Node.js没有添加到系统的环境变量中。以Windows 10系统为例，在桌面上找到“此电脑”图标，右击选择“属性(R)”将自动出现“设置”界面，如图6-7所示。

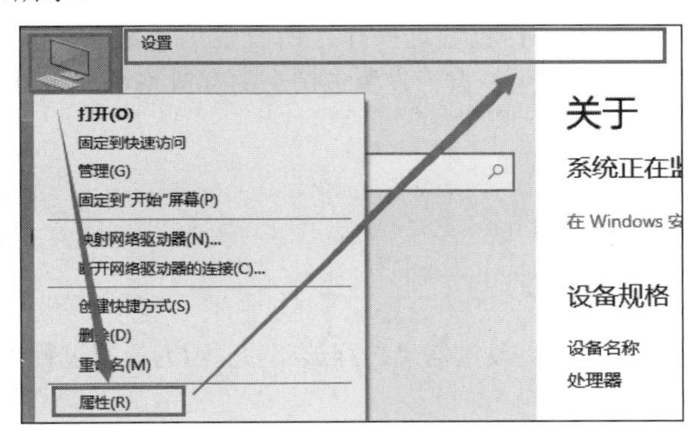

图6-7　打开“设置”界面

在“设置”界面找到并单击“高级系统配置”，计算机将出现“系统属性”界面，然后单击“环境变量(N)”按钮，找到“系统变量”的变量Path并双击打开“编辑环境变量”界面，将Node.js安装目录写入变量Path即可，如图6-8所示。

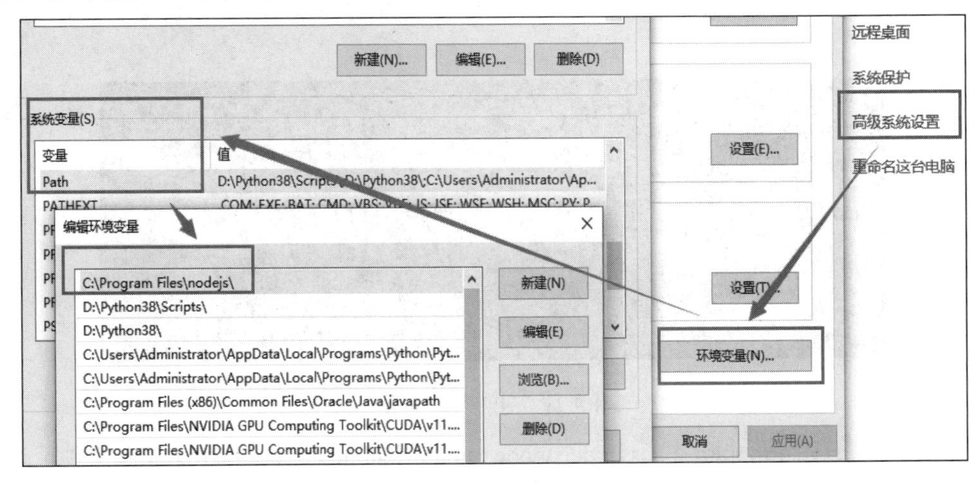

图6-8　设置Node.js环境变量

6.3 npm 的配置与使用

Node.js安装成功后，打开C:\Users\Administrator\AppData\Roaming文件夹，分别找到npm和npm-cache文件夹，如图6-9所示。如果没有使用过npm指令，则不会生成npm-cache文件夹。

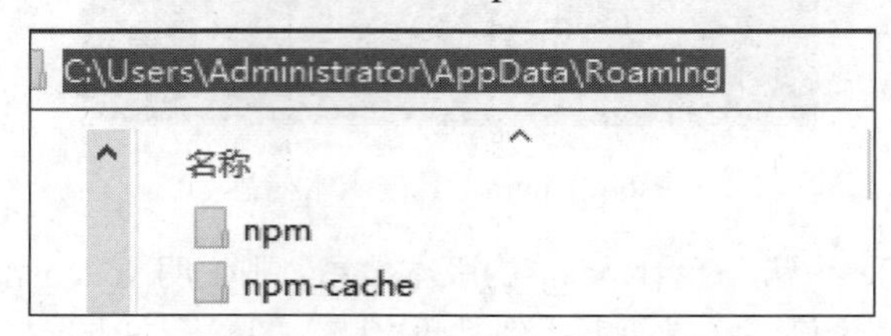

图6-9　npm和npm-cache文件夹

默认情况下，只要使用npm进行包管理操作，所有包信息都会存放在如图6-9所示的npm和npm-cache文件夹。此外，npm允许用户自行设置包信息的存放路径，只要在CMD窗口分别输入以下指令即可：

```
// 设置包信息的存放路径
npm config set prefix "路径信息"
// 设置包信息缓存的存放路径
npm config set cache "路径信息"
```

如果没有特殊需要，建议不要更改包信息的存放路径，因为设置过程中可能需要设置npm在操作系统中的环境变量。

由于国内的网络问题，某些包无法在国内的网络下载，因此允许用户设置npm下载镜像的网站，以淘宝源为例，在CMD窗口输入以下指令即可：

```
// 设置npm下载镜像的网站
npm config set registry=http://registry.npm.taobao.org
```

下一步在CMD窗口输入npm config list指令查看npm的配置信息，本书的npm配置信息如图6-10所示。

```
C:\Users\Administrator>npm config list
; "builtin" config from C:\Program Files\nodejs\node_modules\npm\npmrc

prefix = "C:\\Users\\Administrator\\AppData\\Roaming\\npm"

; "user" config from C:\Users\Administrator\.npmrc

registry = "http://registry.npm.taobao.org/"

; node bin location = C:\Program Files\nodejs\node.exe
; cwd = C:\Users\Administrator
; HOME = C:\Users\Administrator
; Run `npm config ls -l` to show all defaults.
```

图6-10　npm配置信息

从图6-10发现，C:\Program Files\nodejs\node_modules\npm存在npmrc和.npmrc文件，这是npm的默认配置信息；而C:\Users\Administrator存在.npmrc文件，这是用户自行设置npm的配置信息。

最后在CMD窗口输入npm list -global查看npm已下载的包信息，如图6-11所示。

```
C:\Users\Administrator>npm list -global
C:\Users\Administrator\AppData\Roaming\npm
 -- (empty)
```

图6-11　npm已下载的包信息

从图6-11看到，当前操作系统尚未使用npm下载任何程序包，而搭建Vue开发环境则需要使用npm下载Vue脚手架。我们在CMD窗口输入npm install -g @vue/cli指令即可下载@vue/cli版本。下载成功后，在C:\Users\Administrator\AppData\Roaming\npm文件夹就能找到@vue/cli版本信息，如图6-12所示。

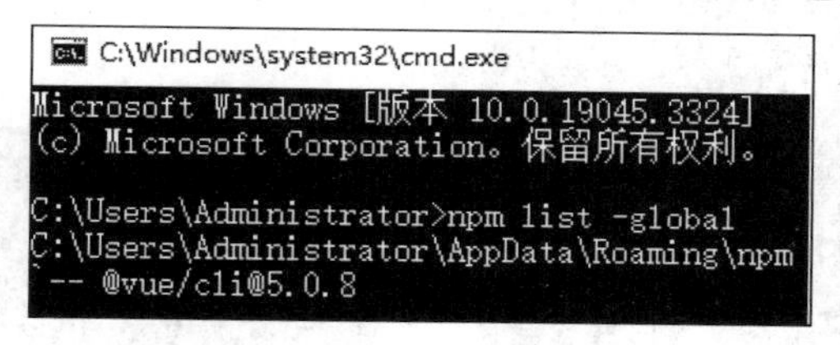

图6-12　@vue/cli

我们也能在CMD窗口输入npm list -global查看当前已下载的程序包信息，如图6-13所示。

```
C:\Windows\system32\cmd.exe
Microsoft Windows [版本 10.0.19045.3324]
(c) Microsoft Corporation。保留所有权利。

C:\Users\Administrator>npm list -global
C:\Users\Administrator\AppData\Roaming\npm
 -- @vue/cli@5.0.8
```

图6-13　查看程序包信息

从上述例子发现，npm主要通过指令方式实现程序包管理，有关npm指令的说明与使用可以参考官方文档。

6.4　使用脚手架创建项目

通过npm指令下载Vue脚手架@vue/cli，下一步使用@vue/cli创建Vue项目。打开CMD窗口，分别输入以下指令：

```
// 将CMD当前路径切换到e盘
C:\Users\Administrator>e:
// 使用vue create创建项目，myvue3为项目名称
E:\>vue create myvue3
```

使用vue create指令创建Vue项目，项目名称不能有大写字母，所有字母必须小写，否则指令将提示异常，如图6-14所示。

执行vue create指令之后，CMD界面将出现操作提示，如图6-15所示。

E:\>vue create Myvue
Invalid project name: "Myvue"
Warning: name can no longer contain capital letters

图 6-14 异常信息

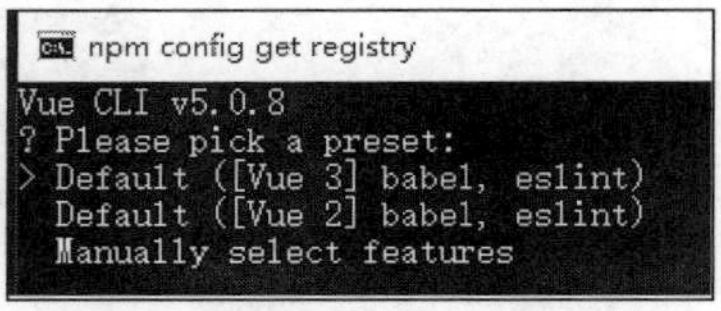
npm config get registry
Vue CLI v5.0.8
? Please pick a preset:
> Default ([Vue 3] babel, eslint)
Default ([Vue 2] babel, eslint)
Manually select features

图 6-15 操作提示

图6-15一共出现3条操作提示，每条操作提示说明如下：

（1）Default ([Vue 3] babel, eslint)是创建Vue3版本的项目。

（2）Default ([Vue 2] babel, eslint)是创建Vue2版本的项目。

（3）Manually select features是自定义创建项目，允许用户自行选择Vue版本、Vue插件等功能配置。

我们选择Default ([Vue 3] babel, eslint)创建Vue3项目，项目创建过程如图6-16所示。

根据图6-16的操作提示，将当前CMD窗口切换到文件夹myvue3，并执行npm run serve指令即可启动Vue，如图6-17所示。

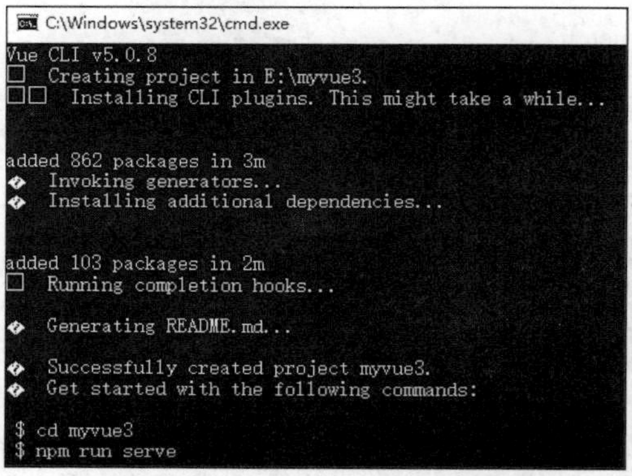
C:\Windows\system32\cmd.exe
Vue CLI v5.0.8
Creating project in E:\myvue3.
Installing CLI plugins. This might take a while...
added 862 packages in 3m
Invoking generators...
Installing additional dependencies...
added 103 packages in 2m
Running completion hooks...
Generating README.md...
Successfully created project myvue3.
Get started with the following commands:
$ cd myvue3
$ npm run serve

图 6-16 创建 Vue3 项目

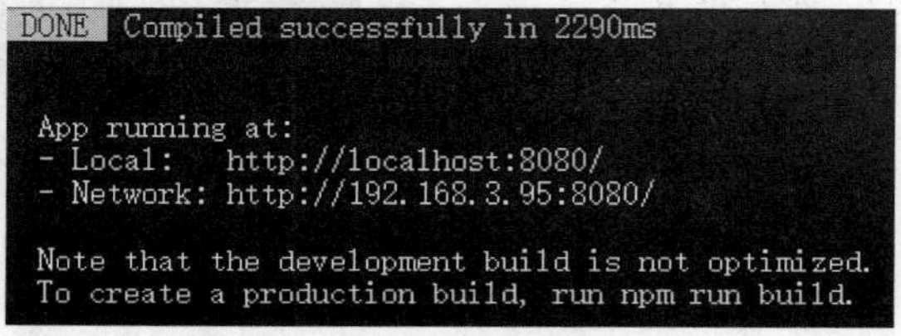
DONE Compiled successfully in 2290ms
App running at:
- Local: http://localhost:8080/
- Network: http://192.168.3.95:8080/
Note that the development build is not optimized.
To create a production build, run npm run build.

图 6-17 启动 Vue

在浏览器访问http://localhost:8080/或http://192.168.3.95:8080/（192.168.3.95是当前计算机所在局域网的IP地址）即可看到Vue页面，如图6-18所示。

myvue3
不安全 | 192.168.3.95:8080
更新
应用
百度一下，你就知道
百度翻译-200种语...
Welcome to Your Vue.js App

图6-18 Vue页面

6.5　使用 Goland 配置编码环境

我们已在E盘下成功创建项目myvue3，下一步对新建的项目myvue3进行开发。程序开发最好在集成开发环境下进行，不同编程语言有不同的集成开发环境，也有一些集成开发环境能兼容多种编程语言。

集成开发环境主要用于提供程序开发环境的应用程序，一般包括代码编辑器、编译器、调试器和图形用户界面等工具。简单来说，集成开发环境就是允许用户编写和运行代码的软件。

前端常用的集成开发环境有HBuilder、WebStorm、Atom或Visual Studio Code等。其中Atom和Visual Studio Code支持多种编程语言，只要在软件中安装编程语言的插件即可。

由于本书涉及前后端分离的项目开发，后端采用Golang的Gin框架实现，为了兼容前后端的项目开发，我们将前端的集成开发环境选用Goland。

Goland配置Vue编码环境只需在Goland中安装Vue插件即可。使用Goland打开项目文件夹myvue3，在Goland左上方单击File按钮，找到Settings选项，如图6-19所示。

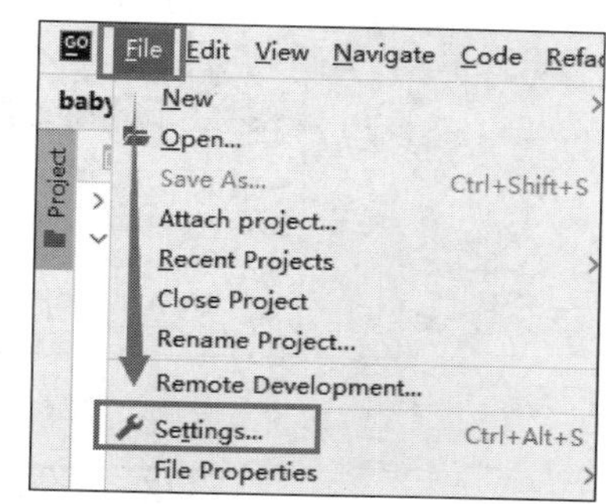

图6-19　打开Goland设置

在Settings界面单击Plugins选项，然后在Plugins界面下搜索vue，从搜索结果中找到并安装Vue.js插件，如图6-20所示。

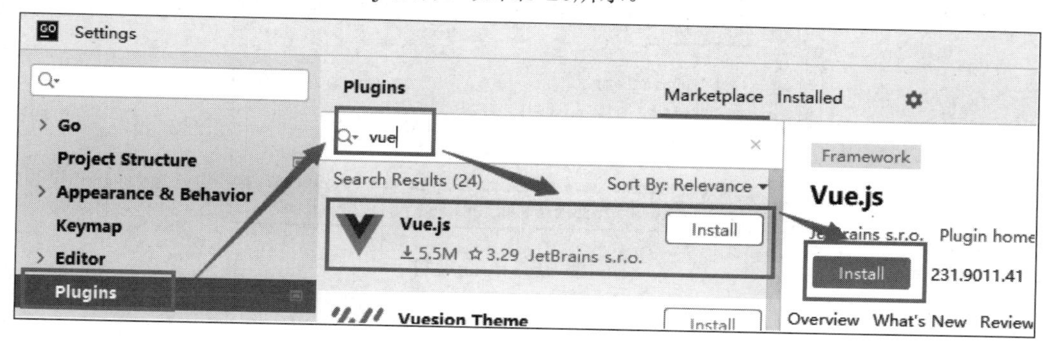

图6-20　安装Vue.js插件

Vue.js插件安装后，如果Goland提示重启软件，单击Restart按钮后等待Goland重启即可，如图6-21所示。

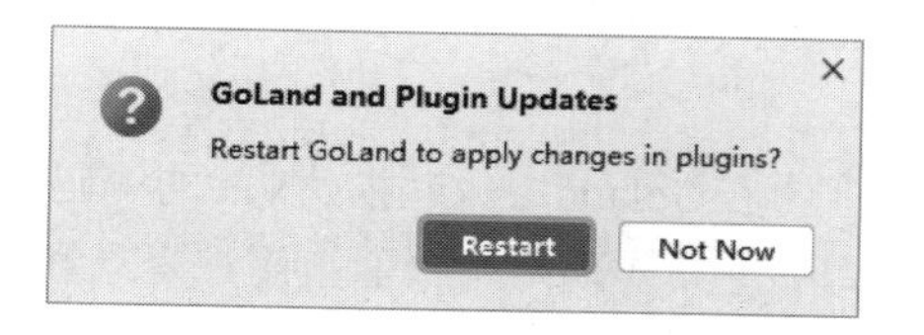

图6-21　重启软件

当Goland再次打开项目文件夹myvue3，下一步在Goland配置Vue的运行指令。单击右上方的Add Configuration打开Run/Debug Configurations界面；然后在当前界面单击“+”按钮并选择npm选项；最后在npm配置界面的Scripts填写serve即可，如图6-22所示。

在Goland的右上方选择刚才创建的npm指令并单击Run按钮，即可在Goland运行Vue项目，如图6-23所示。

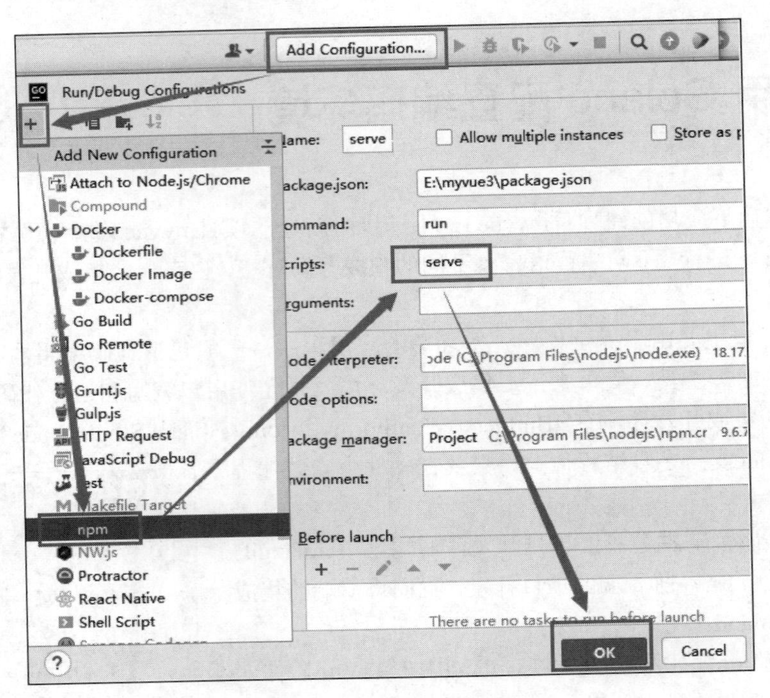

图6-22 配置Vue运行指令

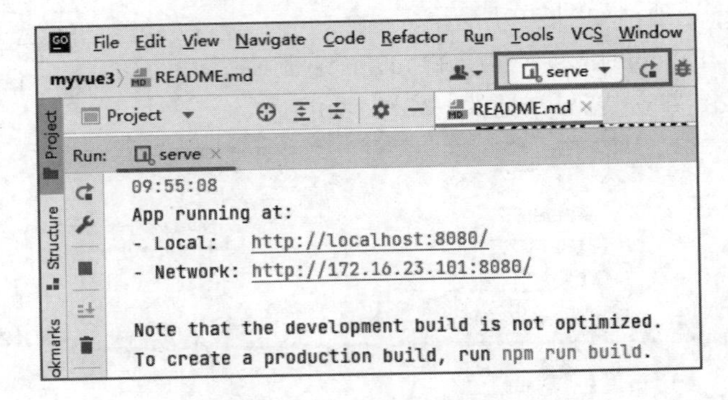

图6-23 运行Vue项目

6.6 目录结构与依赖安装

在Goland中成功搭建Vue的编码环境后，下一步在Goland中开发Vue项目。首先明确开发需求，本书主要实现两个页面：用户登录和产品查询，每个页面的功能说明如下：

（1）当用户在“用户登录”页面输入账号和密码之后，前端将进行简单判断，如果账号和密码不为空，则向后端发送HTTP请求验证用户信息，当验证成功之后，浏览器将自动跳转到“产品查询”页面。

（2）“产品查询”页面允许用户设置条件进行查询，并能根据查询结果删除部分数据，删除功能只是删除网页上展示的数据，原则上不会删除后端的数据。

明确开发需求之后，下一步打开项目文件夹myvue3查看Vue3的目录结构，如图6-24所示。

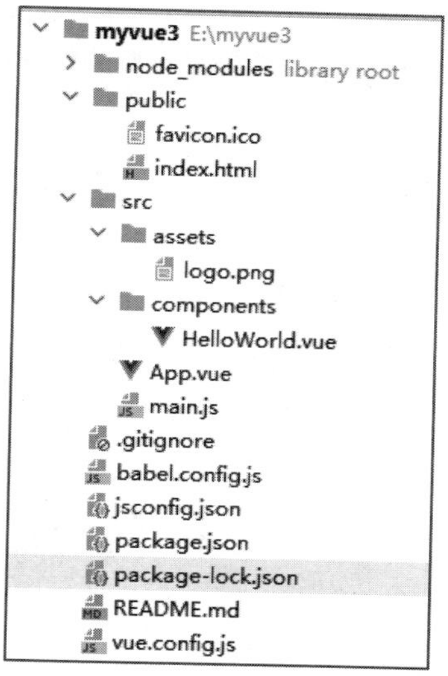

在Vue3项目中，每个文件夹与文件的说明如下。

（1）node_modules：npm加载项目的依赖模块或程序包。

（2）public：公共资源目录，如CSS、index.html、JavaScript、ICO图标或图片等，这些静态资源主要用于整个网站。

（3）src：Vue开发文件夹，包含assets和components文件夹，以及App.vue和main.js文件。

（4）src/assets：存放图片、CSS或JavaScript等文件，这些静态资源主要用于网站的部分页面。

（5）src/components：存放Vue组件文件。组件是Vue最强大的功能之一，可以扩展 HTML 元素，封装可重用代码。

（6）src/App.vue：Vue入口文件。

（7）src/main.js：项目的核心文件，用于创建和挂载Vue对象、定义路由等。

图6-24　Vue3的目录结构

（8）.gitignore：用于Git管理项目版本。

（9）babel.config.js：这是JavaScript编译器，将ECMAScript 2015+版本代码转换成能向后兼容的JavaScript语法，解决浏览器兼容性问题。

（10）jsconfig.json：用于配置Vue项目的JSON文件，在开发期间提供更好的代码编辑体验。

（11）package.json：项目配置文件，定义项目中需要依赖的包，在创建项目的时候会自动生成。

（12）package-lock.json：记录所有模块的版本号，包括主模块和所有依赖子模块。

（13）README.md：项目的说明文档。

了解了Vue3的目录结构之后，下一步在项目中安装相关依赖模块或程序包。大部分Vue项目都要用到路由和Ajax请求，而路由功能大多数选择vue-router实现，Ajax请求则选择axios和vue-axios实现。

因此，在项目文件夹myvue3分别安装vue-router、axios和vue-axios。打开CMD窗口并将路径切换至项目文件夹myvue3，然后分别输入npm安装指令，代码如下：

```
//切换至E盘
C:\Users\Administrator>e:
//切换至E盘的myvue3文件夹
E:\>cd myvue3
//安装vue-router
E:\myvue3>npm install vue-router
//安装axios
E:\myvue3>npm install axios
//安装vue-axios
E:\myvue3>npm install vue-axios
```

相关依赖模块或程序包安装成功后，打开项目文件package.json就能看到模块或程序包的版本信息，如图6-25所示。

```
package.json
1  {
2    "name": "myvue3",
3    "version": "0.1.0",
4    "private": true,
5    "scripts": {
6      "serve": "vue-cli-service serve",
7      "build": "vue-cli-service build",
8      "lint": "vue-cli-service lint"
9    },
10   "dependencies": {
11     "axios": "^0.25.0",
12     "core-js": "^3.6.5",
13     "vue": "^3.0.0",
14     "vue-axios": "^3.4.1",
15     "vue-router": "^4.0.12"
```

图6-25 package.json

6.7 设置公共资源

我们选择Bootstrap框架编写网页的CSS样式，因此将Bootstrap框架的代码文件放在项目的公共资源文件夹public。首先在public文件夹删除favicon.ico文件，然后分别放置bootstrap.css、bootstrap.js、jquery-3.3.1.js和xxyy.ico文件，整个文件夹的目录结构如图6-26所示。

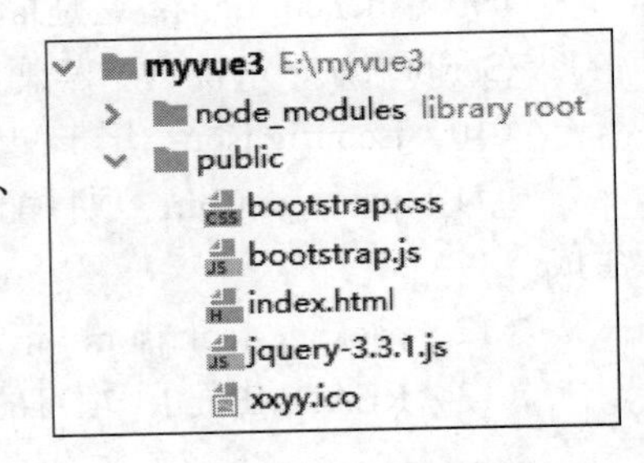

图6-26 public文件夹

在Goland打开public文件夹中的index.html文件，分别设置HTML的<title>和导入public的CSS、JS和ICO图标文件，完整代码如下：

```
<!DOCTYPE html>
<html>
<head>
    <meta charset="utf-8">
    <meta name="viewport" content="width=device-width,initial-scale=1.0">
    <!-- Favicon and Touch Icons-->
    <link rel="shortcut icon" href="xxyy.ico"/>
    <link rel="stylesheet" href="bootstrap.css">
    <title>数据平台</title>
</head>
    <body>
    <div id="app"></div>
    <!-- Javascript Files -->
    <script src="jquery-3.3.1.js"></script>
    <script src="bootstrap.js"></script>
    </body>
</html>
```

在上述代码中，在<head>标签中使用<link>将bootstrap.css和xxyy.ico导入HTML代码，而<body>标签的最后两行代码使用<script>导入bootstrap.js和jquery-3.3.1.js。

整个index.html文件为项目所有页面提供基础的<head>标签和<body>标签，也就是说，整个项目的<head>标签都是相同的，<body>标签都会导入bootstrap.js和jquery-3.3.1.js，唯独<body>标签中的id="app"的<div>标签内容各不相同。

从Vue架构设计来看，index.html文件类似于一个父类模板，它将整个网站所有页面相同的网页布局抽取出来，不同网页布局的部分保留一个id="app"的<div>标签作为扩展接口，这样能提高代码的复用性，便于维护和管理。

从代码布局来看，导入JS文件必须在<body>标签末端位置，因为浏览器加载网页的时候都是从上到下执行代码的，在<head>标签开始导入JS文件，如果JS文件内容过多或存在阻塞程序，就会增加网页加载时间，这样对用户体验十分不友好。

6.8　功能配置与应用挂载

本章主要在src的main.js和App.vue中设置项目的功能配置和应用挂载。首先分析前端开发需求，项目主要实现用户登录和产品查询功能页面，在实现过程中需要对每个页面设置相应的路由和Ajax请求，因此src的main.js代码如下：

```
// 导入Vue
import { createApp } from 'vue'
// 导入Vue扩展插件
import axios from 'axios'
import VueAxios from 'vue-axios'
import { createRouter, createWebHistory } from 'vue-router'
// 导入组件
import App from './App.vue'
import Product from './components/Product.vue'
import Signin from './components/Signin.vue'

// 定义路由
const routes = [
  { path: '/', component: Signin },
  { path: '/product', component: Product },
]
// 创建路由对象
const router = createRouter({
  // 设置历史记录模式
  history: createWebHistory(),
  // routes: routes的缩写
  routes,
})
// 创建Vue对象
const app = createApp(App)
// 将路由对象绑定到Vue对象
```

```
app.use(router)
// 将vue-axios与axios关联并绑定到Vue对象
app.use(VueAxios,axios)
// 挂载使用Vue对象
app.mount('#app')
```

我们将main.js的代码划分为4部分加以说明：

（1）导入vue、axios、vue-axios和vue-router的函数或变量。关键字import后面是导入模块的函数或变量，其中vue和vue-router通过{}方式导入，这是ES6的语法，代表部分函数或变量；如果没有使用{}导入，则代表全部导入。除此之外，我们还导入了同一目录的App.vue和components的Product.vue和Signin.vue文件。

（2）定义路由变量routes，变量以数组表示，数组的每个元素以字典表示，每个字典有两对键-值对：键-值对path代表路由地址；键-值对component代表路由对应的组件名称，即components的Product.vue和Signin.vue文件导入的Product和Signin。

（3）由vue-router导入createRouter()函数创建路由对象router，函数参数以字典表示，键-值对history代表历史记录模式，值为createWebHistory()函数；键-值对routes代表键和值都是routes，其中键为routes代表名称，值为routes代表自定义路由变量routes，两者虽然名字相同，但却有不同的意思。

（4）使用Vue框架导入createApp()函数创建Vue对象app，函数参数App代表同一目录App.vue的变量App。由Vue对象app调用use()添加路由对象router，分别将VueAxios和axios关联并绑定到Vue对象。最后由Vue对象app调用mount()挂载Vue对象（运行Vue对象），函数参数#app代表App.vue的id="app"的<div>标签。

综上所述，整个Vue功能配置说明如下：

（1）从Vue框架、依赖模块或程序包导入变量或函数，导入同一目录的App.vue和components的组件文件。

（2）如果依赖模块或程序包需要自定义变量，则按照语法规则定义变量；然后由Vue框架的函数创建Vue对象，并将依赖模块或程序包的变量传入Vue对象；最后由Vue对象调用mount()函数挂载运行。

下一步打开同一目录的App.vue文件，该文件的代码如下：

```
<template>
  <div id="app">
    <router-view/>
  </div>
</template>

<script>
export default {
  name: 'App'
}
</script>
```

我们将App.vue的代码分为3部分加以说明：

（1）<template>用于设置组件内容，组件文件以.vue后缀名表示。id="app"的<div>标签对应public的index.html的id="app"的<div>标签，同时也对应main.js的app.mount('#app')的参数#app。换句话说，App.vue的id="app"的<div>标签、index.html的id="app"的<div>标签、main.js的app.mount('#app')的参数#app构成整体关联。

（2）<template>的<router-view/>用来渲染路由所对应的组件，比如main.js设置路由“/”，代表首页地址（http://localhost:8080），当访问首页时，Vue就会在<router-view/>中渲染组件文件Signin.vue。

（3）<script>的export default用于设置App.vue的导出变量，允许被其他文件导入使用。export default的name是变量名，'App'是变量name的值。整个export default与main.js的import App from './App.vue'的App对应，虽然main.js的App与export default中的'App'相同，但两者却有不同的意思。

综上所述，src的main.js、App.vue和public的index.html存在架构设计关联，若以图解方式表示，则三者的架构设计关系如图6-27所示。

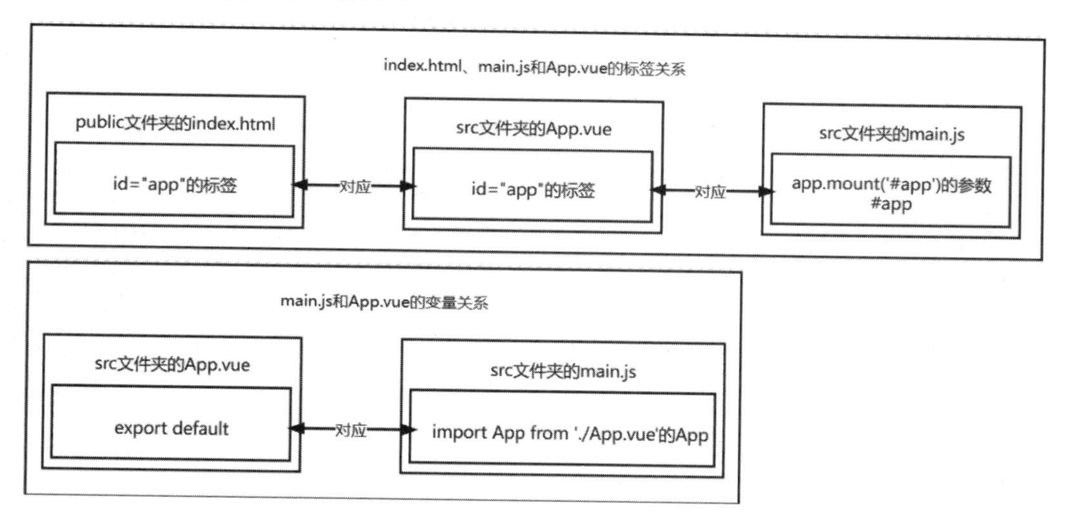

图6-27　架构设计关系图

6.9 用户登录功能

我们已在src的main.js中导入了组件文件Signin.vue，因此本节讲述如何在组件文件Signin.vue中开发用户登录页面。

首先在项目文件夹components中新建Signin.vue，然后在Goland中打开Signin.vue编写用户登录的网页代码，示例代码如下：

```
<template>
    <div class="main-layout card-bg-1">
    <div class="container d-flex flex-column">
    <div class="row no-gutters text-center align-items-center
    justify-content-center min-vh-100">
```

```
    <div class="col-12 col-md-6 col-lg-5 col-xl-4">
      <h1 class="font-weight-bold">用户登录</h1>
      <p class="text-dark mb-3">民主、文明、和谐、自由、平等</p>
      <div class="mb-3">
        <div class="form-group">
          <label for="username" class="sr-only">账号</label>
          <input type="text" class="form-control form-control-md"
             id="username" placeholder="请输入账号" v-model="username">
        </div>
        <div class="form-group">
          <label for="password" class="sr-only">密码</label>
          <input type="password" class="form-control
             form-control-md" id="password" placeholder="请输入密码"
             v-model="password">
        </div>
        <button class="btn btn-primary btn-lg btn-block
             text-uppercase font-weight-semibold" type="submit"
             @click="login()">登录
        </button>
      </div>
    </div>
    </div>
    </div>
    </div>
</template>

<script>
export default {
  name: 'Signin',
  data () {
    return {
      username: '',
      password: ''
    }
  },
  methods: {
    login: function () {
      // 判断是否输入账号
      if (this.username.length > 0 && this.password.length > 0) {
        // 向后端发送POST请求
        let data = new FormData();
        data.append('username',this.username);
        data.append('password',this.password);
        this.axios.post('http://127.0.0.1:8000/',data).then((res)=>{
          // 若POST请求发送成功，则获取响应结果的result
          // 如果result为true，则说明存在此用户
          if (res.data.result) {
            // 将访问路由chat，并设置参数
            this.$router.push({
              path: '/product'
            })
          } else {
```

```
            // 当前用户不在后端的数据库中
            window.alert('账号不存在或异常')
            // 清空用户输入的账号和密码
            this.username = ''
            this.password = ''
          }}).catch(function () {
          // PSOT请求发送失败
          window.alert('账号获取失败')
          // 清空用户输入的账号和密码
          this.username = ''
          this.password = ''
        })
      } else {
        // 提示没有输入账号或密码
        window.alert('请输入账号或密码')
      }
    }
  }
}
</script>

<style scoped>
  .text-center {
    text-align: center!important;
  }
  .min-vh-100 {
     min-height: 100vh!important;
  }
  .align-items-center {
     align-items: center!important;
  }
  .justify-content-center {
     justify-content: center!important;
  }
  .no-gutters {
     margin-right: 0;
     margin-left: 0;
  }
  .row {
     display: flex;
     flex-wrap: wrap;
     margin-right: -15px;
     margin-left: -15px;
  }
  *, :after, :before {
     box-sizing: border-box;
  }
</style>
```

分析上述代码，我们将代码分为4部分进行说明：

（1）<template>是给开发者编写网页的HTML代码，网页样式使用Bootstrap框架实现，分别设有账号和密码输入框、登录按钮。账号和密码输入框使用Vue语法的v-model实现网页元素和数据的双向绑定，用于监听用户输入和程序更新数据。登录按钮使用@click绑定函数login()，用于触发用户登录请求。

（2）<script>的export default设置Signin.vue的导出变量，它将被Vue框架导入并执行。一共设置了3个变量：name、data和methods，这3个变量名是Vue语法规定的。变量name设置组件名称，变量data为开发者提供自定义变量，变量methods为开发者提供自定义函数方法。

（3）代码中的变量data分别定义了变量username和password，对应<template>的v-model="username"和v-model="password"；变量methods定义函数login()，使用Ajax向后端发送HTTP请求验证用户完成登录，其中this.axios代表main.js的vue-axios与axios关联并绑定到Vue对象，this.$router.push代表main.js绑定路由对象router执行路由跳转，this.username和this.password是变量data的自定义变量username和password。

（4）<style scoped>设置组件文件的私有化CSS样式，scoped属性保证当前CSS样式只在当前组件文件中生效。

6.10 数据查询功能

产品查询组件是在用户登录成功后通过this.$router.push方式进行访问的，它主要实现产品的条件查询、数据展示和数据删除功能。

首先在项目文件夹components中新建Product.vue，然后在Goland中打开Product.vue编写产品查询的网页代码，示例代码如下：

```
<template>
<div class="container">
<hr>
<form role="form">
  <div class="form-group">…………①
     <label class="text-info text-center" for="q">
     <h4>查询条件</h4>
     </label>
     <!-- v-model用于创建双向数据绑定-->
     <input type="text" id="q" class="form-control"
          placeholder="输入产品名" v-model="q">
  </div>
  <div>
     <!--@click指定触发的函数，即绑定事件-->…………②
     <input type="button" value="查询"
          class="btn btn-primary" @click="add()">
  </div>
</form>
<hr>
<div class="text-info text-center">
     <h2>产品信息表</h2>
</div>
```

```
<table class="table table-bordered table-hover">
  <tr class="text-danger text-center">
    <th>序号</th>
    <th>产品</th>
    <th>数量</th>
    <th>类型</th>
    <th>操作</th>
  </tr>
  <!--遍历输出Vue定义的数组-->…………③
  <tr class="text-center" v-for="(item,index) in myData" :key="index">
    <th>{{index+1}}</th>
    <th>{{item.name}}</th>
    <th>{{item.quantity}}</th>
    <th>{{item.kinds}}</th>
    <th>
      <!--data-target指向模态框-->
      <!--为每个按钮设置变量nowIndex，用于识别行数-->
      <button data-toggle="modal" class="btn btn-primary btn-sm"
        @click="nowIndex=index,message=0" data-target="#layer"
      >删除
      </button>
    </th>
  </tr>
  <tr v-show="myData.length!==0">…………④
    <td colspan="5" class="text-right">
      <!--变量nowIndex设为-2，在deleteMsg函数清空数组myData-->
      <button data-toggle="modal" class="btn btn-danger btn-sm"
        @click="nowIndex=-2,message=-1" data-target="#layer">
        删除全部
      </button>
    </td>
  </tr>
  <tr v-show="myData.length===0">
    <td colspan="5" class="text-center text-muted">
      <p>暂无数据...</p>
    </td>
  </tr>
</table>
<!--模态框（提示框）-->
<div role="dialog" class="modal fade bs-example-modal-sm" id="layer">
  <div class="modal-dialog">
    <div class="modal-content">
      <div class="modal-header">
        <!--判断message，选择删除提示语-->
        <h4 class="modal-title" v-if="message===0">删除吗</h4>
        <h4 class="modal-title" v-else>删除全部吗</h4>
        <button type="button" class="close" data-dismiss="modal">
          <span>&times;</span>
        </button>
      </div>
      <div class="modal-body text-right">
```

```
        <!--触发删除函数deleteMsg-->
        <button data-dismiss="modal"
            class="btn btn-primary btn-sm">取消</button>
        <button data-dismiss="modal" class="btn btn-danger btn-sm"
            @click="deleteMsg(nowIndex)">确认
        </button>
      </div>
    </div>
  </div>
</div>
</div>
</template>
<script>
export default {
  name: 'Product',
  data () {
    return {
      q: '',
      myData: [],
      nowIndex: -100,
      message: 0
    }
  },
  methods: {
    // 定义add函数，访问后台获取数据并写入数组myData
    add: function () {
      this.axios.get('http://127.0.0.1:8000/product.html',
          {params: {q: this.q}}).then(response => {
          this.myData = response.data
        })
        .catch(function (error) {
          console.log(error)
        })
    },
    // 定义deleteMsg函数
    // 单击"删除"按钮即可删除当前数据
    // 通过nowIndex确认行数
    deleteMsg: function (n) {
      if (n === -2) {
        this.myData = []
      } else {
        this.myData.splice(n, 1)
      }
    }
  }
}
</script>
```

上述代码主要分为<template>和<script>，由于<template>涉及的网页代码较多，因此我们分别设置标注①、②、③、④，每个标注实现的功能说明如下：

（1）标注①使用v-model创建双向数据绑定，如v-model="q"，当用户在文本框输入数据时，Vue自动把数据赋值给变量q，或者当变量q的值发生变化时，文本框的数据也会随之变化，只要有一方的数据发生变化，另一方的数据也会随之变化。

（2）标注②使用@click设置事件触发的函数方法，@click是v-on:click的简易写法，如@click="add()"，click代表鼠标单击事件，add()代表Vue对象定义的函数方法。当用户单击按钮时，网页将触发函数方法add()。

（3）标注③使用v-for遍历输出变量myData的数据，其中item代表每次遍历的数据内容，index代表当前遍历的次数。当单击“删除”按钮时，Vue将重新遍历输出变量myData的数据。

（4）标注④使用v-show控制网页元素内容，如果myData.length!==0的判断结果为True，就显示“删除全部”按钮，否则显示“暂无数据”。v-if是Vue的条件控制语法，通过判断条件是否成立来隐藏或显示网页元素，比如v-if="message===0"，如果变量message等于0，就提示“删除吗”，否则提示“删除全部吗”。

<script>设置导出变量name、data和methods，每个变量的说明如下：

（1）变量name用于设置组件名称。

（2）变量data用于自定义变量q、myData、nowIndex和message，自定义变量将用于控制和执行网页的业务逻辑。

（3）变量methods分别定义了add()和deleteMsg()函数，add()函数通过Ajax向后端获取产品数据并写入自定义变量myData，再由Vue完成数据渲染展示；deleteMsg()函数通过判断自定义变量nowIndex修改自定义变量myData的数据，当自定义变量myData发生变化时，网页展示的数据也会随之变化。

6.11 系统运行效果

我们已完成整个前端的网页开发，下一步运行项目代码，测试网页效果是否符合开发需求。

使用Goland运行项目文件夹myvue3，在浏览器访问http://localhost:8080/，浏览器将显示用户登录页面，如图6-28所示。

由于后端还没开发API，因此直接在浏览器访问http://localhost:8080/product查看产品查询页面，如图6-29所示。

从业务逻辑角度分析，用户是不能直接通过链接查看产品查询页面的，因此产品查询页面还需要添加用户登录的权限管理，由于篇幅有限，这部分功能留给读者自行实现。

图6-28　用户登录页面

图6-29 产品查询页面

6.12 本章小结

Vue开发必须在Node.js和Webpack的开发环境下运行，使用Vue脚手架构建项目，以及使用npm安装相关依赖库或模块，详细说明如下：

- Node.js发布于2009年5月，它是基于Chrome V8引擎的JavaScript环境运行的，这是事件驱动、非阻塞式I/O模型，让JavaScript在服务端运行的开发平台，使JavaScript成为与PHP、Python、Java等服务端语言平起平坐的脚本语言。简单来说，Node.js就是使用JavaScript开发的后端语言。
- Webpack称为模块打包机，主要用于分析项目结构，找到JavaScript模块以及浏览器不能直接运行的拓展语言（如Scss或TypeScript等），将其打包为合适的格式以供浏览器直接使用，并且Webpack必须通过Node.js环境完成模块打包过程。
- Vue脚手架是一个基于Vue.js进行快速开发的完整系统，实现项目的交互式搭建和零配置原型开发（通过指令以及提示完成项目搭建），它是基于Webpack构建项目的，并带有合理的默认配置。
- npm是JavaScript的包管理工具，并且是Node.js默认的包管理工具，实现下载、安装、共享、分发代码和管理项目依赖关系等功能。

在Vue3项目中，核心文件夹有public、src和src\components，核心文件有public\index.html、src\main.js、src\App.vue以及src\components自定义的组件文件。

核心文件夹清楚知道每个文件夹应该放置什么文件，放置文件负责实现什么功能；核心文件必须掌握文件代码内容和实现的功能，还有文件之间的架构关联。

本章只是从入门角度介绍了Vue的项目开发，此外还有Vue的状态权限管理、组件之间的数据通信、钩子函数和生命周期等功能尚未详细讲述，这部分功能留给读者自行学习。

第 7 章

商城前端开发

本章学习内容：

- 前端设计与说明
- 系统功能配置
- Axios与Vuex配置
- Vue Router定义路由
- 组件设计与应用
- 实例化Vue对象
- 商城首页
- 商品列表页
- 商品详细页
- 注册与登录
- 购物车功能
- 个人中心页
- 网站异常页

7.1 前端设计与说明

如果使用Vue作为商城前端开发框架，建议在Vue原有代码目录基础上进行扩展，可以在框架原有目录上新增目录或文件，但不建议修改原有目录或文件的命名或者移动文件。

我们在E盘创建frontstage文件夹，打开CMD窗口并将路径切换到frontstage文件夹，使用脚手架创建Vue项目，指令如下：

```
// 将CMD当前路径切换到e盘
C:\Users\Administrator>e:
// 切换到frontstage文件夹
E:\>cd frontstage
```

```
// 使用vue create创建项目，baby为项目名称
E:\frontstage>vue create baby
```

指令执行后，选择Default ([Vue 3] babel, eslint)创建Vue3项目，创建过程需要一定时间，待项目创建成功后，其界面如图7-1所示。

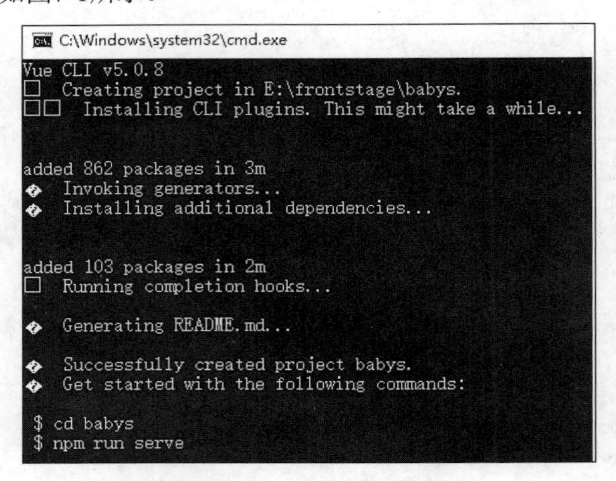

图7-1　创建项目

项目创建后，使用Goland打开Vue项目baby，在文件夹public下创建文件夹css、img、js和layui，并在这个文件夹中分别放入样式文件、静态图片、JS文件和layui源码文件，目录结构如图7-2所示。

public目录结构说明如下：

- main.css是整个项目页面的样式文件。
- img文件夹的图片是页面设计所需的图片，图片较为固定，无须经常更换。
- car.js是计算购物车费用的JS脚本代码。
- mm.js是项目的动态脚本代码，如首页的轮播图自动播放功能等。
- layui是前端UI框架，项目UI设计由layui实现。
- favicon.ico是网站图标。
- index.html是项目运行入口文件。

下一步在文件夹src分别创建文件夹axios、router和store，并在每个文件夹中创建文件index.js，将assets的原有图片logo.png删除并放入style.css文件，目录结构如图7-3所示。

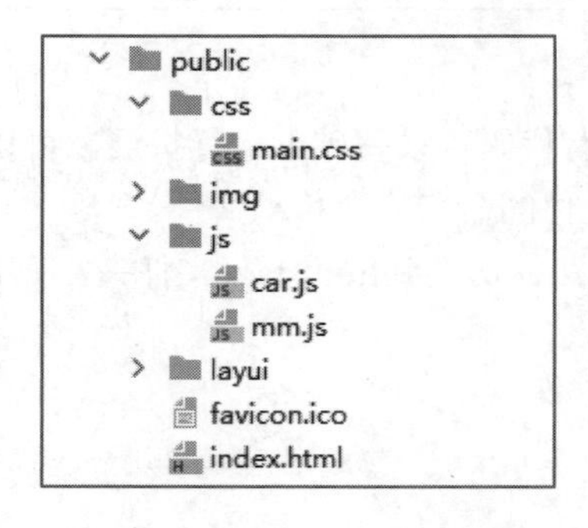

图 7-2　public 目录结构

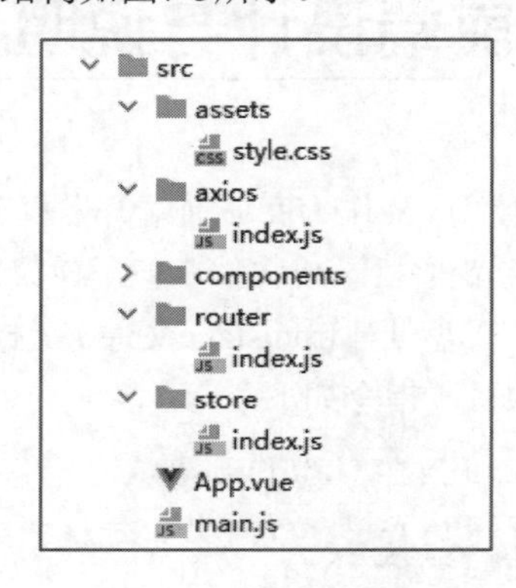

图 7-3　src 目录结构

src目录结构说明如下：

- style.css是异常页面的样式文件。
- axios的index.js用于配置Axios网络请求，主要实现前端向后端发送HTTP请求功能。
- router的index.js用于定义路由信息，前端路由即用户访问的网页地址。
- store的index.js用于配置Vuex状态管理，以便于存储用户数据或实现组件之间数据通信功能。
- components用于存放Vue组件，组件主要实现页面设计和开发，项目的组件文件将在后续章节讲述。
- App.vue是Vue入口文件。
- main.js是项目核心文件，用于创建和挂载Vue对象、定义路由等。

综上所述，我们创建了前端代码目录，配置项目的CSS文件、静态资源文件、JS文件和UI框架layui，分别为Axios网络请求、路由定义和Vuex状态管理创建相应的文件目录。

7.2 系统功能配置

因为前后端分离存在跨域问题，虽然后端和前端都能解决跨域问题，在最好的情况下，建议前后端都搭建跨域访问配置。Vue解决前后端跨域问题，可以设置代理访问，在项目baby的vue.config.js中配置即可，配置代码如下：

```
// baby的vue.config.js
const path = require('path')
module.exports = {
    publicPath: '/',
    outputDir: 'dist',
    assetsDir: 'static',
    productionSourceMap: false,
    devServer: {
        hot: true,
        port: 8010,
        open: true,
        proxy: {
            '/':{
                target: 'http://127.0.0.1:8000/',
                changeOrigin: true,
                pathRewrite: { '^/': '' },
                },
        },
    },
    configureWebpack: {
        name: 'system',
        resolve: {
        alias: {
            "~@": __dirname,
```

```
            "@": path.resolve(__dirname, "./src")
        }
      }
    },
}
```

在上述代码中，每个配置属性说明如下：

- publicPath设置项目路径，默认值为“/”，一般使用默认值即可。
- outputDir设置项目打包生成的文件的存储目录，它的上一级文件路径来自publicPath。
- assetsDir设置项目静态资源的文件目录。
- productionSourceMap设置项目打包是否生成Source Map文件。Source Map用于追踪和查看代码。项目在生产模式下，建议改为false，这样能压缩文件大小和提高性能。
- devServer设置代理服务解决跨域问题。参数hot代表热更新，当代码发现已被修改将自动重启项目；参数port代表Vue运行端口；参数open代表项目运行自动打开浏览器；参数proxy设置代理服务。
- configureWebpack修改默认的Webpack配置。

上述配置只列举了vue.config.js部分常用配置，如果想深入了解vue.config.js所有功能配置，建议查阅官方文档https://cli.vuejs.org/zh/config/#configurewebpack。

7.3 Axios 与 Vuex 配置

Axios是一个基于Promise的HTTP库，在浏览器或Node.js发送HTTP请求，本质上是对原生XHR的封装，只不过它是Promise的实现版本，符合最新的ES规范，它有以下特点：

- 可以从浏览器中创建 XMLHttpRequests对象。
- 可以从Node.js创建HTTP请求。
- 支持Promise API。
- 拦截请求和响应。
- 转换请求数据和响应数据。
- 取消HTTP请求。
- 自动转换JSON数据。
- 客户端支持防御XSRF。

简单来说，Vue想要从后端提供的API获取数据，必须通过Axios向API发起HTTP请求并获取响应数据。在Vue使用Axios之前必须安装Vue3组件库vue-axios，在前端项目baby打开CMD窗口，输入安装指令npm i axios vue-axios即可。

Axios安装成功后，在baby的axios文件夹创建文件index.js，打开index.js并写入Axios的功能配置，配置代码如下：

```
// axios的index.js
import axios from 'axios'
```

```
axios.defaults.baseURL = '/'
axios.defaults.headers.post["Content-Type"] = 'application/json'
axios.defaults.timeout = 60000
axios.defaults.withCredentials = true;
export default axios
```

Axios配置说明如下：

- axios.defaults.baseURL设置HTTP请求地址。
- axios.defaults.headers.post["Content-Type"]设置POST请求的数据类型。
- axios.defaults.timeout设置HTTP请求超时，单位以毫秒表示。
- axios.defaults.withCredentials默认值为false，代表跨域请求不提供凭据（例如Cookie、HTTP认证及客户端SSL证明等）。如果属性值设置为true，则允许请求携带凭据。

上述示例只简单讲述了Axios部分配置，如果想全面了解Axios，建议参考官方文档https://axios-http.com/zh/docs/req_config。

Vuex 是专门为Vue.js设计的状态管理库，利用Vue.js的细粒度数据响应机制来进行高效的状态更新，并且Vuex在内存能保存用户数据，但是用户刷新页面，浏览器重新加载Vue实例时，Vuex保存的数据也会重新初始化。

为了解决Vuex重新初始化，可以使用Vuex-persistedstate实现数据持久化。总的来说，Vuex+Vuex-persistedstate可以实现Vue的状态管理持久化，如果仅使用Vuex，很容易出现刷新页面而丢失数据的问题。

我们在前端项目baby中打开CMD窗口，输入安装指令npm i vuex vuex-persistedstate即可安装；在baby的store文件夹创建文件index.js，打开index.js并写入Vuex+Vuex-persistedstate的配置信息，配置代码如下：

```
// store的index.js
import {createStore} from 'vuex'
import createPersistedState from "vuex-persistedstate";

const store = createStore({
  state: {
     lookImgUrl: 'http://127.0.0.1:8000',
     username: '',
     last_login: '',
     token: ''
  },
  mutations: {
     setUserName(state, username){
        state.username = username
     },
     setLastLogin(state, last_login){
        state.last_login = last_login
     },
     setToken(state, token){
        state.token = token
     },
  },
```

```
    actions: {},
    modules: {},
    // 所有数据缓存到本地
    plugins: [createPersistedState()],
})
export default store
```

上述配置说明如下：

- 从Vuex导入函数createStore并实例化生成store对象。createStore设有参数state、mutations、actions、modules和plugins。
- 参数state设置Vuex需要保存的数据。lookImgUrl是后端API访问路径，用于设置图片访问地址；username和last_login保存用户名和登录时间，数据在个人中心页展示；token保存用户的JWT，以便于前后端的用户验证。
- 参数mutations用于修改参数state的数据，并且只能同步执行。
- 参数actions用于任意的异步操作，主要替代参数mutations进行异步操作，因为参数mutations只允许执行同步操作。
- 参数modules用于模块化处理，每个模块具有state、mutation、action等参数，并支持模块嵌套。
- 参数plugins为Vuex引入插件，将Vuex-persistedstate的createPersistedState()写入参数plugins即可实现Vuex的数据持久化。

上述示例只简单讲述了Vuex的配置，如果想全面了解Vuex，建议参考官方文档https://vuex.vuejs.org/zh/。

7.4 Vue Router 定义路由

在前后端分离架构中，前后端都需要定义路由，后端路由作为API访问地址，前端路由作为浏览器显示的网址。前端路由是通过Vue Router进行定义的，Vue Router是Vue官方路由，它与Vue核心深度集成，使构建单页应用变得轻而易举。Vue Router具有以下功能：

- 嵌套路由映射。
- 动态路由选择。
- 模块化、基于组件的路由配置。
- 提供路由参数、查询、通配符。
- 由Vue提供的过渡效果。
- 自动激活CSS类的链接。
- 提供HTML的 History模式或Hash模式。
- 可定制的滚动行为。

使用Vue Router定义路由之前，我们需要为前端项目baby安装Vue Router，打开CMD窗口，输入安装指令npm i vue-router即可。

Vue Router安装成功后，在baby的router创建并打开文件index.js，根据需求分别定义首页、商品列表页、商品详细页、个人中心页、用户登录页、购物车、异常页的路由信息，详细定义过程如下：

```
// router的index.js
import {createRouter, createWebHashHistory} from 'vue-router'
import Home from '../components/Home.vue'
import Commodity from '../components/Commodity.vue'
import Detail from '../components/Detail.vue'
import Shopper from '../components/Shopper.vue'
import Login from '../components/Login.vue'
import Shopcart from '../components/Shopcart.vue'
import Error from '../components/Error.vue'

// 定义路由
const routes = [
    {path: '/', component: Home, meta: {title: '首页'}},
    {path: '/commodity', component: Commodity, meta: {title: '商品列表页'}},
    // :id用于设置路由变量
    {path: '/commodity/detail/:id',component:Detail,meta:{title:'商品详细页'}},
    {path: '/shopper', component: Shopper, meta: {title: '个人中心页'}},
    {path: '/shopper/login', component: Login, meta: {title: '用户登录页'}},
    {path: '/shopper/shopcart',component:Shopcart, meta:{title: '我的购物车'}},
    // 路由匹配
    {path: '/:pathMatch(.*)*', component: Error, meta: {title: '页面丢失'}},
]

// 创建路由对象
const router = createRouter({
    // 设置历史记录模式
    history: createWebHashHistory(),
    // routes: routes的缩写
    routes,
})
export default router
```

分析上述代码，Vue Router定义路由说明如下：

- 定义变量routes，数据类型为数组格式，数组的每个元素代表一条路由信息，元素以字典格式表示。
- 路由信息必须设置path和component。path代表路由地址，支持路由变量和正则匹配；component代表Vue组件，Vue组件负责页面数据渲染。除设置path和component外，还可以按需设置name（路由命名）、children（路由嵌套）、redirect（重定向）、props（路由传参）、meta（路由元信息）等。
- 从Vue Router导入函数createRouter和createWebHashHistory，对createRouter实例化生成路由对象router，并将路由历史记录设为Hash 模式，同时将变量routes传入，路由对象router根据变量routes创建相应路由。

上述示例简单讲述了如何使用Vue Router定义路由，如果想全面了解Vue Router，建议参考官方文档https://router.vuejs.org/zh/introduction.html。

7.5 组件设计与应用

在定义路由的过程中，我们必须为每条路由设置相应组件，Vue根据浏览器输入的路由地址找到相应组件，再由组件进行数据渲染，并以网页形式呈现在浏览器中。

Vue组件默认存放在文件夹components中，根据项目baby的路由定义，在项目文件夹components中分别创建网页组件Home.vue、Commodity.vue、Detail.vue、Shopper.vue、Login.vue、Shopcart.vue、Error.vue。

除创建网页组件外，我们还需要创建子组件Base.vue和Footer.vue，分别负责显示网页的顶部和底部数据，网页组件（称为父组件）通过调用子组件即可完成整个网页输出。

父子组件是组件设计中最常用的设计方案，子组件通常保存网页的公共元素，例如网页A和网页B有相同的文本搜索框，将文本搜索框写入子组件，网页A和网页B只需调用子组件即可，这样能提高代码的复用性。

按照项目设计得知，网站顶部的Logo、文本搜索框和导航栏在首页、商品列表页、商品详细页、个人中心页、购物车、注册登录页均出现过，因此将这部分网页元素可以写入子组件Base.vue，示例代码如下：

```
// components的Base.vue
<template>
    <div class="header">
          <div class="headerLayout w1200">
          <div class="headerCon">
          <h1 class="mallLogo">
          <a href="/" title="首页">
              <img src="img/logo.png">
          </a>
          </h1>
          <div class="mallSearch">
          <div class="layui-form"><!- ············①············->
              <input type="text" v-model="search"
                  required lay-verify="required" autocomplete="off"
                     class="layui-input"
                     placeholder="请输入需要的商品">
              <button class="layui-btn" lay-submit
                  lay-filter="formDemo" @click="mySearch">
                  <i class="layui-icon layui-icon-search"></i>
              </button>
          </div></div></div></div>
    </div>
          <div class="content content-nav-base" :class="activation">
          <div class="main-nav">
```

```
        <div class="inner-cont0">
        <div class="inner-cont1 w1200">
        <div class="inner-cont2"><!- …………②…………->
        <router-link :to="`/`"
            :class="activation == ' ' ?'active':''">
            首页
        </router-link>
        <router-link :to="`/commodity`"
            :class="activation == 'commodity' ?'active': ''">
            所有商品
        </router-link>
        <router-link :to="`/shopper/shopcart`"
            :class="activation == 'shopcart' ?'active': ''">
            购物车
        </router-link>
        <router-link :to="`/shopper`"
            :class="activation == 'shopper' ? 'active':''">
            个人中心
        </router-link>
        </div></div></div></div></div>
</template>
<script><!- …………③………… ->
    export default {
        data() {
            return {
                search: ''
            }
        },
        props: {
            activation: {
                type: String,   // 设置数据类型
                default: ''     // 设置默认值
            },
        },
        methods: {
            // 搜索商品
            mySearch: function () {
                this.$router.push({path: '/commodity',
                    query: {search: this.search, page: 1}})
            },
        }
    }
</script>
<style scoped>
</style>
```

上述代码设有标注①②③，每个标注实现的功能说明如下：

- 标注①是文本搜索框的网页元素，其中v-model="search"将<script></script>定义的变量search绑定在网页元素，当变量search发生变化时，文本内容也会随之变化，在文本框输入内容，程序也能从变量search获取文本内容。@click="mySearch"将<script></script>定义的

函数方法mySearch绑定在网页元素，当用户单击时将自动触发函数方法mySearch。

- 标注②是网站导航栏功能，其中<script></script>定义的变量activation用于设置网页样式，如果activation等于某个值，对应网页元素显示选中效果，例如首页（:class="activation == " ?'active':""），当activation等于空字符串，样式属性class=active时，导航栏的首页出现选中效果，如图7-4所示。<router-link></router-link>来自Vue Router语法，用于创建网页链接（即HTML标签<a>）。
- 标注③是组件的<script></script>部分，负责变量和函数方法的定义、访问API以及业务逻辑处理等，其中data()通过函数方法定义变量，并且变量只在当前组件有效。props设置父子组件通信变量，当父组件调用子组件时，父组件在data()设置变量activation直接赋值给子组件变量activation。methods负责定义函数方法，例如JS事件触发函数、API访问请求、数据处理等。

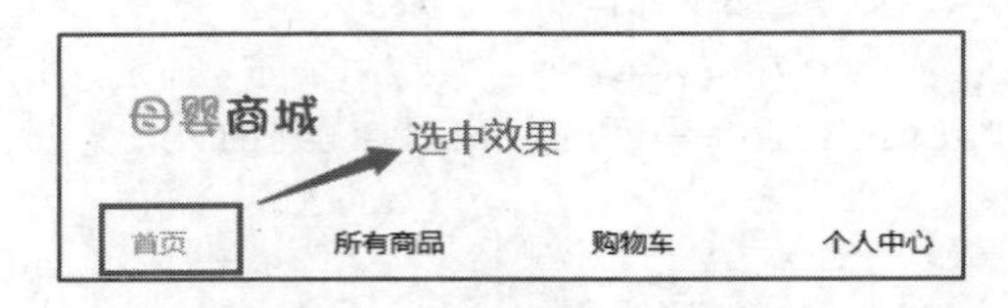

图7-4　首页的选中效果

网站底部负责展示服务保证和咨询渠道，在首页、商品列表页、商品详细页、注册登录页均出现过，因此可以将这部分网页元素写入子组件Footer.vue，示例代码如下：

```
// components的Footer.vue
<template>
    <div class="footer">
    <div class="ng-promise-box">
    <div class="ng-promise w1200">
    <p class="text">
        <a class="icon1" href="javascript:;">
        7天无理由退换货</a>
        <a class="icon2" href="javascript:;">
        满99元全场免邮</a>
        <a class="icon3" style="margin-right: 0"
        href="javascript:;">100%品质保证</a>
    </p>
    </div>
    </div>
    <div class="mod_help w1200">
    <p>
    <a href="javascript:;">关于我们</a>
    <span>|</span>
    <a href="javascript:;">帮助中心</a>
    <span>|</span>
    <a href="javascript:;">售后服务</a>
    <span>|</span>
    <a href="javascript:;">母婴资讯</a>
    <span>|</span>
    <a href="javascript:;">关于货源</a>
    </p>
```

```
        </div>
        </div>
    </template>
    <script>
        export default {
            name: "Footer"
        }
    </script>
    <style scoped>
    </style>
```

分析上述代码得知，网站底部组件Footer.vue在<template></template>中编写静态网页元素，并且标签<a>没有设置网站链接，整个组件只实现简单的数据展示。

综上所述，从组件Base.vue和Footer.vue的代码结构分析得知：

- 组件由3部分组成：<template></template>、<script></script>和<style scoped></style>。
- <template></template>负责编写HTML网页信息和设置变量，变量由<script></script>负责定义和赋值。
- <script></script>实现变量和函数方法的定义、访问API以及业务逻辑处理等。
- <style scoped></style>负责编写网页CSS样式，并且仅作用于当前组件。

7.6 实例化 Vue 对象

我们已经完成Vue常用功能配置，包括Axios的HTTP请求配置、Vuex的状态管理配置、路由定义与组件文件创建。本节将讲述如何实例化Vue对象，将已配置的功能挂载到Vue对象，再由Vue对象启动运行整个项目。

打开src的main.js，分别导入已配置的功能对象，并对Vue进行实例化和挂载，代码实现如下：

```
// src的main.js
import { createApp } from 'vue'
import VueAxios from 'vue-axios'
import App from './App.vue'
import router from './router'
import store from './store'
import axios from './axios'
import base from './components/Base'
import footer from './components/Footer'

// 创建Vue对象
const app = createApp(App)
// 注册组件
app.component('base-page', base)
app.component('footer-page', footer)
// 将路由对象绑定到Vue对象
app.use(router)
app.use(store)
```

```
// 将vue-axios与axios关联并绑定到Vue对象
app.use(VueAxios, axios)
// 挂载使用Vue对象
app.mount('#app')
```

分析上述代码，Vue实例化过程说明如下：

- 分别导入已配置的功能对象，包括路由对象router、状态管理对象store、HTTP请求对象axios、子组件base和footer；此外，还需导入Vue的函数方法createApp、根组件App.vue和vue-axios。
- 调用函数方法createApp，并将App.vue的App作为参数，实例化生成Vue对象app。
- 由app调用component注册组件base和footer，子组件需要注册才能被父组件调用。component的参数分别为组件注册名和组件对象，组件注册命名建议采用驼峰命名（basePage或BasePage）或短横线隔开式（base-page）。
- 由app调用use绑定功能对象router、store、axios，将路由配置、状态管理、HTTP请求功能加载在实例化对象app中。
- 由app调用mount实现对象挂载，mount的参数rootContainer等于#app，参数值来自文件夹public的index.html的<div id="app">。

从Vue的实例化过程得知，实例化对象app最终挂载在index.html的<div id="app">，同时index.html的<div id="app">与App.vue的<div id="app">相互对应，因此打开App.vue和index.html分别编写相应的示例代码：

```
// src的App.vue
<template>
  <div id="app">
    <router-view/>
  </div>
</template>

<script>
export default {
  name: 'App'
}
</script>

// public的index.html
<!DOCTYPE html>
<html lang="zh-CN">
<head>
    <title>母婴商城</title>
    <link rel="stylesheet" type="text/css" href="<%= BASE_URL %>css/main.css">
    <link rel="icon" href="<%= BASE_URL %>favicon.ico">
    <link rel="stylesheet" type="text/css" href="<%= BASE_URL %>layui/css
/layui.css">
    <script type="text/javascript" src="<%= BASE_URL %>layui/layui.js"></script>
</head>
<body>
<div id="app"></div>
</body>
</html>
```

分析App.vue和index.html的代码得知：

- 在App.vue的<div id="app">中必须添加<router-view/>，用于加载和渲染路由对象router，如果没有添加<router-view/>，网页将无法正常显示。
- 在index.html的<head>引入public的静态文件，<%= BASE_URL %>是EJS模板语法，代表vue.config.js的配置属性publicPath；<body>必须设置<div id="app">，它与App.vue的id="app"相互对应。

综上所述，Vue实例化配置说明如下：

- 在src的main.js中调用函数方法createApp，并将App.vue的App作为参数，实例化生成Vue对象app，并将已配置的功能对象加载到app，最后将app挂载到index.html的<div id="app">。
- main.js的app.mount('#app')、App.vue和index.html的<div id="app">相互对应，元素名称没有硬性规定为app，但三者的元素名称必须相同。
- 在App.vue的<div id="app">中必须添加<router-view/>，否则网页将无法正常显示。

7.7　商城首页

网站首页一共划分了5个不同的功能区域：商品搜索功能、网站导航、广告轮播、商品分类热销、网站底部。其中商品搜索功能、网站导航和网站底部由子组件Base.vue和Footer.vue实现，因此首页组件Home.vue需要实现广告轮播、商品分类热销，示例代码如下：

```
// components的Home.vue
<template>
  <!- …………①………… ->
  <base-page :activation="activation"></base-page>
  <div class="category-con">
  <div class="category-banner">
  <!- …………②………… ->
  <div class="w1200">
  <img src="img/banner1.jpg">
  </div></div></div>
  <div class="floors">
  <div class="sk">
  <div class="sk_inner w1200">
  <div class="sk_hd">
  <a href="javascript:;">
  <img src="img/s_img1.jpg">
  </a>
  </div>
  <div class="sk_bd">
  <div class="layui-carousel" id="test1">
  <div carousel-item>
  <div class="item-box"
      v-for="(commodityInfo, k) in commodityInfos" :key="k">
```

```
<div class="item" v-for="(c, key) in commodityInfo" :key="key">
    <router-link :to="`/commodity/detail/${c.id}`">
        <img :src="path + c.img">
    </router-link>
    <div class="title">{{ c.name }}</div>
    <div class="price">
      <span>¥{{ c.discount }}</span>
      <del>¥{{ c.price }}</del>
    </div>
</div></div></div></div></div></div></div></div>
<div class="product-cont w1200" id="product-cont">
<div class="product-item product-item1 layui-clear">
<div class="left-title1">
<h4><i>1F</i></h4>
<img src="img/icon_gou.png">
<h5>宝宝服饰</h5>
</div>
<div class="right-cont">
<a href="javascript:;" class="top-img">
<img src="img/img12.jpg" alt=""></a>
<div class="img-box">
  <router-link v-for="(c, key) in clothes"
        :key="key" :to="`/commodity/detail/${c.id}`">
      <img :src="path + c.img">
  </router-link>
</div></div></div>
<div class="product-item product-item2 layui-clear">
<div class="left-title2">
<h4><i>2F</i></h4>
<img src="img/icon_gou.png">
<h5>奶粉辅食</h5>
</div>
<div class="right-cont">
<a href="javascript:;" class="top-img">
<img src="img/img12.jpg" alt=""></a>
<div class="img-box">
  <router-link v-for="(c, key) in food"
        :key="key" :to="`/commodity/detail/${c.id}`">
      <img :src="path + c.img">
  </router-link>
</div></div></div>
<div class="product-item product-item3 layui-clear">
<div class="left-title3">
<h4><i>3F</i></h4>
<img src="img/icon_gou.png">
<h5>宝宝用品</h5>
</div>
<div class="right-cont">
<a href="javascript:;" class="top-img">
<img src="img/img12.jpg"></a>
<div class="img-box">
```

```
        <router-link v-for="(c, key) in goods"
              :key="key" :to="`/commodity/detail/${c.id}`">
            <img :src="path + c.img">
        </router-link>
      </div></div></div></div>
      <!- ............①............ ->
    <footer-page></footer-page>
</template>

<script>
    export default {
        <!- ............③............ ->
        name: "Index",
        data() {
            return {
              activation: "",
              commodityInfos: [[], []],
              clothes:[],
              food: [],
              goods: [],
              path: this.$store.state.lookImgUrl //获取状态管理的lookImgUrl
            }
        },
        <!- ............④............ ->
        mounted: function(){
            this.getcode(); //页面加载时自动执行
            // 执行layui的JS脚本
            window.layui.config({
                    base: 'js/'
              }).use(['mm', 'carousel'], function () {
                    var carousel = window.layui.carousel;
                    var option = {
                        elem: '#test1'
                        , width: '100%'
                        , arrow: 'always'
                        , height: '298'
                        , indicator: 'none'
                    }
                    carousel.render(option);
              });
        },
        methods: {
            getcode: function () {
              this.axios.get('/api/v1/home/'
              ).then(response => {
                    this.commodityInfos=response.data.data.commodityInfos
                    this.clothes = response.data.data.clothes
                    this.food = response.data.data.food
                    this.goods = response.data.data.goods
                    console.log(this.commodityInfos)
              }).catch(function (error) {
```

```
                        console.log(error)
                    })
                },
            }
        }
</script>
<style scoped>
</style>
```

上述代码设有标注①②③④，每个标注实现的功能说明如下：

标注①通过调用子组件Base.vue和Footer.vue实现商品搜索功能、网站导航和网站底部，详细说明如下：

- 子组件调用方式为：<组件注册名称></组件注册名称>，如<base-page :activation="activation"></base-page>。
- <base-page>是main.js注册组件app.component('base-page', base)的base-page。
- :activation="activation"是将Home.vue定义变量activation传值给子组件Base.vue的props的activation，从而控制子组件导航栏的选中效果。

标注②实现广告轮播和商品分类热销，详细实现过程如下：

- 广告轮播是以静态图片形式展示的。
- 商品分类热销分为今日必抢和分类商品，其中组件变量commodityInfos实现今日必抢的数据渲染，组件变量clothes、food、goods实现分类商品的数据渲染。
- 数据渲染是在<router-link>语法下使用v-for语法循环遍历组件变量commodityInfos、clothes、food、goods，生成商品展示图和商品详细链接地址。

标注③定义Home.vue的变量，每个变量说明如下：

- 变量activation负责控制导航栏选中效果。
- 变量commodityInfos、clothes、food、goods负责网页数据渲染。
- 变量path获取状态管理对象store的变量lookImgUrl，用于补全后端图片访问地址。

标注④定义Home.vue的函数方法和钩子函数，每个函数说明如下：

- 自定义函数getcode通过Axios访问后端接口/api/v1/home/，将响应数据分别赋值给变量commodityInfos、clothes、food、goods，再由变量完成数据渲染过程。
- 钩子函数mounted在初始化页面完成后调用函数getcode和执行layui的JS脚本。

7.8 商品列表页

商品列表页分为4个功能区域：商品搜索功能、网站导航、商品分类、商品列表信息。子组件Base.vue和Footer.vue实现商品搜索功能和网站导航，因此商品列表组件Commodity.vue需要实现商品分类和商品列表信息，示例代码如下：

```
// components的Commodity.vue
<template>
    <base-page :activation="activation"></base-page>
    <div class="commod-cont-wrap">
    <div class="commod-cont w1200 layui-clear">
    <div class="left-nav">
    <div class="title">所有分类</div>
    <div class="list-box">
    <!- ············①············ ->
    <dl v-for="(t, key) in typesList" :key="key">
    <dt>{{t.name}}</dt>
    <dd v-for="(s, key) in t.value" :key="key">
        <router-link :to="{ path: '/commodity', query: { types: s,
                            search:this.$route.query.search, page: 1,
                            sort: this.$route.query.sort }}">{{s}}
        </router-link>
    </dd></dl></div></div>
    <div class="right-cont-wrap">
    <div class="right-cont">
    <div class="sort layui-clear">
    <!- ············②············ ->
    <router-link :class="this.$route.query.sort == 'sold' ?'active':""
                 :to="{ path: '/commodity', query: { types:
                 this.$route.query.types,
                 search:this.$route.query.search, sort: 'sold'}}">销量
    </router-link>
    <router-link :class="this.$route.query.sort == 'price' ?'active':""
                 :to="{ path: '/commodity', query: { types:
                 this.$route.query.types,
                 search:this.$route.query.search, sort: 'price'}}">价格
    </router-link>
    <router-link :class="this.$route.query.sort == 'created' ?'active':""
                 :to="{ path: '/commodity', query: { types:
                 this.$route.query.types,
                 search:this.$route.query.search, sort: 'created'}}">新品
    </router-link>
    <router-link :class="this.$route.query.sort == 'likes' ?'active':""
                 :to="{ path: '/commodity', query: { types:
                 this.$route.query.types,
                 search:this.$route.query.search, sort: 'likes'}}">收藏
    </router-link>
    </div>
    <div class="prod-number">
    <!- ············③············ ->
    <a href="javascript:;">商品列表</a>
    <span>></span>
    <a href="javascript:;">共{{ count }}件商品</a>
    </div>
    <div class="cont-list layui-clear" id="list-cont">
    <div class="item" v-for="(c, key) in commodityInfos" :key="key">
    <div class="img">
```

```
            <router-link :to="`/commodity/detail/${c.id}`">
            <img height="280" width="280" :src="path + c.img">
            </router-link>
        </div>
        <div class="text">
            <p class="title">{{ c.name }}</p>
            <p class="price">
            <span class="pri">¥{{ c.price }}</span>
            <span class="nub">{{ c.sold }}付款</span>
            </p>
        </div></div></div></div></div>
        <div id="demo0" style="text-align: center;">
        <div class="layui-box layui-laypage
            layui-laypage-default" id="layui-laypage-1">
        <router-link class="layui-laypage-prev" v-if="previous > 0"
                 :to="{ path: '/commodity', query: { types:
                 this.$route.query.types,
                 sort:this.$route.query.sort, page:previous,
                 search: this.$route.query.search}}">上一页
        </router-link>
        <a v-if="previous <= 0" class="layui-laypage-next">上一页</a>
        <router-link v-if="previous > 0" :to="{ path: '/commodity',
                query: { types: this.$route.query.types,
                sort:this.$route.query.sort, page:previous,
                search: this.$route.query.search}}">{{previous}}
        </router-link>
        <span class="layui-laypage-curr"><em
            class="layui-laypage-em">
            </em><em>{{ current ? current : 1 }}</em>
        </span>
        <router-link v-if="pageCount >= next && current < pageCount"
                 :to="{ path: '/commodity', query:{types:
                 this.$route.query.types,
                 sort:this.$route.query.sort, page:next,
                 search: this.$route.query.search}}">{{next}}
        </router-link>
        <a v-if="pageCount < next">{{next}}</a>
        <router-link class="layui-laypage-next" v-if="pageCount >= next"
                 :to="{ path: '/commodity', query: { types:
                 this.$route.query.types,
                 sort:this.$route.query.sort, page:next,
                 search: this.$route.query.search}}">下一页
        </router-link>
        <a v-if="pageCount < next" class="layui-laypage-next">下一页</a>
        </div></div></div></div>
        <footer-page></footer-page>
</template>

<script>
    export default {
        name: "Commodity",
```

```
<!- …………④………… ->
data() {
    return {
        activation: "commodity",
        typesList: [{}],
        count: 0,
        next: 0,
        current: 1,
        pageCount: 0,
        previous: 0,
        commodityInfos: [],
        path: this.$store.state.lookImgUrl
    }
},
<!- …………⑤………… ->
mounted: function () {
    this.getcode(); //页面加载时自动执行
},
methods: {
    getcode: function () {
        // 如果当前参数page不等于undefined
        // 说明参数page存在，将其赋值给变量current
        if (typeof(this.$route.query.page)!="undefined"){
            this.current = this.$route.query.page
        }
        this.axios.get('/api/v1/commodity/list/',
            {
                params: {
                    search: this.$route.query.search,
                    sort: this.$route.query.sort,
                    types: this.$route.query.types,
                    page: this.current,
                }
            }
        ).then(response => {
            this.typesList = response.data.data.types
            this.commodityInfos=response.data.data.commodityInfos.data
            this.count=response.data.data.commodityInfos.count
            this.previous=response.data.data.commodityInfos.previous
            this.next=response.data.data.commodityInfos.next
            this.pageCount=response.data.data.commodityInfos.pageCount
            console.log(this.commodityInfos)
        }).catch(function (error) {
                console.log(error)
            })
    },
},
watch: {
    "$route.query": function () {
        this.getcode()
    }
```

```
        }
    }
</script>
<style scoped>
</style>
```

上述代码设有标注①②③④⑤，每个标注实现的功能说明如下：

标注①实现商品分类列表功能，详细实现过程如下：

- 通过循环变量typesList生成商品分类列表，变量typesList的数据来自后端接口/api/v1/commodity/list/，由自定义函数getcode调用接口和变量赋值。
- 每个商品分类由<router-link>创建相应的网页链接并设有请求参数types、search、page和sort，分别代表商品分类、文本搜索框内容、分页页数和商品排序。参数types的值是当前循环的商品分类名称，参数search、page和sort的值来自当前网址的请求参数，也就是说，如果商品列表页设有多个筛选条件，单击切换筛选某个商品，只改变商品分类的筛选，其他筛选条件保持不变。

标注②实现商品排序功能，详细实现过程如下：

- 每个商品排序由<router-link>创建相应的网页链接并设有请求参数types、search、page和sort，参数设置逻辑与商品分类列表相同。
- 如果当前网址已存在参数sort并且等于某一个值，对应的商品排序链接通过样式设置选中效果。

标注③实现商品列表和分页功能，详细实现过程如下：

- 通过循环变量commodityInfos创建商品列表数据，变量值来自后端接口/api/v1/commodity/list/，商品列表数据包含商品标题、图片、价钱和销量。
- 分页是从变量current、next、pageCount、previous根据逻辑判断实现分页功能，除当前页外，所有页数的网页链接设有请求参数types、search、page和sort。

标注④定义Commodity.vue的变量，每个变量说明如下：

- 变量typesList、count、next、pageCount、previous、commodityInfos的值均来自后端接口/api/v1/commodity/list/。
- 变量activation默认为commodity，导航栏“所有商品”设为选中效果。
- 变量current默认为1，如果当前网页设有参数page，则变量current等于参数page。
- 变量path获取状态管理对象store的变量lookImgUrl，用于补全后端图片访问地址。

标注⑤定义Commodity.vue的函数方法、钩子函数和侦听器，每个函数说明如下：

- 自定义函数getcode访问后端接口/api/v1/commodity/list/，将响应数据分别赋值给相应变量，再由变量完成数据渲染过程。
- 钩子函数mounted在初始化页面完成后调用函数getcode。
- 侦听器watch侦听当前网址请求参数的变化情况，如果网址的请求参数发生变化，就说明用户在网页上执行分页筛选等操作，程序将再次调用函数getcode获取响应数据进行数据渲染。

7.9 商品详细页

商品详细页分为6个功能区：商品搜索功能、网站导航、商品基本信息、商品详细介绍、热销推荐、网站底部。其中商品搜索功能、网站导航和网站底部由子组件Base.vue和Footer.vue实现，因此商品详细组件Detail.vue需要实现商品基本信息、商品详细介绍、热销推荐，示例代码如下：

```
// components的Detail.vue
<template>
<base-page :activation="activation"></base-page>
<div class="data-cont-wrap w1200">
<!- ············①············->
<div class="crumb">
    <a href="/">首页</a>
    <span>></span>
    <router-link :to="`/commodity`">所有商品</router-link>
    <span>></span>
    <a href="javascript:;">产品详情</a>
</div>
<div class="product-intro layui-clear">
<div class="preview-wrap">
<img height="300" width="300" :src="path + commodities.img">
</div>
<div class="itemInfo-wrap">
<div class="itemInfo">
<div class="title">
    <h4>{{ commodities.name }}</h4>
    <span @click="myLike(commodities.ID)">
      <i class="layui-icon" :class="likes ?
      'layui-icon-rate-solid':'layui-icon-rate'"></i>收藏</span>
</div>
<div class="summary">
    <p class="reference"><span>参考价</span>
        <del>¥{{ commodities.price }}</del>
    </p>
    <p class="activity">
    <span>活动价</span><strong class="price">
    <i>¥</i>{{ commodities.discount }}</strong></p>
    <p class="address-box"><span>送    至</span>
        <strong class="address">
        广东  广州  天河区
        </strong>
    </p>
</div>
<div class="choose-attrs">
    <div class="color layui-clear">
    <span class="title">规    格</span>
        <div class="color-cont"><span class="btn active">
```

```
        {{ commodities.sizes }}</span></div>
    </div>
    <div class="number layui-clear">
    <span class="title">数    量</span>
    <div class="number-cont"><span class="cut btn">-</span>
    <input onkeyup="if(this.value.length==1)
        {this.value=this.value.replace(/[^1-9]/g,'')}
        else{this.value=this.value.replace(/\D/g,'')}"
            onafterpaste="if(this.value.length==1)
            {this.value=this.value.replace(/[^1-9]/g,'')}
        else{this.value=this.value.replace(/\D/g,'')}"
            maxlength="4" type="" id="quantity" :value="quantity">
    <span class="add btn">+</span>
    </div>
    </div>
</div>
<div class="choose-btns">
    <a class="layui-btn  layui-btn-danger car-btn"
        @click="addCar(commodities.ID, quantity)">
    <i class="layui-icon layui-icon-cart-simple"></i>加入购物车
    </a>
</div>
</div>
</div>
</div>
<div class="layui-clear">
<div class="aside">
<!- ............②............ ->
<h4>热销推荐</h4>
<div class="item-list">
<div class="item" v-for="(r, key) in recommend" :key="key">
<router-link :to="`/commodity/detail/${r.ID}`">
    <img height="280" width="280" :src="path + r.img">
</router-link>
<p>
    <span title="{{ r.name }}">{{ r.name }}</span>
    <span class="pric">¥{{ r.discount }}</span>
</p>
</div>
</div>
</div>
<div class="detail">
<h4>详情</h4>
<div class="item">
    <img width="800" :src="path + commodities.details">
</div>
</div>
</div>
</div>
<footer-page></footer-page>
</template>
```

```
<script>
export default {
name: "Detail",
<!- …………③………… ->
data() {
    return {
        activation: "commodity",
        commodities: {},
        recommend: [],
        likes: false,
        quantity: 1,
        path: this.$store.state.lookImgUrl,
        token: this.$store.state.token,
    }
},
mounted: function () {
    this.getcode(); //页面加载时自动执行
    // 加载layui的JS脚本，购买数量的加减按钮触发的函数
    window.layui.config({
        base: 'js/'
    }).use(['jquery'], function () {
        var $ = window.layui.$;
        var cur = $('.number-cont input').val();
        $('.number-cont .btn').on('click', function () {
            if ($(this).hasClass('add')) {
                cur++;
            } else {
                if (cur > 1) {
                    cur--;
                }
            }
            $('.number-cont input').val(cur)
        })
    })
},
<!- …………④………… ->
methods: {
    // 定义add函数，访问后台获取数据并写入数组myData
    myLike: function (id) {
        this.axios({
            method : 'post',
            url: '/api/v1/commodity/collect/',
            data: {id: id},
            headers: {
                'Authorization': this.token
            }
        }).then(response => {
            if (response.data.state === 'success'){
                if (response.data.msg === '收藏成功'){
                    this.likes = true
```

```
                    } else {
                        this.likes = false
                    }
                }
            }).catch(function (error) {
                    console.log(error)
                })
        },
        addCar: function (id, quantity) {
            if (this.$store.state.username === '') {
                this.$router.push({path: '/shopper/login'})
            }
            this.axios({
                method : 'post',
                url: '/api/v1/shopper/shopcart/',
                data: {id: id, quantity: quantity},
                headers: {
                    'Authorization': this.token
                }
            }).then(response => {
                if (response.data.state === 'success') {
                    // 加购成功跳转购物车页面
                    this.$router.push({path: '/shopper/shopcart/'})
                } else {
                    this.$router.push({path: '/shopper/login'})
                }
            }).catch(function (error) {
                    console.log(error)
                })
        },
        getcode: function () {
            this.axios({
                method : 'get',
                url:'/api/v1/commodity/detail/'+this.$route.params.id,
                headers: {
                    'Authorization': this.token
                }
            }).then(response => {
                this.commodities = response.data.data.commodities
                this.recommend = response.data.data.recommend
                this.likes = response.data.data.likes
                console.log(this.commodities)
            }).catch(function (error) {
                    console.log(error)
                })
        }
    },
    watch: {
        "$route.query": function () {
            this.getcode()
        }
```

```
      }
    }
</script>
<style scoped>
</style>
```

上述代码设有标注①②③④，每个标注实现的功能说明如下：

标注①实现商品基本信息和商品详细介绍，详细实现过程如下：

- 商品信息包含商品标题、图片、售价、规格、购买数量、商品收藏、加入购物车。
- 商品标题、图片、售价、规格来自变量commodities，变量值来自后端接口/api/v1/commodity/detail/:id/，由自定义函数getcode调用接口和变量赋值。
- 商品购买数量通过JS实现递增或递减功能。
- 商品收藏和加入购物车功能通过元素单击触发函数myLike和addCar，由函数调用后端接口完成相应功能。

标注②实现商品热销推荐，详细实现过程如下：

- 通过循环遍历变量recommend生成商品列表，每个商品展示了商品标题、价钱、图片和商品详细链接。
- 变量recommend的值来自后端接口/api/v1/commodity/detail/:id/，由自定义函数getcode调用接口和变量赋值。

标注③定义Detail.vue的变量，每个变量说明如下：

- 变量commodities、recommend、likes来自后端接口/api/v1/commodity/detail/:id/。
- 变量activation默认为commodity，导航栏"所有商品"设为选中效果。
- 变量quantity默认为1，当增加或减少商品购买数量时，变量值也会随之变化。
- 变量path获取状态管理对象store的变量lookImgUrl，用于补全后端图片访问地址。
- 变量token获取状态管理对象store的变量token，用于用户身份验证。

标注④定义Detail.vue的函数方法、钩子函数和侦听器，每个函数说明如下：

- 自定义函数myLike实现商品收藏，将当前商品id作为请求参数并调用后端接口/api/v1/commodity/collect/，请求头的Authorization写入用户JWT信息（即变量token），当接口调用成功后，将变量likes设为true，网页上的星星图标设为选中效果。
- 自定义函数addCar实现商品加入购物车功能，如果状态管理对象store的username等于空字符串，就说明用户尚未登录，程序将跳转到登录页面；如果用户已登录，则调用后端接口/api/v1/shopper/shopcart/，将商品id和购买数量作为请求参数，请求头的Authorization写入用户JWT信息（即变量token），当接口调用成功后，浏览器将自动跳转到购物车页面。
- 自定义函数getcode调用后端接口/api/v1/commodity/detail/:id/获取当前商品详细信息，后端接口的路由变量id来自网页地址的路由变量id（即this.$route.params.id）。
- 钩子函数mounted在初始化页面完成后调用函数getcode和加载layui的JS脚本。
- 侦听器watch侦听当前网址请求参数的变化情况，如果网址发生变化，则程序将再次调用函数getcode获取响应数据进行数据渲染。

7.10 注册与登录

用户登录注册页面分为3个功能区域：商品搜索功能、网站导航、登录注册表单和网页底部。其中商品搜索功能、网站导航和网站底部由子组件Base.vue和Footer.vue实现，因此用户登录注册组件Login.vue需要实现登录注册功能，示例代码如下：

```
// components的Login.vue
<template>
<base-page :activation="activation"></base-page>
<div class="login-bg">
<div class="login-cont w1200">
<div class="form-box">
<div class="layui-form">
<!- …………①………… ->
<legend>手机号注册登录</legend>
<div class="layui-form-item">
<div class="layui-inline iphone">
<div class="layui-input-inline">
<i class="layui-icon layui-icon-cellphone iphone-icon"></i>
<input name="username" id="username" v-model="username"
       placeholder="请输入账号" class="layui-input">
</div>
</div>
<div class="layui-inline iphone">
<div class="layui-input-inline">
<i class="layui-icon layui-icon-password iphone-icon"></i>
<input id="password" type="password" v-model="password"
       name="password" lay-verify="required|password"
       placeholder="请输入密码" class="layui-input">
</div>
</div>
</div>
<p>{{ msg }}</p>
<div class="layui-form-item login-btn">
    <div class="layui-input-block">
        <button class="layui-btn" lay-submit=""
        @click="loginAndRegister">注册/登录</button>
    </div>
</div></div></div></div></div>
<footer-page></footer-page>
</template>

<script>
export default {
name: "Login",
<!- …………②………… ->
data() {
```

```
        return {
            activation: "login",
            msg: "",
            username: "",
            password: ""
        }
    },
    <!- ············③············->
    methods: {
        loginAndRegister: function () {
            this.axios.post('/api/v1/shopper/login/',
            {username: this.username, password: this.password}
            ).then(response => {
            this.msg = response.data.msg
            if (response.data.state === 'success') {
                // 登录成功跳转到个人主页
                this.$store.commit('setUserName',this.username)
                this.$store.commit('setLastLogin',response.data.last_login)
                this.$store.commit('setToken',response.data.token)
                this.$router.push({path: '/shopper'})
            } else {
                window.layer.alert(response.data.msg);
            }
            })
            .catch(function (error) {
                console.log(error)
            })
        }
    }
}
</script>
<style scoped>
</style>
```

上述代码设有标注①②③，每个标注实现的功能说明如下。

标注①实现用户登录注册功能，详细实现过程如下：

- 用户登录注册设有文本输入框username和password，并分别绑定变量username和password，用户在文本输入框输入相应数据，程序就能从变量username和password获取相应数据。
- 登录注册按钮的单击事件绑定函数loginAndRegister，当用户单击登录注册按钮时将触发函数loginAndRegister执行用户登录或注册处理。

标注②定义Login.vue的变量，每个变量说明如下：

- 变量activation默认为login，即导航栏所有导航按钮没有选中效果。
- 变量msg默认为空字符串，当用户单击登录注册按钮时将对变量重新赋值，将接口返回的登录信息展示在网页上。
- 变量username和password的默认值为空字符串，在对应的文本输入框实现数据双向绑定。

标注③定义Login.vue的函数方法，函数说明如下：

- 自定义函数loginAndRegister实现注册或登录功能，当用户单击登录注册按钮时将被调用，并访问后端接口/api/v1/shopper/login/进行用户注册或登录，用户注册或登录成功后，使用this.$store.commit()调用状态管理对象store的mutations的setUserName、setLastLogin和setToken，将用户信息写入状态管理对象store的变量username、last_login和token；最后通过this.$router.push跳转到个人中心页。

7.11 购物车功能

购物车页面分为3个功能区域：商品搜索功能、网站导航、商品的购买费用核算。其中商品搜索功能、网站导航由子组件Base.vue实现，因此购物车组件Shopcart.vue需要实现商品的购买费用核算功能，示例代码如下：

```
// components的Shopcart.vue
<template>
<base-page :activation="activation"></base-page>
<div class="banner-bg w1200">
<h3>夏季清仓</h3>
<p>宝宝被子、宝宝衣服3折起</p>
</div>
<div class="carts w1200">
<div class="cart-table-th">
<div class="th th-chk">
<div class="select-all">
    <div class="cart-checkbox">
        <input class="check-all check"
        id="allCheckked" type="checkbox" value="true">
    </div>
    <label>  全选</label>
</div>
</div>
<div class="th th-item">
    <div class="th-inner">商品</div>
</div>
<div class="th th-price">
    <div class="th-inner">单价</div>
</div>
<div class="th th-amount">
    <div class="th-inner">数量</div>
</div>
<div class="th th-sum">
    <div class="th-inner">小计</div>
</div>
<div class="th th-op">
    <div class="th-inner">操作</div>
</div>
</div>
```

```
<div class="OrderList">
<div class="order-content" id="list-cont">
    <!- …………①………… ->
    <ul class="item-content layui-clear"
    v-for="(c, key) in cartInfos" :key="key">
        <li class="th th-chk">
        <div class="select-all">
            <div class="cart-checkbox">
            <input class="CheckBoxShop check" type="checkbox"
            num="all" name="select-all" value="true">
            </div>
        </div>
        </li>
        <li class="th th-item">
        <div class="item-cont">
            <a href="javascript:;">
            <img :src="path + c.Commodities.img"></a>
            <div class="text">
            <div class="title">{{ c.Commodities.name }}</div>
            <p><span>{{ c.Commodities.sizes }}</span></p>
            </div>
        </div>
        </li>
        <li class="th th-price">
        <span class="th-su">{{ c.Commodities.price }}</span>
        </li>
        <li class="th th-amount">
        <div class="box-btn layui-clear">
            <div class="less layui-btn">-</div>
            <input class="Quantity-input"
            :value="c.quantity" disabled="disabled">
            <div class="add layui-btn">+</div>
        </div>
        </li>
        <li class="th th-sum">
            <span class="sum">0</span>
        </li>
        <li class="th th-op" @click="delCarInfo(c.ID)">
        <span>删除</span>
        <p hidden="hidden" class="cartPrimary">{{ c.ID }}</p>
        </li>
    </ul>
</div>
</div>
<!- …………②………… ->
<div class="FloatBarHolder layui-clear">
<div class="th th-chk">
<div class="select-all">
<div class="cart-checkbox">
    <input class="check-all check"
    name="select-all" type="checkbox" value="true">
```

```
</div>
    <label>  已选
    <span class="Selected-pieces">0</span>件
    </label>
</div>
</div>
<div class="th batch-deletion" @click="delCarInfo(username)">
    <span class="batch-dele-btn">删除全部</span>
    <p hidden="hidden" id="userId">{{ username }}</p>
</div>
<div class="th Settlement">
    <button class="layui-btn" @click="pays">结算</button>
</div>
<div class="th total">
    <p>应付: <span class="pieces-total">¥0.00</span></p>
</div>
</div>
</div>
</template>

<script>
export default {
  name: "Shopcart",
  <!- ············③············ ->
  data() {
    return {
      activation: 'shopcart',
      cartInfos: [],
      username: this.$store.state.username,
      path: this.$store.state.lookImgUrl,
      token: this.$store.state.token,
    }
  },
  <!- ············④············ ->
  beforeMount: function () {
    this.getcode(); //页面加载时自动执行
  },
  updated: function () {
    this.getSum(); //页面更新完成执行JS计算价钱
  },
  methods: {
    getcode() {
      this.axios({
        method: 'get',
        url: '/api/v1/shopper/shopcart/',
        headers: {
          'Authorization': this.token
        }
      }).then(response => {
        this.cartInfos = response.data.data
        this.getSum()
```

```
  }).catch(function (error) {
      console.log(error)
    })
},
pays: function () {
  var cartID = []
  var uls = window.document.getElementById('list-cont').
             getElementsByTagName('ul')
  for (var i = 0; i < uls.length; i++) {
    if (uls[i].getElementsByTagName('input')[0].checked) {
      var carts = window.document.getElementsByClassName
                                  ('cartPrimary')[i].innerHTML
      cartID.push(carts)
    }
  }
  var d = {
    'total': window.layui.$(".pieces-total").text(),
    'cartId': cartID
  }
  this.axios({
    method: 'post',
    url: '/api/v1/shopper/pays/',
    data: d,
    headers: {
      'Authorization': this.token
    }
  }).then(response => {
    if (response.data.data !== '') {
      window.location.href = response.data.data
    }
  }).catch(function (error) {
      console.log(error)
    })
},
delCarInfo(style) {
  var d
  if (style === this.username) {
    d = {'cartId': 0}
  } else {
    d = {'cartId': style}
  }
  this.axios({
    method: 'post',
    url: '/api/v1/shopper/delete/',
    data: d,
    headers: {
      'Authorization': this.token
    }
  }).then(response => {
    if (response.data.state === 'success') {
      // 删除成功
```

```
        this.getcode(); //重新加载购物车
      }
    }).catch(function (error) {
        console.log(error)
      })
  },
  getSum: function () {
    window.layui.config({
      base: 'js/'
    }).use(['jquery', 'element', 'car'], function () {
      var $ = window.layui.$;
      var car = window.layui.car;
      car.init();
      $(function () {
        var counts = 0;
        $(".sum").each(function (i, e) {
          var quantity = $('.th-su')[i].innerHTML
          var price = $('.Quantity-input')[i].value
          e.innerHTML = (quantity * price).toFixed(2)
          counts = counts * 1 + e.innerHTML * 1
        });
        $(".pieces-total").text("¥" + counts.toFixed(2))
      });
    });
  }
 },
}
</script>
<style scoped>
</style>
```

上述代码设有标注①②③④，每个标注实现的功能说明如下。

标注①实现购物列表展示，详细实现过程如下：

- 通过循环遍历变量cartInfos生成当前用户的购物列表，变量值来自后端接口/api/v1/shopper/shopcart/，由自定义函数getcode调用接口和变量赋值。
- 购物列表数据包含商品标题、图片、规格、价钱和购买数量，每个商品设置相应的删除按钮，单击按钮将触发函数delCarInfo。

标注②实现所有商品的购买费用核算，该功能包含支付费用、删除全部和结算，详细实现过程如下：

- 支付费用根据商品勾选情况进行汇总计算，计算过程由JS完成。
- 删除全部是将单击事件绑定函数delCarInfo，并将当前用户名（即变量username）作为函数参数，当用户单击“删除全部”按钮时，程序将自动调用函数delCarInfo。
- 结算是将单击事件绑定函数pays，当用户单击“删除全部”按钮时，程序将自动调用函数pays。

标注③定义Shopcart.vue的变量，每个变量说明如下：

- 变量cartInfos的值来自后端接口/api/v1/shopper/shopcart/，用于生成当前用户的购物列表。
- 变量activation默认为shopcart，导航栏“购物车”设为选中效果。
- 变量path来自状态管理对象store的变量lookImgUrl，用于补全后端图片访问地址。
- 变量username来自状态管理对象store的变量username，用于删除当前用户的购物车信息。
- 变量token获取状态管理对象store的变量token，用于用户身份验证。

标注④定义Shopcart.vue的函数方法和钩子函数，每个函数说明如下：

- 自定义函数getcode调用后端接口/api/v1/shopper/shopcart/获取用户购物车信息并赋值给变量cartInfos，同时调用函数getSum加载JS脚本执行费用计算功能。
- 自定义函数pays通过JS获取已勾选的购物车商品信息和支付金额，并作为请求参数调用后端接口/api/v1/shopper/pays/，再由后端访问支付宝支付接口。支付接口调用成功后，后端返回的响应数据包含支付宝支付链接，前端再使用window.location.href将网页跳转到支付宝支付链接。
- 自定义函数delCarInfo调用后端接口/api/v1/shopper/delete/删除购物车信息，函数设有参数style，如果参数style等于变量username，则删除用户整个购物车数据，如果参数style不等于变量username，则删除购物车的某商品信息。
- 自定义函数getSum调用并执行layui的JS脚本，实现商品支付费用汇总计算。
- 钩子函数beforeMount在页面加载时自动调用函数getcode。
- 钩子函数updated在页面更新完成后自动调用函数getSum。

7.12 个人中心页

个人中心页分为4个功能区域：商品搜索功能、网站导航、用户基本信息和订单列表。其中商品搜索功能、网站导航由子组件Base.vue实现，因此个人中心组件Shopper.vue需要实现用户基本信息和订单列表，示例代码如下：

```
// components的Shopper.vue
<template>
<base-page :activation="activation"></base-page>
<div class="info-list-box">
<div class="info-list">
<div class="item-box layui-clear">
<div class="item">
<!- ············①············ ->
<div class="img">
    <img src="img/portrait.png">
</div>
<div class="text">
<h4>用户：{{ username }}</h4>
<p class="data">登录时间：{{ last_login }}</p>
<div class="left-nav">
    <div class="title">
```

```
        <router-link :to="`/shopper/shopcart`">
        我的购物车</router-link>
    </div>
    <div class="title" @click="logout">
    <a>退出登录</a>
    </div>
</div>
</div>
</div>
<div class="item1">
<div class="cart">
<div class="cart-table-th">
<div class="th th-items">
    <div class="th-inner">
        订单编号
    </div>
</div>
<div class="th th-price">
    <div class="th-inner">
        订单价格
    </div>
</div>
<div class="th th-amount">
    <div class="th-inner">
        购买时间
    </div>
</div>
<div class="th th-sum">
    <div class="th-inner">
        订单状态
    </div>
</div>
</div>
<div class="OrderList">
<!- …………②………… ->
<div class="order-content" id="list-cont">
<ul class="item-contents layui-clear" v-for="(o, key) in orders" :key="key">
    <li class="th th-items">{{ o.ID }}</li>
    <li class="th th-price">¥{{ o.price }}</li>
    <li class="th th-amount">{{ new Date(o.UpdatedAt).getFullYear() }}
    -{{new Date(o.UpdatedAt).getMonth() + 1}}-
    {{new Date(o.UpdatedAt).getDate()}}</li>
    <li class="th th-sum">{{ o.state }}</li>
</ul>
</div>
</div>
</div>
</div>
</div>
</div>
<div style="text-align: center;">
```

```
<div class="layui-box layui-laypage layui-laypage-default" id="layui-laypage-1">
    <a href="javascript:;" class="layui-laypage-prev">上一页</a>
    <a href="javascript:;">1</a>
    <span class="layui-laypage-curr">
    <em class="layui-laypage-em"></em>
    <em>2</em>
    </span>
    <a href="javascript:;">3</a>
    <a href="javascript:;" class="layui-laypage-next">下一页</a>
</div>
</div>
</div>
</template>

<script>
export default {
name: "Shopper",
<!- …………③………… ->
data() {
    return {
        activation: 'shopper',
        orders: [{}],
        username: this.$store.state.username,
        last_login: this.$store.state.last_login,
        token: this.$store.state.token,
    }
},
<!- …………④………… ->
mounted: function () {
    window.console.log(this.token)
    if (this.$store.state.username === '') {
            this.$router.push({path: '/shopper/login'})
        }
    this.getcode(); //页面加载时自动执行
},
methods: {
    getcode: function () {
        var url = '/api/v1/shopper/home/'
        var href = window.location.href.split('?')[1]
        var out_trade_no = new URLSearchParams('?' +
                            href).get('out_trade_no')
        if (out_trade_no !== null){
            url += '?out_trade_no=' + out_trade_no
        }
        console.log(url)
        this.axios({
            method : 'get',
            url: url,
            headers: {
                'Authorization': this.token
            }
```

```
        }).then(response => {
            this.orders = response.data.data.orders
            if (typeof(this.orders) == "undefined") {
                this.orders = [{}]
            }
            console.log(this.orders)
        }).catch(function (error) {
                console.log(error)
            })
    },
    logout: function () {
        this.axios({
            method : 'post',
            url: '/api/v1/shopper/logout/',
            headers: {
                'Authorization': this.token
            }
        }).then(response => {
            if (response.data.state === 'success') {
                // 退出登录跳转到个人主页
                this.$store.commit('setUserName','')
                this.$store.commit('setLastLogin','')
                this.$store.commit('setToken','')
                console.log(this.state)
                this.$router.push({path: '/'})
            }
        }).catch(function (error) {
                console.log(error)
            })
    }
},
}
</script>
<style scoped>
</style>
```

上述代码设有标注①②③④，每个标注实现的功能说明如下：

标注①实现用户基本信息展示，包含用户名、登录时间、购物车链接和退出登录，实现过程如下：

- 用户名和登录时间由变量username和last_login提供数据支持，变量值来自状态管理对象store的username和last_login。
- 购物车链接使用<router-link>语法创建网页链接，退出登录按钮的单击事件绑定函数logout。

标注②实现用户订单列表和数据分页功能，实现过程如下：

- 通过循环遍历变量orders生成用户订单列表，包含订单编号、订单价格、购买时间、订单状态。
- 变量orders的值来自后端接口/api/v1/shopper/home/，接口调用由函数getcode实现，该函数再将接口响应结果赋值给变量orders。

- 数据分页在上述示例尚未实现，读者不妨参考商品列表页的分页功能，尝试自行实现。

标注③定义Shopper.vue的变量，每个变量说明如下：

- 变量activation默认为shopper，导航栏“个人中心”设为选中效果。
- 变量orders的值来自后端接口/api/v1/shopper/home/，用于生成当前用户的订单列表。
- 变量username和last_login来自状态管理对象store的变量username和last_login，用于展示当前用户基本信息。
- 变量token获取状态管理对象store的变量token，用于用户身份验证。

标注④定义Shopper.vue的函数方法和钩子函数，每个函数说明如下：

- 自定义函数getcode调用后端接口/api/v1/shopper/home/获取用户订单信息并赋值给变量orders。如果当前网址存在请求参数out_trade_no，则说明用户完成在线支付，浏览器将自动跳转到个人中心页（即后端第三方包alipay设置的ReturnURL），并且设有请求参数out_trade_no，因此前端调用后端接口/api/v1/shopper/home/也要设置请求参数out_trade_no，后端根据请求参数out_trade_no修改订单状态，并将用户所有订单信息作为响应数据返回，前端再将响应数据赋值给变量orders。
- 自定义函数logout调用后端接口/api/v1/shopper/logout/实现用户退出登录，接口调用成功后，使用this.$store.commit将状态管理对象store的变量username、last_login和token改为空字符串，同时使用this.$router.push跳转到首页。
- 钩子函数mounted在页面加载时判断用户登录状态，如果状态管理对象store的变量username为空字符串，则说明用户尚未登录，程序将使用this.$router.push跳转到注册登录页；如果用户已登录，则程序将调用自定义函数getcode。

7.13 网站异常页

网站异常是一个普遍存在的问题，常见异常以404或500为主，出现异常是网站自身数据缺陷或者不合理的非法访问所导致的。例如访问/commodity/details.html，由于前端项目baby中没有定义相应路由，当用户访问不存在的网址时，Vue将自动匹配路由/:pathMatch(.*)*，由异常页组件Error.vue返回相应网页内容，示例代码如下：

```
// components的Error.vue
<template>
<nav>
<div class="menu">
<p class="website_name">母婴商城</p>
</div>
</nav>
<div class="wrapper">
<div class="container">
<div id="scene" class="scene" data-hover-only="false">
<div class="circle" data-depth="1.2"></div>
```

```
<div class="one" data-depth="0.9">
<div class="content">
    <span class="piece"></span>
    <span class="piece"></span>
    <span class="piece"></span>
</div></div>
<div class="two" data-depth="0.60">
<div class="content">
    <span class="piece"></span>
    <span class="piece"></span>
    <span class="piece"></span>
</div></div>
<div class="three" data-depth="0.40">
<div class="content">
    <span class="piece"></span>
    <span class="piece"></span>
    <span class="piece"></span>
</div></div>
<p class="p404" data-depth="0.50">404</p>
<p class="p404" data-depth="0.10">404</p>
</div>
<div class="text">
<article>
    <button><router-link :to="`/`">
    返回首页</router-link>
    </button>
</article></div></div></div>
</template>
<script>
   export default {
      name: "Error"
   }
</script>
// 导入文件夹assets的style.css
<style src="@/assets/style.css" scoped>
</style>
```

异常页组件Error.vue只设置了首页链接和导入CSS样式文件style.css，详细说明如下：

- 首页链接使用<router-link>语法创建。
- 导入CSS样式文件style.css在<style scoped></style>中设置属性src即可，属性值的"@"来自vue.config.js的"@": path.resolve(__dirname, "./src")。

7.14 本章小结

在前后端分离的架构模式下，使用Vue作为前端开发框架，除通过指令搭建项目外，还需要为项目配置Axios、Vuex或Vue Router等Vue组件库。

Axios是一个基于Promise的HTTP库，在浏览器或Node.js发送HTTP请求时，本质上是对原生XHR的封装，只不过它是Promise的实现版本，符合最新的ES规范，它有以下特点：

- 可以从浏览器中创建XMLHttpRequests对象。
- 可以从Node.js创建HTTP请求。
- 支持Promise API。
- 拦截请求和响应。
- 转换请求数据和响应数据。
- 取消HTTP请求。
- 自动转换JSON数据。
- 客户端支持防御XSRF。

Vuex是专门为Vue.js设计的状态管理库，利用Vue.js的细粒度数据响应机制来进行高效的状态更新，并且Vuex在内存能保存用户数据，但是用户刷新页面，浏览器重新加载Vue实例，Vuex保存的数据也会重新初始化。

为了解决Vuex重新初始化的问题，可以使用Vuex-persistedstate实现数据持久化。总的来说，Vuex+Vuex-persistedstate可以实现Vue的状态管理持久化，如果仅使用Vuex，那么很容易出现刷新页面而丢失数据的问题。

Vue Router是Vue的官方路由，它与Vue核心深度集成，使构建单页应用变得轻而易举，它具有以下功能：

- 嵌套路由映射。
- 动态路由选择。
- 模块化、基于组件的路由配置。
- 提供路由参数、查询、通配符。
- 由Vue提供的过渡效果。
- 自动激活CSS类的链接。
- 提供HTML的 History模式或Hash模式。
- 可定制的滚动行为。

Vue父子组件是组件设计中最常用的设计方案，子组件通常保存网页的公共元素，例如网页A和网页B有相同的文本搜索框，将文本搜索框写入子组件，网页A和网页B只需调用子组件即可，这样能提高代码的复用性。

第 8 章

商城项目更多功能的实现

本章学习内容：

- Session会话技术
- 限流技术方案
- time/rate限流功能
- Kafka简述与安装
- Kafka生产者与消费者
- Elasticsearch搜索引擎
- Elasticsearch入门应用
- WebSocket实现在线聊天
- Casbin权限管理框架
- Swag自动生成API文档

8.1 商城项目会话功能的 Session 实现

商城项目的会话功能指的是用户与商城服务器之间的交互过程，它允许用户在浏览和操作过程中保持一定的连续性和状态。

会话功能通常涉及以下几个方面：

- 用户认证：会话可以用来确认用户的身份，确保用户在登录后的操作都是在一个已验证的状态下进行。
- 状态维护：用户的浏览历史、购物车内容等临时信息可以通过会话存储，以便在用户与商城交云九科技互过程中维持这些状态。
- 数据跟踪：通过会话，商城可以跟踪用户的行为和偏好，为用户提供个性化的服务和产品推荐。
- 安全性保障：会话管理还可以帮助防止未授权的访问，确保用户数据的安全。

- 多渠道整合：商城的会话功能可以实现APP、网站、微信等多个渠道的沟通整合，提供连贯的用户体验。

总的来说，会话功能是商城项目中不可或缺的一部分，它不仅提升了 用户的购物体验，也是商城运营和数据分析的重要基础。

本书的商城项目的会话功能使用JWT技术实现，如果改用Session实现会话功能，可以使用第三方包gin-contrib/sessions，它的数据存储支持Cookie、Redis、Memcached、MongoDB、Gorm、Memstore和PostgreSQL，并且使用简单，通用性强。

以MyGin为例，在项目下执行go get github.com/gin-contrib/sessions安装第三方包gin-contrib/sessions，在main.go文件中编写使用Cookie存储的Session会话功能，示例代码如下：

```
// MyGin的main.go
package main

import (
    "github.com/gin-contrib/sessions"
    "github.com/gin-contrib/sessions/cookie"
    "github.com/gin-gonic/gin"
)

func main() {
    r := gin.Default()
    // 设置Session的存储方式
    store := cookie.NewStore([]byte("你好"))
    // 自定义Session设置
    // 设置有效期一天
    store.Options(sessions.Options{Path: "/", MaxAge: 60 * 60 * 24})
    // 实例化Session并以中间件写入Gin
    r.Use(sessions.Sessions("token", store))
    // 设置Session数据
    r.GET("/", func(c *gin.Context) {
        s := sessions.Default(c)
        s.Set("name", "Tom")
        s.Save()
        c.JSON(200, gin.H{"name": "Tom"})
    })
    // 获取Session数据
    r.GET("/get/", func(c *gin.Context) {
        s := sessions.Default(c)
        res := gin.H{"token_name": s.Get("name")}
        // 设置生命周期，-1代表已过期，相当于清空Session数据
        s.Options(sessions.Options{Path: "/", MaxAge: -1})
        // 删除Session某个数据
        s.Delete("name")
        // 删除Session全部数据
        s.Clear()
        // 保存Session，否则删除失效
        s.Save()
        c.JSON(200, res)
    })
```

```
    r.Run(":8000")
}
```

上述代码说明如下：

- 使用gin-contrib/sessions的cookie.NewStore()设置Session的数据存储方式，生成数据存储对象store。查看源码目录发现，不同数据存储方式分别对应不同功能包，如图8-1所示。
- 如需修改Session配置，可以对数据存储对象store的Options进行自定义，Options以结构体表示，其定义过程如图8-2所示。
- 使用sessions.Sessions()实例化Session对象，第一个参数name是Session名称，第二个参数store是Session的数据存储对象store，再将实例化Session对象以中间件写入Gin即可。
- 在路由处理函数使用Session可以调用sessions.Default(c)创建会话对象s，再由会话对象分别调用Set()、Get()、Delete()、Clear()、Options()或Save()实现数据设置、读取、删除、清除、配置或保存功能，详细说明如图8-3所示。

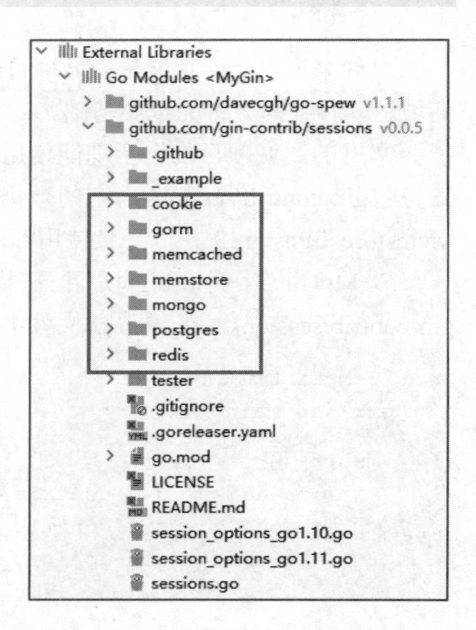

图8-1 gin-contrib/sessions源码目录

```
.com〉gin-contrib〉sessions@v0.0.5〉session_options_go1.11.go        Add Configuration...
session_options_go1.11.go ×

package sessions

import ...

// Options stores configuration for a session or session store.
// Fields are a subset of http.Cookie fields.
type Options struct {
    Path   string
    Domain string
    // MaxAge=0 means no 'Max-Age' attribute specified.
    // MaxAge<0 means delete cookie now, equivalently 'Max-Age: 0'.
    // MaxAge>0 means Max-Age attribute present and given in seconds.
    MaxAge   int
    Secure   bool
    HttpOnly bool
    // rfc-draft to preventing CSRF: https://tools.ietf.org/html/draft-west-first-party-cookies-07
    //   refer: https://godoc.org/net/http
    //          https://www.sjoerdlangkemper.nl/2016/04/14/preventing-csrf-with-samesite-cookie-attribute/
    SameSite http.SameSite
}
```

图8-2 结构体Options

运行上述代码，在浏览器访问http://127.0.0.1:8000/，Gin将在Session设置数据{"name": "Tom"}，在浏览器开发者工具的Network查看请求信息，响应头设有token，它对应上述代码sessions.Sessions("token", store)的token，这是存储在Cookie的Session信息，如图8-4所示。

我们继续访问http://127.0.0.1:8000/get/，Gin将获取和删除Session数据，在浏览器开发者工具的Network查看请求信息，请求头和响应头分别设有token，如图8-5所示。

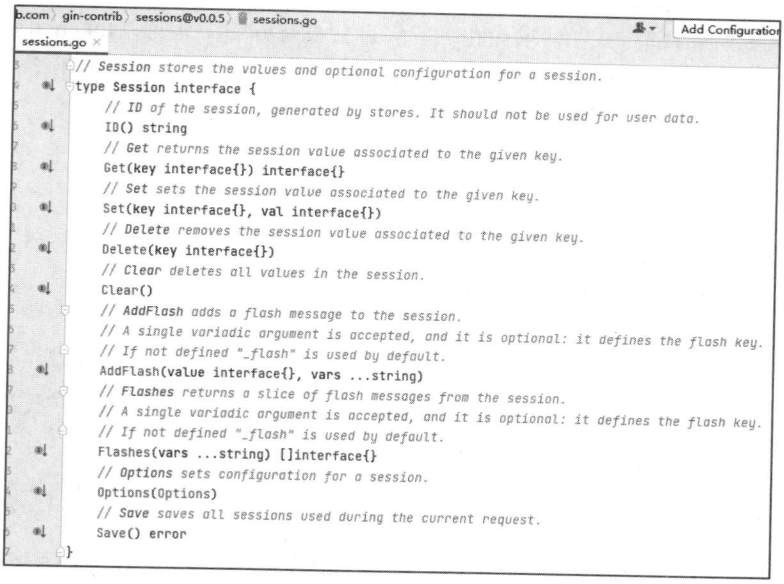

b.com gin-contrib sessions@v0.0.5 sessions.go
Add Configuration
sessions.go
// Session stores the values and optional configuration for a session.
type Session interface {
// ID of the session, generated by stores. It should not be used for user data.
ID() string
// Get returns the session value associated to the given key.
Get(key interface{}) interface{}
// Set sets the session value associated to the given key.
Set(key interface{}, val interface{})
// Delete removes the session value associated to the given key.
Delete(key interface{})
// Clear deletes all values in the session.
Clear()
// AddFlash adds a flash message to the session.
// A single variadic argument is accepted, and it is optional: it defines the flash key.
// If not defined "_flash" is used by default.
AddFlash(value interface{}, vars ...string)
// Flashes returns a slice of flash messages from the session.
// A single variadic argument is accepted, and it is optional: it defines the flash key.
// If not defined "_flash" is used by default.
Flashes(vars ...string) []interface{}
// Options sets configuration for a session.
Options(Options)
// Save saves all sessions used during the current request.
Save() error
}

图8-3　Session接口方法

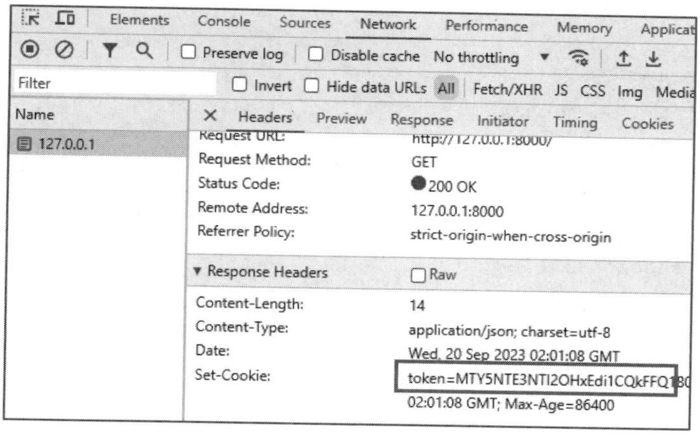

Elements
Console
Sources
Network
Performance
Memory
Preserve log
Disable cache
No throttling
Filter
Invert
Hide data URLs
All
Fetch/XHR
JS
CSS
Img
Name
127.0.0.1
Headers
Preview
Response
Initiator
Timing
Cookies
Request Method:
GET
Status Code:
200 OK
Remote Address:
127.0.0.1:8000
Referrer Policy:
strict-origin-when-cross-origin
Response Headers
Raw
Content-Length:
14
Content-Type:
application/json; charset=utf-8
Date:
Wed, 20 Sep 2023 02:01:08 GMT
Set-Cookie:
token=MTY5NTE3NTI2OHxEdi1CQkFFQ1
02:01:08 GMT; Max-Age=86400

图8-4　Cookie的Session信息（1）

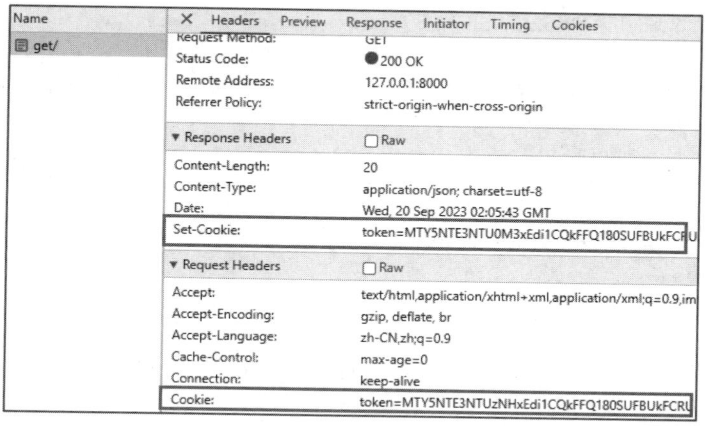

Name
get/
Headers
Preview
Response
Initiator
Timing
Cookies
Status Code:
200 OK
Remote Address:
127.0.0.1:8000
Referrer Policy:
strict-origin-when-cross-origin
Response Headers
Raw
Content-Length:
20
Content-Type:
application/json; charset=utf-8
Date:
Wed, 20 Sep 2023 02:05:43 GMT
Set-Cookie:
token=MTY5NTE3NTU0M3xEdi1CQkFFQ180SUFBUkFCR
Request Headers
Raw
Accept:
text/html,application/xhtml+xml,application/xml;q=0.9,im
Accept-Encoding:
gzip, deflate, br
Accept-Language:
zh-CN,zh;q=0.9
Cache-Control:
max-age=0
Connection:
keep-alive
Cookie:
token=MTY5NTE3NTUzNHxEdi1CQkFFQ180SUFBUkFCRU

图8-5　Cookie的Session信息（2）

如果改用其他数据存储方式，请求头和响应头也会设有token，但前端token和后端token存在差异，两者之间经过加密处理，这样能确保后端数据安全。以Gorm存储Session为例，示例代码如下：

```
// MyGin的main.go
package main

import (
    "github.com/gin-contrib/sessions"
    gormsessions "github.com/gin-contrib/sessions/gorm"
    "github.com/gin-gonic/gin"
    "gorm.io/driver/mysql"
    "gorm.io/gorm"
)

func main() {
    r := gin.Default()
    // 设置Session的存储方式
    dsn := `root:1234@tcp(127.0.0.1:3306)/mygo?
        charset=utf8mb4&parseTime=True&loc=Local`
    db, _ := gorm.Open(mysql.Open(dsn), &gorm.Config{})
    // GORM的Session默认30天有效
    store := gormsessions.NewStore(db, true, []byte("你好"))
    // 自定义Session设置
    // 设置有效期为一天
    store.Options(sessions.Options{Path: "/", MaxAge: 60 * 60 * 24})
    // 实例化Session并以中间件写入Gin
    r.Use(sessions.Sessions("token", store))
    // 设置Session数据
    r.GET("/", func(c *gin.Context) {
        s := sessions.Default(c)
        s.Set("name", "Tom")
        s.Save()
        c.JSON(200, gin.H{"name": "Tom"})
    })
    // 获取Session数据
    r.GET("/get/", func(c *gin.Context) {
        s := sessions.Default(c)
        res := gin.H{"token_name": s.Get("name")}
        // 设置生命周期，-1代表已过期，相当于清空Session数据
        s.Options(sessions.Options{Path: "/", MaxAge: -1})
        // 删除Session某个数据
        s.Delete("name")
        // 删除Session全部数据
        s.Clear()
        // 保存Session，否则删除失效
        s.Save()
        c.JSON(200, res)
    })
    r.Run(":8000")
}
```

分析上述代码得知，Gorm存储Session和Cookie存储Session只需创建相应的数据存储对象store

即可，而Session实例化过程和Session数据操作无须改变。

运行上述代码，分别访问http://127.0.0.1:8000和http://127.0.0.1:8000/get/，在浏览器开发者工具查看请求信息，发现请求头和响应头也存在token。

下一步打开Navicat Premium查看数据库mygo，发现新增数据表sessions，并且数据表保存了Session数据，如图8-6所示，将数据表数据与前端token对比发现，两者不尽相同。

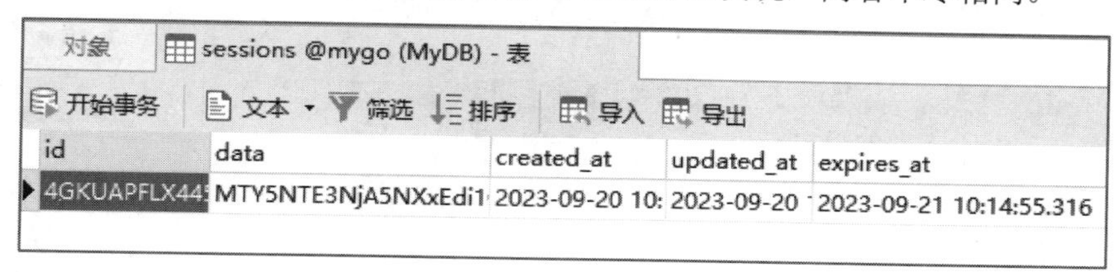

图8-6　数据表sessions

8.2　在 Gin 框架中实现限流技术

商城项目的限流是确保系统稳定性和性能的关键措施。限流的目的是为了防止系统过载，当商城网站在促销活动期间访问量激增时，如果没有适当的限流措施，可能会导致服务器崩溃，影响所有用户的体验。通过限流，可以控制请求的速率，确保系统能够平稳运行，同时也保护了服务器不因为突发的高流量而被压垮。

8.2.1　限流技术介绍

限流可以认为是服务降级的一种，用于限制系统的输入和输出，从而保证吞吐量不超过系统阈值。当吞吐量临近系统阈值时，我们可以通过限流技术控制当前的吞吐量，例如延迟处理、拒绝处理、部分拒绝处理等。

限流适用于整个系统架构，它可以从6个维度进行划分，如图8-7所示。

从图8-7可知，限流可以从对象类型、策略、位置、粒度、算法及其他进行分类，其中限流位置和限流算法是实现限流的核心思想，主要告诉我们在什么地方（限流位置）实现什么样的限流功能（限流算法）。

限流在不同的位置有不同的实现方式，并且同一位置可能有多种实现方式，详细说明如下：

- 限制并发数，如控制数据库连接池数，主要作用在存储层；控制业务执行的线程数，主要作用在应用层。
- 限制瞬时并发数，如Nginx的limit_conn模块，用来限制瞬时并发连接数，主要作用在接入层。
- 限制平均速率，用来限制每秒的平均速率，如Guava的RateLimiter或Python的python-redis-rate-limit等，这些都是作用在应用层；Nginx的limit_req模块，主要作用在接入层。
- 限制远程接口调用速率，主要作用在接入层和应用层，它与限制平均速率的实现过程大致相似，只是在逻辑上略有不同。

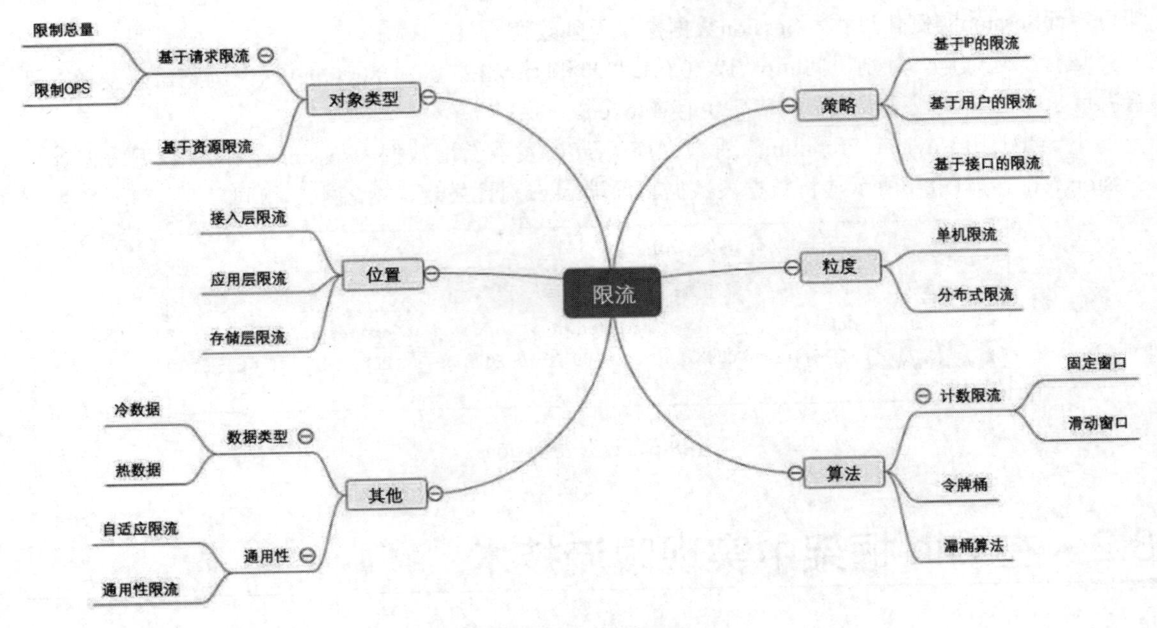

图8-7　限流分类

- 限制消息队列的消费速率，主要作用在应用层，降低消费速度可以降低数据读写压力，因为消费者经常与数据库发生数据交互，所以降低消费速率也就是降低数据库的负载压力。

限流算法被称为限流器，目前限流器有4种算法，分别为令牌桶、漏斗桶、固定时间窗口、滑动时间窗口，每种算法说明如下。

1. 令牌桶

令牌桶是以恒定速度往桶中放入令牌，所有请求都从桶中获取一个令牌，只有令牌的请求才能执行响应处理，当桶中没有令牌时，则拒绝服务，算法说明如下：

（1）令牌以固定速率生成并放入令牌桶中。

（2）如果令牌桶满了，则多余的令牌会直接丢弃。

（3）当请求到达时，从令牌桶中取令牌，取到令牌的请求可以继续执行。

（4）如果桶空了，则拒绝该请求。

2. 漏斗桶

漏斗桶是按照现实中的漏桶原理设计的限流器，在漏桶一侧按一定速率注水，在另一侧按一定速率出水，当注水速度大于出水速度时，多余的水直接丢弃，算法说明如下：

（1）漏斗桶是通过队列实现限流功能的，漏桶代表队列容量，注水代表用户请求，出水代表请求响应。

（2）当队列的入队数量（用户请求量）大于出队数量（请求响应量），并且入队数量超出漏桶容量时，超出部分则拒绝服务，其余的按照先进先出的原则进行响应处理。

（3）限流数量取决于队列容量大小，当短时间内有大量突发请求时，每个请求在队列中可能需要等待一段时间才能被响应。

3. 固定时间窗口

固定时间窗口是将时间切分成若干时间片，每个时间片内固定处理若干请求，由于这种算法实现简单，因此算法逻辑不是非常严谨，适用于一些要求不严格的场景，算法说明如下：

（1）所有请求按照发生时间进行处理，假设以秒为单位，1秒内允许执行100个请求。

（2）如果同一秒有105个请求，前100个请求能执行响应处理，最后的5个请求则拒绝服务。

（3）在一些极限情况下，实际请求量可能达到限流的2倍。例如1秒内最多有100个请求。假设0.99秒刚好达到100个请求，在1.01秒又达到100个请求，这样在0.99秒到1.01秒这段时间内就有200个请求，这并不是严格意义上的每一秒只处理100个请求。

4. 滑动时间窗口

滑动时间窗口是对固定时间窗口的一种改进，算法说明如下：

（1）将单位时间划分为多个区间，一般是平均分为多个小的时间段。

（2）每一个区间内都有一个计数器，如果请求落在这个区间内，该区间内的计数器就会进行加1处理。

（3）每过一个时间段，时间窗口就会往右滑动一格，抛弃最前的一个区间，并往右滑动一格作为一个新的区间。

（4）计算整个时间窗口内的请求总数时会累加所有的时间片段内的计数器，若计数总和超过了限制数量，则窗口内所有的请求都会被丢弃。

（5）常见的实现方式是基于Redis的Zset和循环队列实现。Zset的Key作为限流标识ID；Value需要具备唯一性，可以用UUID生成；Score以时间戳表示，最好是纳秒级。使用Redis提供的ZADD、EXPIRE、ZCOUNT和Zremrangebyscore指令实现Zset的数据操作，同时可以开启Redis的Pipeline提升性能。

综上所述，限流算法为我们提供限流的解决方案，限流位置为限流算法提供实现位置，限流的对象类型、策略、粒度和其他为制定实施方案提供数据支持和研判。

我们知道限流有多种实现方式，例如限制并发数、限制瞬时并发数、限制平均速率、限制远程接口调用速率、限制消息队列的消费速率等，目前常见的限流解决方案是从限制瞬时并发数和平均速率实现限流功能。

8.2.2 time/rate限流功能

若想在Gin实现限流功能，可以使用Golang标准库的限流包time/rate，它是通过令牌桶原理实现限流功能的。虽然time/rate是Golang标准库，但time/rate需要安装才能使用，在MyGin项目下输入go get -u golang.org/x/time指令并等待安装完成。

下一步通过示例讲述如何使用限流包time/rate，示例代码如下：

```
// MyGin的main.go
package main
import (
    "context"
    "fmt"
    "golang.org/x/time/rate"
```

```
    "time"
)

func main() {
    // 1.初始化limiter，每秒10个令牌，令牌桶容量为20
    // 参数r以Limit表示，Limit是float64，代表每秒向桶中产生令牌数
    // 参数b以int表示，代表桶的容量大小，也是最大并发数
    limiter := rate.NewLimiter(rate.Every(time.Millisecond*100), 20)

    // 2.获取指定时间内指定数量的令牌，若获取成功，则返回true
    limiter.AllowN(time.Now(), 2)
    // 获取1个令牌，若获取到，则返回true，否则false
    // Allow()内部调用是AllowN()
    bo := limiter.Allow()
    if bo {
        fmt.Println("获取令牌成功")
    }

    // 3.阻塞直到获取足够的令牌或者上下文取消
    // 创建一个带有10秒超时的上下文context
    ctx, _ := context.WithTimeout(context.Background(), time.Second*10)
    // 等待获取一个令牌
    // 如果当前获取的令牌数超过最大限制或者通过context超时，则返回错误
    limiter.Wait(ctx)
    err := limiter.WaitN(ctx, 20)
    if err != nil {
        fmt.Println("error", err)
    }

    // 4.预定令牌数量
    limiter.ReserveN(time.Now(), 1)
    // 4.预定令牌
    // 当调用Reserve后，无论是否存在有效令牌都会返回Reservation指针对象
    // 通过返回的Reservation进行指定操作
    // Reserve()内部调用是ReserveN()
    reservation := limiter.Reserve()
    if 0 == reservation.Delay() {
        fmt.Println("获取令牌成功")
    }

    // 5.修改令牌生成速率
    limiter.SetLimit(rate.Every(time.Millisecond * 100))
    limiter.SetLimitAt(time.Now(), rate.Every(time.Millisecond*100))

    // 6.修改令牌桶大小，即生成令牌的最大数量限制
    limiter.SetBurst(50)
    limiter.SetBurstAt(time.Now(), 50)

    // 7.获取限流的速率，即rate.NewLimiter()的参数r的值
    // 每秒允许处理事件数，即每秒处理事件频率
    l := limiter.Limit()
    fmt.Printf("每秒允许处理事件数，即每秒处理事件频率为: %v\n", l)

    // 8.获取令牌桶的容量大小，即rate.NewLimiter()的参数n的值
    limiter.Burst()
}
```

上述代码说明如下：

- 调用函数rate.NewLimiter()实例化令牌桶对象limiter，函数参数r为Limit类型，其实质是float64类型，代表每秒向令牌桶生产令牌数；函数参数b为int类型，代表令牌桶的容量大小，也是最大并发数。
- 结构体方法AllowN()和Allow()是消费令牌，AllowN()和Allow()的参数t代表在什么时间消费令牌，AllowN()的参数n代表消费令牌数，如果令牌获取成功，则返回值为true，否则返回值为false。Allow()是在AllowN()的基础上进行封装的，默认在当前时间获取一个令牌。
- 如果当前消费令牌大于令牌桶剩余数，可以使用结构体方法Wait()和WaitN()实现阻塞，直到有足够令牌或阻塞超时为止。Wait()和WaitN()的参数ctx是上下文Context对象，代码中定义了10秒超时的上下文对象ctx。也就是说，当执行Wait()或WaitN()时，如果当前剩余令牌数小于当前消费数，程序将进入10秒阻塞。WaitN()的参数n代表当前消费令牌数，Wait()是在WaitN()的基础上进行封装的，默认获取一个令牌。
- 结构体方法ReserveN()和Reserve()是预定令牌数，并返回Reservation对象，由Reservation调用Delay()计算令牌消费需要等待的时间。ReserveN()或Reserve()的参数t代表在什么时间消费令牌，ReserveN()的参数n代表消费令牌数，Reserve()是在ReserveN()的基础上进行封装的，默认获取一个令牌。
- 结构体方法SetLimit()和SetLimitAt是修改令牌生成速率；SetBurst()和SetBurstAt()是修改令牌桶大小，即生成令牌的最大数量限制；Limit()获取限流的速率，即rate.NewLimiter()的参数r的值；Burst()获取令牌桶的容量大小，即rate.NewLimiter()的参数n的值。

总的来说，限流包time/rate分为创建令牌桶和消费令牌。创建令牌桶由rate.NewLimiter()实现；消费令牌提供3种方式，可以消费一个或多个令牌，当消费令牌数大于令牌桶剩余数时，每种方式采取了不同的应对措施，详细说明如下：

- AllowN()和Allow()是删除或跳过当前事件，程序不会执行当前事件。
- Wait()和WaitN()是丢弃或执行当前事件。首先进入阻塞状态，如果令牌桶剩余数足够消费，程序将退出阻塞并执行当前事件；如果阻塞超时，程序将退出阻塞并且不再执行当前事件。
- ReserveN()和Reserve()保证执行当前事件，程序一直等待令牌桶剩余数足够消费为止。

我们已经初步掌握time/rate的使用，下一步将Gin和time/rate进行整合与应用，在Gin实现限流功能。在MyGin创建文件夹limits，并在limits创建limits.go，其目录结构如图8-8所示。

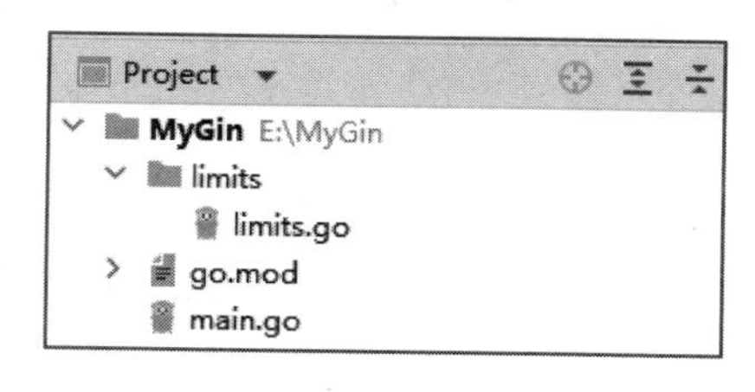

图8-8　目录结构

打开limits的limits.go，将time/rate进行功能封装，实现代码如下：

```
// limits的limits.go
package limits

import (
    "golang.org/x/time/rate"
    "sync"
)
```

```
// 定义限流对象
type LimiterItem struct {
    // 需要限流的IP地址
    IP string
    // 限流对象
    Limter *rate.Limiter
}

// 定义限流对象集合
type Limiter struct {
    LmiterSlice []*LimiterItem
    Locker      sync.RWMutex
}

// 实例化限流对象集合
func NewFlowLimiter() *Limiter {
    return &Limiter{
        LmiterSlice: []*LimiterItem{},
        Locker:      sync.RWMutex{},
    }
}

// 获取服务或接口的限流对象
// serverName:服务或接口标识
// qps:服务或接口限流最大并发数
func (counter *Limiter) GetLimiter(ip string, qps float64) *rate.Limiter {
    // 从已有限流对象集合获取某个服务或接口的限流对象
    for _, item := range counter.LmiterSlice {
        if item.IP == ip {
            return item.Limter
        }
    }

    // 如果已有限流对象集合LmiterSlice，没有当前限流对象，则新建限流对象item
    newLimiter := rate.NewLimiter(rate.Limit(qps), int(qps*3))
    item := &LimiterItem{
        IP:     ip,
        Limter: newLimiter,
    }
    // 新建限流对象写入已有限流对象集合
    counter.LmiterSlice = append(counter.LmiterSlice, item)
    counter.Locker.Lock()
    defer counter.Locker.Unlock()
    // 返回新建限流对象
    return newLimiter
}

// 初始化限流对象集合，以便于调用
var LimiterHandler *Limiter

func init() {
    LimiterHandler = NewFlowLimiter()
}
```

上述代码说明如下：

- 结构体LimiterItem是自定义限流对象，结构体属性IP是用户发送请求的IP地址，通过IP进行限流控制；结构体属性Limter是time/rate定义的限流对象。也就是说，每个用户都有一个限流对象，这是对用户发送请求数量进行限流处理。
- 结构体Limiter是自定义限流对象集合，结构体属性LmiterSlice以切片方式存放当前结构体对象LimiterItem; 结构体属性Locker是并发读写锁，用于解决并发所引起的数据同步问题。
- 函数NewFlowLimiter()用于实例化和初始化结构体Limiter，函数返回值为结构体Limiter的实例化对象。
- 结构体方法GetLimiter()用于获取限流对象，参数ip代表用户发送请求的IP地址，参数qps代表每秒在令牌桶中产生的令牌数。首先遍历循环结构体Limiter的LmiterSlice，每次循环代表用户的限流对象LimiterItem，当参数ip等于限流对象LimiterItem的IP时，程序将当前限流对象LimiterItem的Limter作为返回值返回。如果限流对象集合Limiter没有找到限流对象LimiterItem，程序将新建限流对象并写入限流对象集合Limiter和作为返回值返回。
- 最后调用函数NewFlowLimiter()，将限流对象集合Limiter进行初始化和实例化，以便于其他函数方法调用。

最后在MyGin的main.go中定义限流中间件rateLimiter()和首页路由，实现代码如下：

```
// MyGin的main.go
package main

import (
    "MyGin/limits"
    "fmt"
    "github.com/gin-gonic/gin"
    "strings"
)

// 限流中间件
func rateLimiter() gin.HandlerFunc {
    return func(c *gin.Context) {
        // 获取用户的IP地址
        ip := strings.Split(c.Request.RemoteAddr, ":")[0]
        fmt.Printf("用户的IP地址%v\n", ip)
        // 使用限流对象集合调用GetLimiter()获取限流对象
        limiter := limits.LimiterHandler.GetLimiter(ip, 2)
        // 若没有可用令牌，则禁止访问
        if !limiter.Allow() {
            c.JSON(403, gin.H{"status": "Forbidden"})
            c.Abort()
        }
        // 若存在可用令牌，则绩效执行
        c.Next()
    }
}

func main() {
    r := gin.Default()
```

```
    r.Use(rateLimiter())
    r.GET("/", func(c *gin.Context) {
        c.JSON(200, gin.H{"status": "Hello World"})
    })
    r.Run(":8000")
}
```

上述代码说明如下：

- 限流中间件rateLimiter()首先从参数c调用Request.RemoteAddr获取当前用户请求的IP地址，然后由limits.go的LimiterHandler调用结构体方法GetLimiter()，获取当前用户的限流对象LimiterItem的Limter，最后由Limter调用Allow()获取令牌，如果获取成功，则由参数c调用Next()往下执行，否则终止执行并返回响应数据。
- 主函数main()创建Gin实例化对象r，并调用Use()添加限流中间件rateLimiter()，最后定义首页路由。

运行上述程序，在浏览器访问http://127.0.0.1:8000/并不断刷新网页，在后台查看请求信息，发现用户频繁请求将被限流处理，如图8-9所示。

```
[GIN] 2023/09/21 - 12:01:47 | 200 |      536.9µs |       127.0.0.1 | GET      "/"
用户的IP地址127.0.0.1
[GIN] 2023/09/21 - 12:01:47 | 403 |      270.1µs |       127.0.0.1 | GET      "/"
用户的IP地址127.0.0.1
[GIN] 2023/09/21 - 12:01:47 | 403 |      565.7µs |       127.0.0.1 | GET      "/"
用户的IP地址127.0.0.1
[GIN] 2023/09/21 - 12:01:47 | 200 |      446.2µs |       127.0.0.1 | GET      "/"
用户的IP地址127.0.0.1
[GIN] 2023/09/21 - 12:01:47 | 403 |      783.9µs |       127.0.0.1 | GET      "/"
```

图8-9 请求信息

8.3 在 Golang 中使用 Kafka 实现消息队列

Kafka是一款高性能的分布式消息队列系统，它具备高吞吐量、可扩展性以及数据持久性等特点。Kafka适用于构建实时数据管道、处理大数据流、解耦服务间依赖以及提供可靠的消息传递等功能。

商城项目使用Kafka作为消息队列具有以下显著特点：

- 高吞吐量：Kafka能够处理大量消息的传输，这对于商城项目在高峰期处理大量用户请求和交易数据至关重要。
- 持久性和可靠性：Kafka将消息持久化到磁盘，确保数据不会因系统故障而丢失，这对于商城项目中的订单信息、用户行为数据等敏感信息的可靠性至关重要。
- 分布式架构：Kafka支持集群分布式搭建，这意味着商城项目可以通过增加服务器节点来提高消息处理的能力和系统的容错性。
- 解耦服务：通过使用Kafka，商城项目中的各个服务组件可以更加独立，一个服务的性能问题不会影响到其他服务，提高了整体系统的可维护性和稳定性。

- 支持流处理：Kafka的设计天然适合流数据处理，这对于商城项目需 要实时分析用户行为、监控商品销售情况等场景非常有用。

Kafka为商城项目提供了一个高效、可靠且易于扩展的消 息队列解决方案，有助于提升用户体验和业务运营效率。

Kafka是目前较为常用的消息队列中间件之一，本小节将讲述如何在Golang中使用Kafka实现消息队列功能。

8.3.1　配置并运行Kafka

在实战开发之前，我们必须了解Kafka的基本组成架构和相关概念。Kafka主要由Producer、Broker、Consumer和ZooKeeper组成，其架构如图8-10所示。

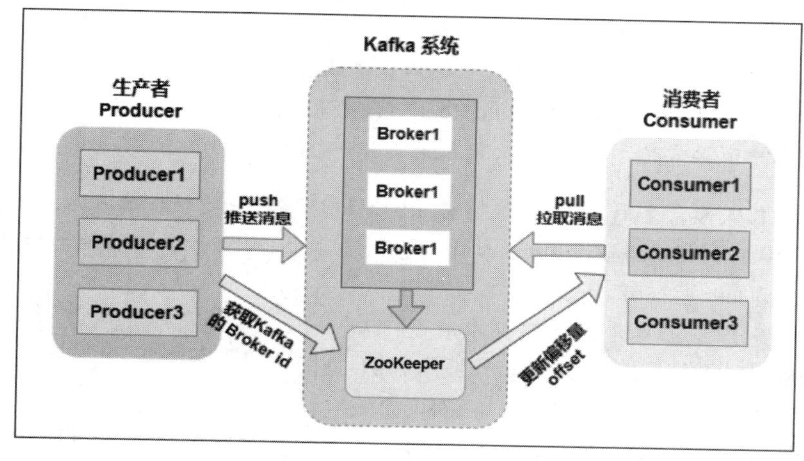

图8-10　Kafka系统架构图

图8-10的每个组件负责实现不同的功能，各组件详细说明如下：

- Producer是消息生产者，通过应用程序向Kafka的服务器（Broker）发送数据。
- Broker代表一台Kafka服务器，Kafka集群由多个Broker组成。一个Broker包含一个或多个主题（Topic），每个主题包含一个或多个分区（Partition），生产者生产的数据都是存储在分区里面的。
- Consumer是消息消费者，通过应用程序从Kafka的Broker获取数据。Consumer还有用户组（Consumer Group，CG）功能，这是实现一个主题的消息广播（发给所有的Consumer）和单播（发给任意一个Consumer）的手段。
- ZooKeeper负责维护整个Kafka集群的状态，存储Kafka各个服务器节点的信息及状态，实现Kafka集群高可用和协调Kafka的运行工作。

Kafka可以实现集群模式，多台Kafka服务器（Broker）之间是通过分区副本实现数据同步的，其架构如图8-11所示。

Kafka集群的数据同步是通过副本方式实现的，详细说明如下：

- Kafka集群的分区（Partition）副本数（Replication Factor）在默认情况下等于Kafka服务器的数量。

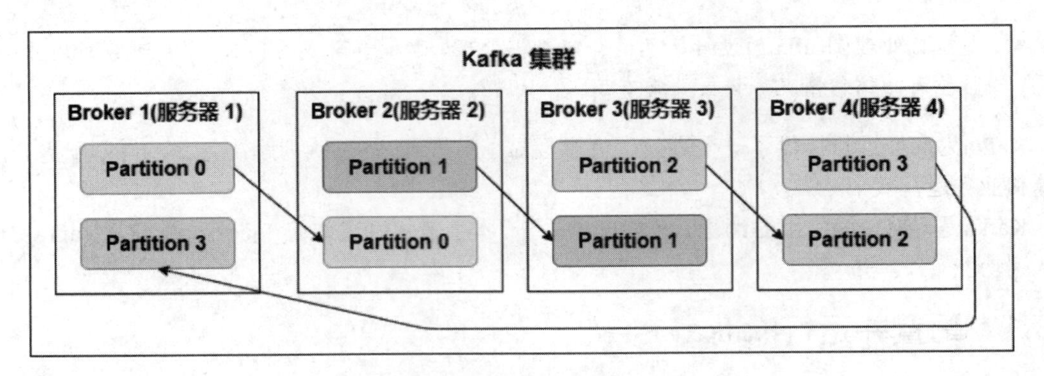

图8-11 Kafka集群架构

- 每个分区允许有多个副本，副本分为主副本（Leader）和从副本（Follower），同一个分区只有一个主副本，并且有多个从副本。
- 主副本负责分区的数据读写操作，从副本负责从主副本同步更新数据，处于同步状态的从副本称为当前可用的副本（In Sync Replicas，ISR）。
- 当主副本出现异常时，Kafka在从副本选举出一个新的主副本。

了解Kafka的相关概念之后，下一步搭建Kafka运行环境，它支持Windows、macOS和Linux操作系统。由于Kafka依赖Java和ZooKeeper，因此搭建Kafka之前必须搭建Java和ZooKeeper环境。

关于Java的搭建这里不进行详细讲述，直接从ZooKeeper的搭建开始介绍。以Windows操作系统为例，我们分别下载ZooKeeper和Kafka安装包，再对两个安装包解压并存放在E盘的kafka文件夹，如图8-12所示。

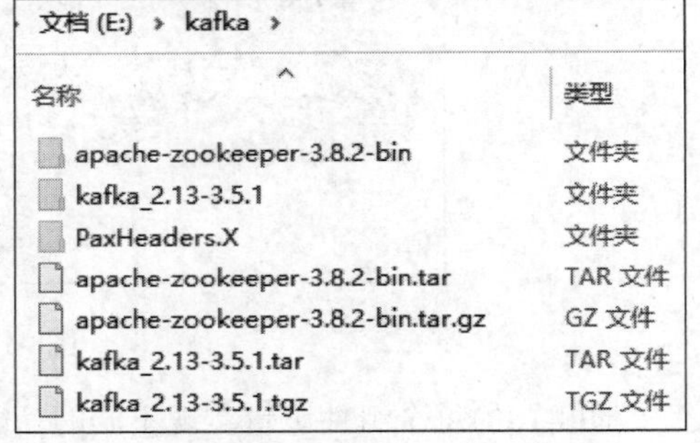

图8-12 下载并解压安装包

下一步配置并运行ZooKeeper，在ZooKeeper文件夹打开conf文件夹，找到zoo_sample.cfg文件并复制创建zoo.cfg文件，然后打开编辑zoo.cfg文件，分别写入以下配置：

```
dataDir=E:\\kafka\\apache-zookeeper-3.8.2-bin\\data
dataLogDir=E:\\kafka\\apache-zookeeper-3.8.2-bin\\log
```

上述配置的dataDir用于设置运行数据的保存路径，dataLogDir用于设置日志数据的保存路径。从配置文件可以看到，ZooKeeper默认以2181（clientPort=2181）端口运行，只要修改clientPort就能改变ZooKeeper的运行端口，如果想了解更多ZooKeeper的功能配置，建议参考官方文档。

我们在ZooKeeper文件夹打开bin文件夹，再从bin文件夹中找到并运行zkServer.cmd启动ZooKeeper服务器，如果是Linux或macOS操作系统，则运行zkServer.sh文件。ZooKeeper服务器启动后，切勿关闭运行窗口，其运行界面如图8-13所示。

最后配置并运行Kafka，首先在Kafka文件夹打开config文件夹，然后找到并打开编辑文件server.properties，再找到配置属性log.dirs和zookeeper.connect，分别编写配置信息，配置如下：

```
log.dirs=E:\kafka\kafka_2.13-3.5.1\kafka-logs
zookeeper.connect=localhost:2181
```

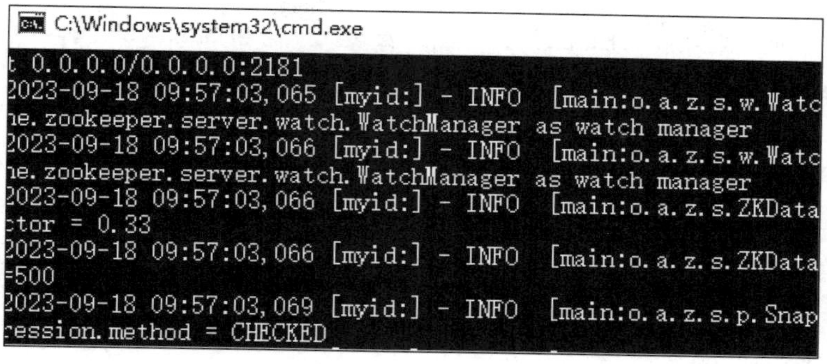

```
C:\Windows\system32\cmd.exe
t 0.0.0.0/0.0.0.0:2181
2023-09-18 09:57:03,065 [myid:] - INFO  [main:o.a.z.s.w.Watc
he.zookeeper.server.watch.WatchManager as watch manager
2023-09-18 09:57:03,066 [myid:] - INFO  [main:o.a.z.s.w.Watc
he.zookeeper.server.watch.WatchManager as watch manager
2023-09-18 09:57:03,066 [myid:] - INFO  [main:o.a.z.s.ZKData
ctor = 0.33
2023-09-18 09:57:03,066 [myid:] - INFO  [main:o.a.z.s.ZKData
=500
2023-09-18 09:57:03,069 [myid:] - INFO  [main:o.a.z.s.p.Snap
ression.method = CHECKED
```

图8-13　ZooKeeper运行界面

在上述配置中，log.dirs用于设置Kafka日志数据的保存路径；zookeeper.connect用于设置Kafka与ZooKeeper服务器的连接信息，如果搭建集群结构，那么zookeeper.connect可以设置多台ZooKeeper服务器，每台ZooKeeper服务器之间用英文格式的逗号隔开。如果想了解更多Kafka的功能配置，建议参考官方文档。

Kafka配置完成后，在Kafka文件夹打开bin的windows文件夹，找到kafka-server-start.bat文件。打开CMD窗口，将CMD路径切换到Kafka文件夹，并且输入运行指令启动Kafka，运行指令如下：

```
E:\kafka\kafka_2.13-3.5.1>.\bin\windows\kafka-server-
start.bat .\config\server.properties
```

Kafka成功启动后，其运行界面如图8-14所示。

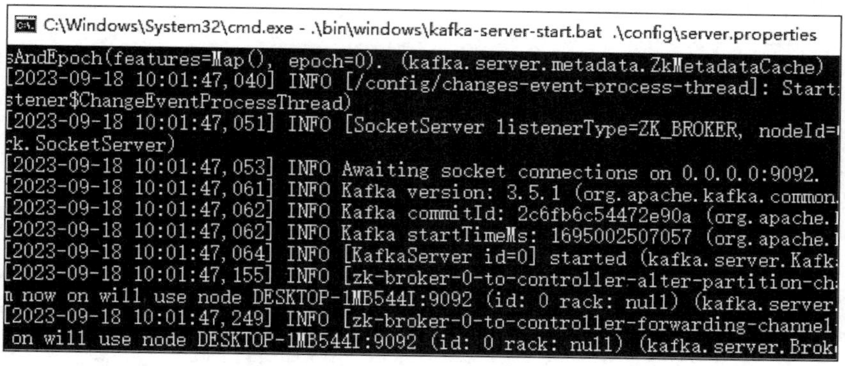

```
C:\Windows\System32\cmd.exe - .\bin\windows\kafka-server-start.bat  .\config\server.properties
sAndEpoch(features=Map(), epoch=0). (kafka.server.metadata.ZkMetadataCache)
[2023-09-18 10:01:47,040] INFO [/config/changes-event-process-thread]: Start
stener$ChangeEventProcessThread)
[2023-09-18 10:01:47,051] INFO [SocketServer listenerType=ZK_BROKER, nodeId=
rk.SocketServer)
[2023-09-18 10:01:47,053] INFO Awaiting socket connections on 0.0.0.0:9092.
[2023-09-18 10:01:47,061] INFO Kafka version: 3.5.1 (org.apache.kafka.common
[2023-09-18 10:01:47,062] INFO Kafka commitId: 2c6fb6c54472e90a (org.apache.
[2023-09-18 10:01:47,062] INFO Kafka startTimeMs: 1695002507057 (org.apache.
[2023-09-18 10:01:47,064] INFO [KafkaServer id=0] started (kafka.server.Kafk
[2023-09-18 10:01:47,155] INFO [zk-broker-0-to-controller-alter-partition-ch
n now on will use node DESKTOP-1MB544I:9092 (id: 0 rack: null) (kafka.server.
[2023-09-18 10:01:47,249] INFO [zk-broker-0-to-controller-forwarding-channel
 on will use node DESKTOP-1MB544I:9092 (id: 0 rack: null) (kafka.server.Brok
```

图8-14　Kafka运行界面

上述示例只是简单讲述如何在Windows操作系统搭建ZooKeeper和Kafka运行环境，如果使用macOS和Linux操作系统，其搭建过程与Windows大致相同。

如果要搭建集群结构，集群方案可以划分为一台ZooKeeper和多台Kafka、多台ZooKeeper和多台Kafka。搭建集群模式需要在ZooKeeper和Kafka的配置文件（zoo.cfg和server.properties）中编写相应的功能配置，以及启动相应的运行脚本。

8.3.2　在Gin中使用Kafka实现消息队列

消息队列可以解决系统的应用耦合、异步处理、流量削锋等问题，我们以Kafka为例讲述如何在Gin使用Kafka实现消息队列。

在功能开发之前，必须开启Kafka服务，然后安装第三方包kafka-go，这是实现Golang与Kafka的功能对接，在MyGin下执行安装指令go get github.com/segmentio/kafka-go并等待安装成功即可。

下一步将Gin与Kafka进行整合，首先在MyGin分别创建文件夹custom和service，然后在文件夹创建main.go和go.mod，其目录结构如图8-15所示。

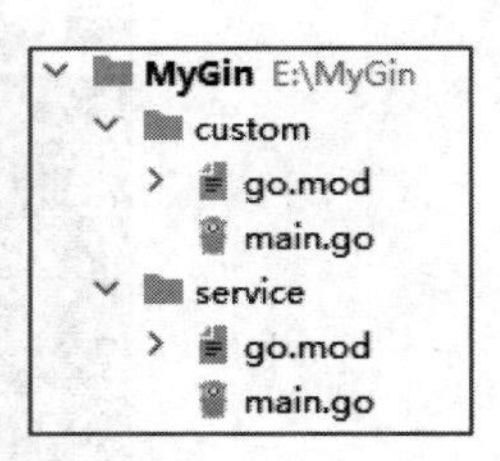

图8-15 目录结构

service的main.go实现消息队列的生产者，由Gin接收用户请求并向Kafka生产消息，代码如下：

```
// service的main.go
package main

import (
    "context"
    "encoding/json"
    "github.com/gin-gonic/gin"
    kafka "github.com/segmentio/kafka-go"
)
var kafkaWriter *kafka.Writer
// 定义生产者
func getKafkaWriter(kafkaURL, topic string) *kafka.Writer {
    return &kafka.Writer{
        Addr:     kafka.TCP(kafkaURL),
        Topic:    topic,
        Balancer: &kafka.LeastBytes{},
    }
}
// 定义路由处理函数
func addUser(c *gin.Context) {
    name := c.Query("name")
    if len(name) <= 0 {
        c.JSON(200, gin.H{
            "status": "缺少参数name",
        })
    }
    // 设置Kafka数据格式
    body := map[string]interface{}{"name": name}
    jsonBody, _ := json.Marshal(body)
    msg := kafka.Message{
        Key:   []byte("User"),
        Value: []byte(jsonBody),
    }
    // 数据写入Kafka
    err := kafkaWriter.WriteMessages(context.Background(), msg)
    if err != nil {
        c.JSON(200, gin.H{
            "status": err.Error(),
        })
    } else {
```

```
        c.JSON(200, gin.H{
            "status": "请求成功",
        })
    }
}

func main() {
    r := gin.Default()
    kafkaWriter = getKafkaWriter("localhost:9092", "MyGin")
    defer kafkaWriter.Close()
    r.GET("/", addUser)
    r.Run(":8000")
}
```

上述代码说明如下：

- 函数getKafkaWriter()用于实例化Kafka生产者对象kafka.Writer并写入变量kafkaWriter。
- 路由处理函数addUser()对结构体kafka.Message生成实例化对象msg，结构体属性key和value以[]byte表示；然后调用kafkaWriter.WriteMessages将msg写入Kafka并作出响应处理。
- 主函数main()分别创建Gin实例化对象r，调用函数getKafkaWriter()，定义路由，启动Web服务。

custom的main.go实现消息队列的消费者，它从Kafka读取数据并进行数据处理，代码如下：

```
// custom的main.go
package main

import (
    "context"
    "fmt"
    kafka "github.com/segmentio/kafka-go"
    "strings"
    "sync"
    "time"
)

var wg sync.WaitGroup
// 定义消费者
func getKafkaReader(kafkaURL,topic,groupID string) *kafka.Reader {
    brokers := strings.Split(kafkaURL, ",")
    return kafka.NewReader(kafka.ReaderConfig{
        Brokers:        brokers,
        GroupID:        groupID,
        Topic:          topic,
        MaxBytes:       10e6, // 10MB 设置数据接收大小
        CommitInterval: time.Second,
        StartOffset:    kafka.FirstOffset,
    })
}

// 定义消费方法
func Consumer(id int) {
```

```
    defer wg.Done()
    kafkaGroupID := "consumer-" + string(id)
    reader := getKafkaReader("localhost:9092","MyGin",kafkaGroupID)
    defer reader.Close()
    fmt.Printf("%d 开始消费 ... !!\n", id)
    for {
        m, err := reader.ReadMessage(context.Background())
        if err != nil {
            fmt.Printf("%d 消费错误 %v", err)
            continue
        }
        fmt.Printf("消费者：%d，订阅：%v，分区：%v，
                偏移位置：%v，时间：%d，数据：%s = %s\n",
                id, m.Topic, m.Partition, m.Offset,
                m.Time.Unix(), m.Key, m.Value)
    }
}

func main() {
    for i := 0; i < 10; i++ {
        wg.Add(1)
        go Consumer(i)
        time.Sleep(10 * time.Second)
    }
    wg.Wait()
}
```

上述代码说明如下：

- 函数getKafkaReader()通过调用kafka.NewReader()创建消费者对象kafka.Reader，消费者对象由结构体ReaderConfig实例化。结构体属性代表消费者功能配置，其中：GroupID代表分组设置，同一个组可以设置一个或多个消费者；Topic代表消息主题，相关说明建议参考源码文件reader.go的代码注释。
- 函数Consumer()调用函数getKafkaReader()生成消费者对象reader，再以死循环方式不断从Kafka读取和输出数据，其中数据读取由对象reader调用ReadMessage()实现。
- 主函数main()以并发方式创建10个消费者，平均每10秒创建1个消费者，10个消费者分别在不同分组，但订阅了同一个主题MyGin，也就是说，同一个主题MyGin的消息都分发给各个分组进行处理。

最后分别运行custom和service的main.go，在浏览器访问http://127.0.0.1:8000/?name=tom并查看custom的main.go运行信息，分别得到各个消费者的消费情况，如图8-16所示。

```
0 开始消费 ... !!
1 开始消费 ... !!
消费者：1，订阅：MyGin，分区：0，偏移位置：0，时间：1695351045，数据：User = {"name":"tom"}
消费者：0，订阅：MyGin，分区：0，偏移位置：0，时间：1695351045，数据：User = {"name":"tom"}
2 开始消费 ... !!
消费者：2，订阅：MyGin，分区：0，偏移位置：0，时间：1695351045，数据：User = {"name":"tom"}
```

图8-16 消费者的消费情况

综上所述，使用Kafka实现消息队列只需分别创建生产者和消费者，生产者负责在Gin路由处理函数生产信息，消费者则从Kafka读取数据进行消费即可，但是消费者的不同配置有不同的消费方式。若想深入了解Kafka更多操作，请查阅GitHub文档说明和源码文件。

8.4　在 Golang 中使用 Elasticsearch 搜索引擎

站内搜索是网站常用的功能之一，其作用是方便用户快速查找站内数据。对于一些初学者来说，站内搜索可以使用SQL模糊查询实现，从某个角度来说，这种实现方式只适用于个人小型网站，对于企业级的开发，站内搜索是由搜索引擎实现的。

8.4.1　Elasticsearch搜索引擎介绍

在分布式系统架构中，搜索引擎也称为分布式搜索引擎，目前主流的分布式搜索引擎都是以Elasticsearch为主。它是一个分布式、高扩展、高实时的搜索与数据分析引擎，能方便地使大量数据具有搜索、分析和探索的能力，并且充分具备伸缩性，能使数据达到实时搜索、稳定、可靠、快速。

Elasticsearch基于Lucene搜索服务器，并且提供了分布式多用户能力，采用RESTful API的架构风格，底层由Java语言开发，并在Apache许可条款下开放源码，它是一种流行的企业级搜索引擎。

Elasticsearch的数据结构是面向文档设计的，相关概念说明如下：

（1）Elasticsearch通常是以集群（Cluster）的名称标识的，在一个集群中，可以运行多个节点（Node）。

（2）索引（Index）是拥有相似特征的文档集合，等同于关系数据库的某个数据库；类型（Type）通常是索引的一个逻辑分类或分区，并且在一个索引中可以存储不同类型的文档，它等同于关系数据库的数据表。

（3）文档（Document）是可以被索引的基本数据单元，等同于关系数据库的数据表的一行数据；字段（Field）是组成文档的最小单位，相当于关系数据库的数据表的一列数据。

（4）映射（Mapping）定义一个文档以及文档字段如何被存储和索引的过程，相当于关系数据库的Schema。

（5）分片是将一个完整的索引分成多个分片，这样可以把一个索引拆分成多个，分布在不同节点上构成分布式搜索。分片数量只能在索引创建前设置，并且索引创建后不能更改。一个分片可以是主分片或副分片，主分片具备读写功能，副分片只有读取功能，主副分片等同于MySQL的主从结构，主要构成Elasticsearch集群功能。

由于本书篇幅有限，关于Elasticsearch底层架构原理（读写数据过程、如何实现快速索引）不再一一讲述，建议读者自行搜索相关资料查阅。

接下来讲述如何搭建Elasticsearch运行环境，由于Elasticsearch是由Java语言开发的，因此安装Elasticsearch之前必须安装JDK（1.8及以上版本）并配置系统的环境变量。

打开官方网站，选择并下载相应操作系统的安装包，如图8-17所示。

以Windows操作系统为例，下载Windows版本的安装包并放在E盘进行解压，解压后的文件信息如图8-18所示，当前Elasticsearch版本为8.5版本。

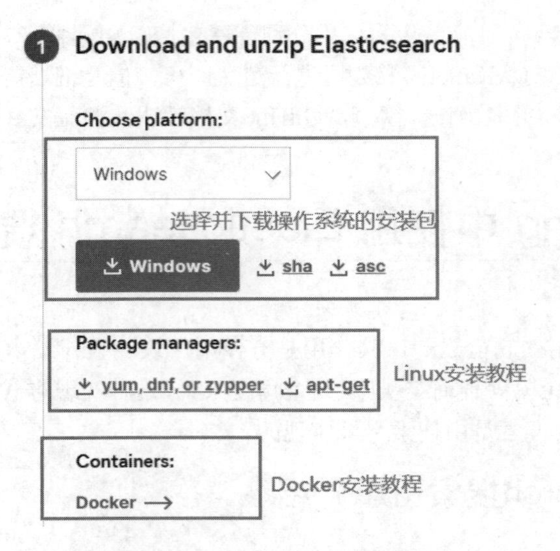

图8-17　Elasticsearch官方网站下载页面

此电脑 › 文档 (E:) › elasticsearch › elasticsearch ›

名称	类型	大小
bin	文件夹	
config	文件夹	
data	文件夹	
jdk	文件夹	
lib	文件夹	
logs	文件夹	
modules	文件夹	
plugins	文件夹	
LICENSE.txt	文本文档	4 KB
NOTICE.txt	文本文档	2,184 KB
README.asciidoc	ASCIIDOC 文件	8 KB

图8-18　目录结构

查看图8-18，Elasticsearch文件目录说明如下：

（1）bin存放可执行文件，例如启动Elasticsearch、安装插件等运维脚本。

（2）config存放elasticsearch.yml（Elasticsearch配置文件）、jvm.options（JVM 配置文件）、日志配置文件等。

（3）data用于存储索引数据。

（4）jdk存放JDK文件。

（5）lib存放源码JAR包。

（6）logs存放日志文件。

（7）modules存放内置功能模块，如x-pack模块等。

（8）plugins存放自行安装的第三方插件。

下一步打开config的elasticsearch.yml，将配置属性xpack.security.enabled改为false，如图8-19所示，这是取消Elasticsearch的用户认证功能，如果不想取消用户认证，则无须修改。

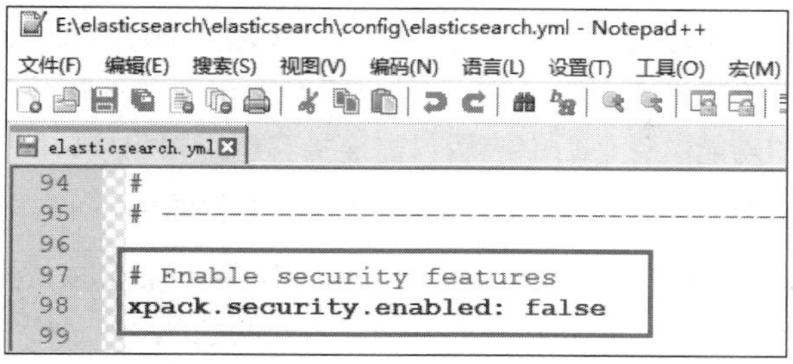

```
E:\elasticsearch\elasticsearch\config\elasticsearch.yml - Notepad++
文件(F) 编辑(E) 搜索(S) 视图(V) 编码(N) 语言(L) 设置(T) 工具(O) 宏(M)
elasticsearch.yml
94  #
95  # ----------------------------------------
96
97  # Enable security features
98  xpack.security.enabled: false
99
```

图8-19　修改配置属性

最后在图8-18中打开bin文件夹，找到并双击运行elasticsearch.bat文件，启动Elasticsearch。在浏览器访问http://127.0.0.1:9200/，查看Elasticsearch是否正常运行，如图8-20所示。

```
127.0.0.1:9200
127.0.0.1:9200
{
  "name" : "DESKTOP-1MB544I",
  "cluster_name" : "elasticsearch",
  "cluster_uuid" : "fNfGYXCXQXqzh7borJEY0g",
  "version" : {
    "number" : "8.5.3",
    "build_flavor" : "default",
    "build_type" : "zip",
    "build_hash" : "4ed5ee9afac63de92ec98f404ccbed7d3ba9584e",
    "build_date" : "2022-12-05T18:22:22.226119656Z",
    "build_snapshot" : false,
    "lucene_version" : "9.4.2",
    "minimum_wire_compatibility_version" : "7.17.0",
    "minimum_index_compatibility_version" : "7.0.0"
  },
  "tagline" : "You Know, for Search"
}
```

图8-20　Elasticsearch运行信息

如果开启了用户认证，则在浏览器访问https://127.0.0.1:9200/，并在Elasticsearch运行终端找到认证方式，例如用户账号和密码，如图8-21所示。

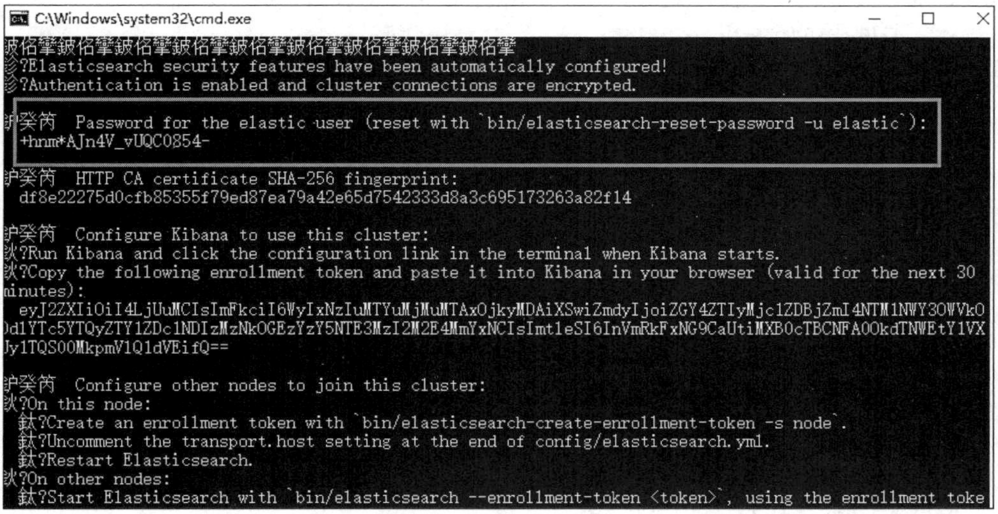

```
C:\Windows\system32\cmd.exe
鈹佸犫鈹佸犫鈹佸犫鈹佸犫鈹佸犫鈹佸犫鈹佸犫鈹佸犫
刹?Elasticsearch security features have been automatically configured!
刹?Authentication is enabled and cluster connections are encrypted.

护癸冇  Password for the elastic user (reset with `bin/elasticsearch-reset-password -u elastic`):
  +hnm*AJn4V_vUQC0854-

护癸冇  HTTP CA certificate SHA-256 fingerprint:
  df8e22275d0cfb85355f79ed87ea79a42e65d7542333d8a3c695173263a82f14

护癸冇  Configure Kibana to use this cluster:
欬?Run Kibana and click the configuration link in the terminal when Kibana starts.
欬?Copy the following enrollment token and paste it into Kibana in your browser (valid for the next 30
minutes):
  eyJ2ZXIiOiI4LjUuMCIsImFkciI6WyIxNzIuMTYuMjMuMTAxOjkyMDAiXSwiZmdyIjoiZGY4ZTIyMjc1ZDBjZmI4NTM1NWY3OWVkO
Dd1YTc5YTQyZTY1ZDc1NDIzMzNkOGEzYzY5NTE3MzI2M2E4MmYxNCIsImtleSI6InVmRkFxNG9CaUtiMXB0cTBCNFA0OkdTNWEtY1VX
Jy1TQS00MkpmV1Q1dVEifQ==

护癸冇  Configure other nodes to join this cluster:
欬?On this node:
  鈦?Create an enrollment token with `bin/elasticsearch-create-enrollment-token -s node`.
  鈦?Uncomment the transport.host setting at the end of config/elasticsearch.yml.
  鈦?Restart Elasticsearch.
欬?On other nodes:
  鈦?Start Elasticsearch with `bin/elasticsearch --enrollment-token <token>`, using the enrollment toke
```

图8-21　用户认证信息

上述示例只演示了Elasticsearch单节点的搭建过程，如果要搭建集群模式，实现过程主要在配置文件elasticsearch.yml中编写相应配置属性。总的来说，Elasticsearch与Kafka的安装配置十分相似，并且两者都是开箱即用的功能组件，后端应用只需连接和调用相应接口即可。

此外，Elasticsearch通过安装插件扩展功能，插件包含核心插件和第三方插件，两者说明如下：

（1）核心插件由官方团队和社区成员共同开发，插件随着Elasticsearch版本同步升级，官方插件列表可以查阅github.com/elastic/elasticsearch/tree/master/plugins。

（2）第三方插件由开发者或者第三方组织自主开发，它们拥有自己的许可协议，但随着Elasticsearch版本升级，这些插件可能与Elasticsearch新版本存在兼容性问题。

如果想进一步了解Elasticsearch的应用，可以尝试搭建ELK日志分析系统，它由Elasticsearch（日志的存储、创建和建立索引搜索）、Logstash（日志收集、输出以及格式化）、Kibana（查看日志）三个开源软件组成，这是一套完整的日志收集、分析和展示的企业级解决方案。

8.4.2 Golang实现Elasticsearch数据读写

如果在系统中加入搜索引擎Elasticsearch，必须实现Elasticsearch数据的读写操作，然后根据数据库的数据变化动态处理Elasticsearch数据，确保数据库与Elasticsearch数据之间能保持同步处理。

换句话说，必须在Elasticsearch写入数据才能实现数据搜索功能，而Elasticsearch存储数据必须与数据库的数据一致，否则搜索结果与实际结果存在差异。数据同步可以采用第三方包，例如go-mysql-elasticsearch，它能将MySQL数据自动同步到Elasticsearch服务。

如果不想使用第三方包实现数据库和Elasticsearch数据同步，只能在数据读写时通过程序修改Elasticsearch数据，例如新增或修改商品信息，除在数据库读写数据外，还要在Elasticsearch同步读写数据。

Golang实现Elasticsearch数据读写可以使用Elasticsearch官方提供的go-elasticsearch。不同Elasticsearch版本有不同安装指令，以Elasticsearch 8为例，在MyGin项目下输入安装指令go get github.com/elastic/go-elasticsearch/v8并等待安装完成即可。

go-elasticsearch安装成功后，运行Elasticsearch服务，在MyGin的main.go编写代码实现数据的增删改查操作，示例代码如下：

```
// MyGin的main.go
package main

import (
    "bytes"
    "context"
    "encoding/json"
    "fmt"
    "github.com/elastic/go-elasticsearch/v8"
    "strings"
)

func main() {
    // 连接Elasticsearch
    cfg := elasticsearch.Config{
        Addresses: []string{
```

```
            "http://localhost:9200/",
        },
    }
    es, _ := elasticsearch.NewClient(cfg)
    // 创建索引
    es.Indices.Create("my_go")
    // 在索引里创建文档
    document := struct {
        Name string `json:"name"`
    }{
        "golang-elasticsearch",
    }
    data, _ := json.Marshal(document)
    dr, _ := es.Index("my_go", bytes.NewReader(data))
    fmt.Printf("在索引里创建文档：%v\n", dr)
    // 获取文档ID
    var docData map[string]interface{}
    json.NewDecoder(dr.Body).Decode(&docData)
    did := docData["_id"].(string)
    // 查找文档的id
    sr, _ := es.Get("my_go", did)
    fmt.Printf("查找文档的id：%v\n", sr)
    // 按条件搜索文档
    query := `{ "query": { "match": {"name" : "golang"} } }`
    sr1, _ := es.Search(
        es.Search.WithContext(context.Background()),
        es.Search.WithIndex("my_go"),
        es.Search.WithBody(strings.NewReader(query)),
        es.Search.WithTrackTotalHits(true),
        es.Search.WithPretty(),
        es.Search.WithFrom(0),
        es.Search.WithSize(1000),
    )
    fmt.Printf("按条件搜索文档：%v\n", sr1)
    // 搜索全部文档
    sr2, _ := es.Search(
        es.Search.WithContext(context.Background()),
        es.Search.WithIndex("my_go"),
        es.Search.WithTrackTotalHits(true),
        es.Search.WithPretty(),
        es.Search.WithFrom(0),
        es.Search.WithSize(1000),
    )
    fmt.Printf("搜索全部文档：%v\n", sr2)
    // 更新文档
    ur, _ := es.Update("my_go", did,
        strings.NewReader(`{"doc":{"name" : "gin"}} `))
    fmt.Printf("更新文档：%v\n", ur)
    // 删除文档
    es.Delete("my_go", did)
    // 删除索引
```

```
    es.Indices.Delete([]string{"my_go"})
}
```

上述代码说明如下：

- 通过实例化elasticsearch.Config创建Elasticsearch配置对象cfg，相关配置建议从源码文件查看结构体Config的定义过程。然后将配置对象cfg作为elasticsearch.NewClient()的参数，创建Elasticsearch连接对象es。
- Elasticsearch索引操作由结构体Indices实现，例如新建索引es.Indices.Create()和删除索引es.Indices.Delete()。更多索引的操作方法，建议从源码文件查看Indices的定义过程，如图8-22所示。

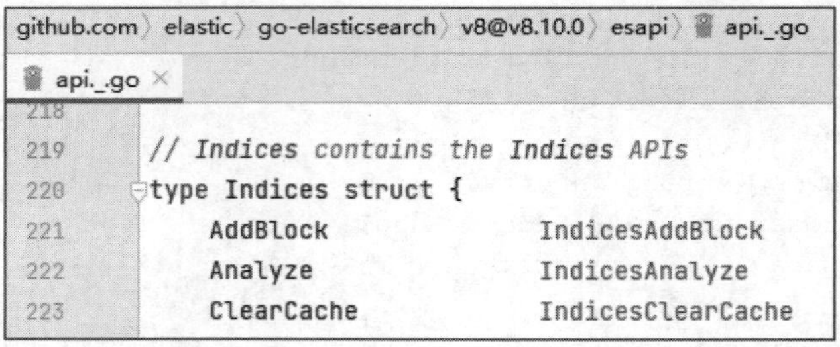

```
github.com 〉 elastic 〉 go-elasticsearch 〉 v8@v8.10.0 〉 esapi 〉 api._go
api._go ×
218
219    // Indices contains the Indices APIs
220    type Indices struct {
221        AddBlock                IndicesAddBlock
222        Analyze                 IndicesAnalyze
223        ClearCache              IndicesClearCache
```

图8-22　结构体Indices

- 创建文档由对象es调用函数Index()实现，函数第一个参数index代表索引名称，第二个参数body代表文档的数据内容。
- 每个文档创建后都会自动生成一个id，通过id实现文档的修改、查询和删除操作，例如文档查询es.Get("my_go", did)，其中did代表文档id。
- 数据查询由对象es调用函数Search()实现，搜索引擎的搜索功能就是由该函数实现的；数据更新由对象es调用函数Update()实现；数据删除由对象es调用函数Delete()实现。

运行上述代码，在此之前确保Elasticsearch服务正常运行，代码运行结果如图8-23所示，若输出结果包含[201 Created]或[200 OK]，则说明数据操作成功，否则视为异常操作，例如[404 Not Found]。

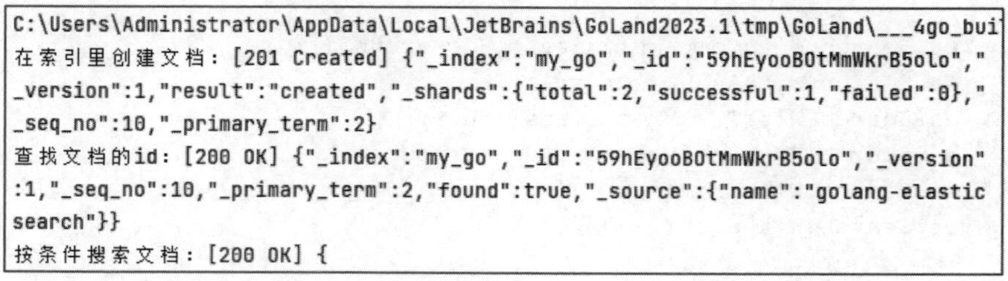

```
C:\Users\Administrator\AppData\Local\JetBrains\GoLand2023.1\tmp\GoLand\___4go_bui
在索引里创建文档：[201 Created] {"_index":"my_go","_id":"59hEyooBOtMmWkrB5olo","
_version":1,"result":"created","_shards":{"total":2,"successful":1,"failed":0},"
_seq_no":10,"_primary_term":2}
查找文档的id：[200 OK] {"_index":"my_go","_id":"59hEyooBOtMmWkrB5olo","_version"
:1,"_seq_no":10,"_primary_term":2,"found":true,"_source":{"name":"golang-elastic
search"}}
按条件搜索文档：[200 OK] {
```

图8-23　运行结果

分析201、200和404发现，这些数字与HTTP状态码一一对应。换句话说，通过输出结果的状态码可以判断当前操作是否正常。

上述示例简单演示了Elasticsearch的索引和文档操作，如果想了解更多操作，建议查看文档https://www.elastic.co/guide/en/elasticsearch/client/go-api/current/overview.html。

最后应考虑如何将Elasticsearch对接Gin，我们可以利用Gorm的钩子函数实现数据库与Elasticsearch的数据同步，当数据库数据发生变化时，程序自动执行Gorm的钩子函数实现Elasticsearch数据的读写处理；系统的搜索引擎功能则直接对Elasticsearch进行数据查找，并将查询结果作为响应数据输出。

8.5 在 Gin 框架中使用 WebSocket 实现在线聊天

Web在线聊天室的实现方法有多种，每一种实现方法的基本原理各不相同，详细说明如下。

（1）使用AJAX技术：通过AJAX实现网页与服务器的无刷新交互，在网页上每隔一段时间就通过AJAX从服务器中获取数据，然后将数据更新并显示在网页上，这种方法简单明了，缺点是实时性不高。

（2）使用Comet（Pushlet）技术：Comet是一种Web应用架构，服务器以异步方式向浏览器推送数据，无须浏览器发送请求。Comet架构非常适合事件驱动的Web应用，以及对交互性和实时性要求较高的应用，如股票交易行情分析、聊天室和Web版在线游戏等。

（3）使用XMPP协议：XMPP（可扩展消息处理现场协议）是基于XML的协议，这是专为即时通信系统设计的通信协议，用于即时消息以及在线现场探测，这个协议允许用户向其他用户发送即时消息。

（4）使用Flash的XmlSocket：Flash Media Server是一个强大的流媒体服务器，它基于RTMP协议，提供了稳定的流媒体交互功能，内置远程共享对象（Shared Object）的机制，是浏览器创建并连接服务器的远程共享对象。

（5）使用WebSocket协议：WebSocket是通过单个TCP连接提供全双工（双向通信）通信信道的计算机通信协议，可在浏览器和服务器之间进行双向通信，允许多个用户连接到同一个实时服务器，并通过API进行通信并立即获得响应。WebSocket不仅限于聊天/消息传递应用程序，还适用于实时更新和即时信息交换的应用程序，比如现场体育更新、股票行情、多人游戏、聊天应用、社交媒体等。

如果在Gin使用WebSocket开发Web在线聊天功能，可以借助第三方包WebSocket实现，只需执行go get github.com/gorilla/websocket即可安装第三方包WebSocket。

以示例项目MyGin为例，在MyGin创建文件夹chats、模板文件index.html，然后在chats分别创建文件chat.go和client.go，项目结构如图8-24所示。

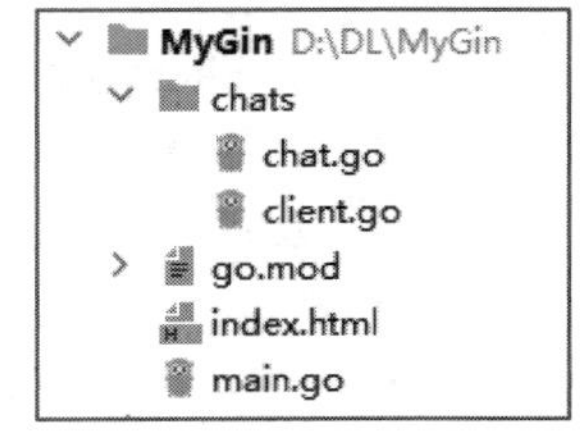

图8-24　MyGin目录结构

图8-24的各个文件说明如下：

- client.go使用第三方包WebSocket定义客户端对象，构建WebSocket底层通信功能，实现数据发送和接收。
- chat.go使用client.go定义的客户端对象构建聊天功能，分别实现在线人数统计和信息广播功能。

- index.html编写Web在线聊天的前端页面，并通过JavaScript连接后端的WebSocket服务，实现前后端的WebSocket通信对接。
- main.go使用Gin构建Web服务，分别创建Web在线聊天页面服务和WebSocket服务。

在client.go分别定义结构体Client和结构体方法GetData()，详细代码如下：

```
// chats的client.go
package chats

import (
    "github.com/gorilla/websocket"
)

// 客户端对象
type Client struct {
    Chat *Chat
    Conn *websocket.Conn
}

// 读取数据通道
func (c *Client) GetData() {
    defer func() {
        c.Chat.Unregister <- c
        c.Conn.Close()
    }()
    for {
        _, message, err := c.Conn.ReadMessage()
        if err == nil {
            c.Chat.Broadcast <- message
        } else {
            break
        }
    }
}
```

上述代码说明如下：

- 结构体Client分别定义属性Chat和Conn，属性Chat是自定义结构体Chat，代表聊天室对象；属性Conn是第三方包WebSocket定义的结构体对象Conn。
- 结构体方法GetData()实现WebSocket的数据读取功能。首先从属性Conn调用ReadMessage()读取WebSocket数据，然后将数据写入自定义结构体Chat的Broadcast。

下一步在chat.go分别定义结构体connectedDataS、messageDataS和Chat，结构体方法Run()，以及函数broadcastMsg()和NewChat()，详细代码如下：

```
// chats的chat.go
package chats

import (
    "encoding/json"
    "fmt"
    "github.com/gorilla/websocket"
)
```

```
// 存储聊天室所有在线用户
var (
    historyClientNum = 0
)

// 将消息广播到各个用户
func broadcastMsg(chat *Chat, mt int, message []byte) {
    for client := range chat.Clients {
        client.Conn.WriteMessage(mt, message)
    }
}
// 通信连接结构体
type connectedDataS struct {
    Event            string `json:"_event"`
    HistoryClientNum int    `json:"historyClientNum"`
    OnlineClientNum  int    `json:"onlineClientNum"`
}
// 消息结构体
type messageDataS struct {
    Event   string `json:"_event"`
    Message string `json:"message"`
}
// 定义聊天室对象
type Chat struct {
    Clients    map[*Client]bool
    Broadcast  chan []byte
    Register   chan *Client
    Unregister chan *Client
}
// 定义聊天室的数据广播
func (c *Chat) Run() {
    for {
        select {
        case client := <-c.Register:
            fmt.Printf("进入聊天室\n")
            c.Clients[client] = true
            // 更新历史客户端数
            historyClientNum++
            // 进入聊天室
            var data = connectedDataS{
                Event:            "connected",
                HistoryClientNum: historyClientNum,
                OnlineClientNum:  len(c.Clients),
            }
            var dataJson, _ = json.Marshal(data)
            broadcastMsg(c, websocket.TextMessage, dataJson)
        case client := <-c.Unregister:
            fmt.Printf("退出聊天室\n")
            if _, ok := c.Clients[client]; ok {
```

```
                delete(c.Clients, client)
                // 广播离开
                var data = connectedDataS{
                    Event:           "connected",
                    HistoryClientNum: historyClientNum,
                    OnlineClientNum:  len(c.Clients),
                }
                var dataJson, _ = json.Marshal(data)
                broadcastMsg(c, websocket.TextMessage, dataJson)
            }
        case message := <-c.Broadcast:
            var data = messageDataS{
                Event:   "message",
                Message: string(message),
            }
            dataJson, _ := json.Marshal(data)
            broadcastMsg(c, websocket.TextMessage, dataJson)
        }
    }
}
// 实例化聊天室对象
func NewChat() *Chat {
    return &Chat{
        Broadcast:  make(chan []byte),
        Register:   make(chan *Client),
        Unregister: make(chan *Client),
        Clients:    make(map[*Client]bool),
    }
}
```

上述代码说明如下：

- 函数broadcastMsg()通过遍历结构体Chat的属性Clients，将数据分别写入每个在线用户的WebSocket，将消息广播给各个用户。
- 结构体connectedDataS用于统计在线人数，属性Event代表用户上线或下线状态；属性HistoryClientNum代表总人数；属性OnlineClientNum代表当前在线人数。
- 结构体messageDataS用于发送聊天数据，属性Event以字符串message表示，代表当前操作为发送数据，属性Message代表数据内容。
- 结构体Chat代表聊天室对象，属性Clients以集合表示，代表所有在线用户的聊天对象集合，属性Broadcast记录所有用户的聊天内容；属性Register标记用户进入聊天室；属性Unregister标记用户离开聊天室。
- 结构体方法Run()以死循环方式运行，通过select…case方式分别监听结构体Chat的Broadcast、Register和Unregister。当某个属性被写入数据后，函数将从属性中获取数据并调用函数broadcastMsg()将消息广播给各个用户。
- 函数NewChat()为工厂函数，主要实现和返回结构体Chat的实例化对象。

在main.go使用Gin分别定义聊天室网页路由和WebSocket接口功能，详细代码如下：

```
// MyGin的main.go
package main

import (
    "MyGin/chats"
    "github.com/gin-gonic/gin"
    "github.com/gorilla/websocket"
    "net/http"
)

// 实例化结构体Upgrader，设置结构体属性
// 解决跨域问题
var upGrader = websocket.Upgrader{
    CheckOrigin: func(r *http.Request) bool {
        return true
    },
}

// 路由视图函数
func createWs(c *gin.Context, chat *chats.Chat) {
    // 创建WebSocket对象
    conn, err := upGrader.Upgrade(c.Writer, c.Request, nil)
    if err != nil {
        return
    }
    client := &chats.Client{Chat: chat, Conn: conn}
    go client.GetData()
    client.Chat.Register <- client
}

func main() {
    chat := chats.NewChat()
    go chat.Run()
    router := gin.Default()
    router.LoadHTMLFiles("index.html")
    router.GET("/", func(c *gin.Context) {
        c.HTML(http.StatusOK, "index.html", nil)
    })
    router.GET("/chat/", func(ctx *gin.Context) {
        createWs(ctx, chat)
    })
    router.Run(":8000")
}
```

上述代码说明如下：

- 变量upGrader是实例化第三方包WebSocket的结构体Upgrader，其中结构体属性CheckOrigin主要解决前后端跨域问题。
- 路由视图函数createWs()由结构体Upgrader调用Upgrade()创建WebSocket连接对象conn；然后实例化结构体Client，以并发方式执行结构体方法GetData()，为当前用户实现数据实时接收；最后将结构体对象Client写入结构体Chat的Register，实现用户上线功能。

- 主函数main()分别实例化结构体Chat、以并发执行结构体方法Run()和定义Gin路由。聊天室网页路由以首页路由（即http://127.0.0.1:8000/）表示，路由的响应数据以HTML格式表示，即采用前后端不分离方式展示网页。路由chat负责实现WebSocket接口功能，路由响应过程由函数createWs()完成。

最后在模板文件index.html中编写聊天室的前端网页代码，详细代码如下：

```
// MyGin的index.html
<!DOCTYPE html>
<html lang="zh-cn">
<head>
  <meta charset="UTF-8">
  <title>Gin-WebSocket</title>
  <style>
    html,
    body {
      padding: 0;
      margin: 0;
      height: 100%;
      width: 100%;
      display: flex;
      flex-direction: column;
      justify-content: center;
      align-items: center;
    }
    #message {
      display: flex;
      flex-direction: column;
      justify-content: center;
      align-items: center;
    }
  </style>
</head>

<body>
  <span id="connected">WebSocket连接中...</span>
  <span id="onlineClientNum"></span>
  <span id="historyClientNum"></span>
  <div id="message"></div>
  <div><input id="input" /><button onclick="send()">发送</button></div>
  <script>
    const ws = new WebSocket("ws://localhost:8000/chat/");
    // 连接成功时触发
    ws.onopen = () => {
      document.getElementById('connected').innerText = 'WebSocket连接成功'
    }
    // 接收到消息时触发
    ws.onmessage = (e) => {
      const data = JSON.parse(e.data)
      switch (data._event) {
        case "connected":
```

```
            document.getElementById('historyClientNum').innerText =
                      '历史：' + data.historyClientNum
            document.getElementById('onlineClientNum').innerText =
                      '在线：' + data.onlineClientNum
            break;
          case "message":
            const span = document.createElement('span')
            span.innerText = data.message
            document.getElementById('message').appendChild(span)
            break;
          default:
            break;
        }
      };
      // 连接关闭时触发
      ws.onclose = (e) => {
        document.getElementById('connected').innerText = 'WebSocket连接中...'
      };
      // 发送消息
      const send = () => {
        const value = document.getElementById('input').value
        if (value) {
          document.getElementById('input').value = ''
          ws.send(value)
        }
      }
    </script>
  </body>
  </html>
```

上述代码说明如下：

- 前端通过JavaScript连接后端路由chat并创建WebSocket对象ws。
- 当WebSocket连接成功时，对象ws可以调用函数onopen触发数据处理。
- 当后端向WebSocket发送数据时，对象ws通过函数onmessage接收后端发送的数据，并根据数据内容执行数据处理并呈现在网页上。
- 当用户单击“发送”按钮时，网页将触发函数send()，从文本框获取数据并通过对象ws调用函数send()向WebSocket发送数据。
- 当前后端的WebSocket失去连接时，对象ws可以调用函数onclose触发数据处理。

运行main.go文件，在谷歌浏览器访问http://127.0.0.1:8000/，然后以无痕模式打开新的浏览器并访问http://127.0.0.1:8000/，只要在某个窗口中输入并发送数据，另一个窗口即可实时查看相应数据，如图8-25所示。

综上所述，我们在Gin框架上使用WebSocket实现在线聊天功能，核心功能分为数据接收和发送，分别由结构体Client和Chat，函数broadcastMsg()，以及结构体方法GetData()和Run()实现，其中结构体属性、结构体方法和函数之间的数据关系是功能实现细节。

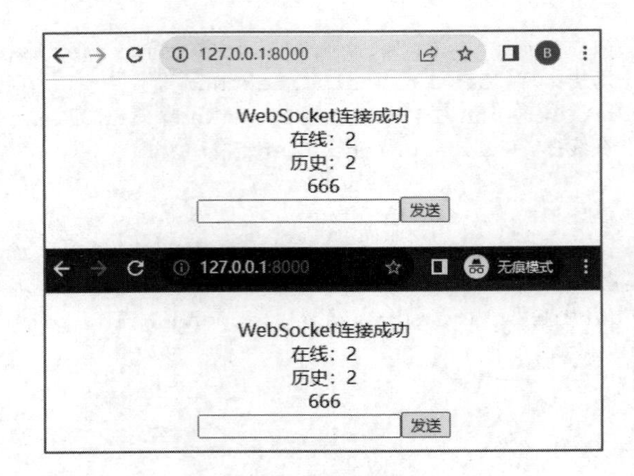

图8-25　在线聊天室

8.6　在 Gin 框架中使用 Casbin 实现权限管理

用户权限管理是网站开发最常用的功能之一，在Gin实现用户权限管理可以使用第三方包实现，没必要自己造轮子，毕竟用户权限管理已经发展成熟。接下来以第三方包Casbin为例讲述如何在Gin实现用户权限管理功能。

Casbin是一个强大和高效的访问控制库，它支持多种编程语言，如Java、C#、PHP、Python和Golang，并提供了ACL、RBAC、ABAC等多种权限管理模型。使用Casbin之前，我们需要通过指令安装Casbin，详细指令如下：

```
// 安装Casbin
go get github.com/casbin/casbin/v2
// Gorm与Casbin对接模块
go get github.com/casbin/gorm-adapter/v3
```

使用Casbin之前，我们必须知道其实现原理，它是采用模型与策略方式实现权限管理的。模型是根据某个模型设置详细规则，主要对策略数据进行权限验证和判断；策略是对某个用户或某个请求设置访问权限，例如用户A能否访问商品详细页等具体的权限设置。

我们以简单示例讲述如何使用Casbin，首先在MyGin创建model.conf和policy.csv，然后打开model.conf编写模型规则，代码如下：

```
// MyGin的model.conf
[request_definition]
r = sub, obj, act
[policy_definition]
p = sub, obj, act
[role_definition]
g = _, _
[policy_effect]
e = some(where (p.eft == allow))
[matchers]
m = g(r.sub, p.sub) && keyMatch(r.obj, p.obj) && regexMatch(r.act, p.act)
```

最后在main.go读取model.conf和policy.csv并编写用户权限管理，详细代码如下：

```
// MyGin的main.go
package main

import (
    "fmt"
    "github.com/casbin/casbin/v2"
)
func main() {
    // 读取模型和策略文件
    e,_:=casbin.NewEnforcer("model.conf", "policy.csv")
    // 加载策略文件
    e.LoadPolicy()
    // 将角色和权限添加到策略文件policy.csv
    e.AddGroupingPolicy("alice", "admin")
    e.AddGroupingPolicy("alice", "root")
    e.AddGroupingPolicy("many", "root")
    e.AddPolicy("admin", "/users", "GET")
    e.AddPolicy("admin", "/users/*", "(GET)|(POST)")
    // 保存策略文件
    e.SavePolicy()
    // 获取用户所在的角色
    rfu, _ := e.GetRolesForUser("alice")
    fmt.Println(rfu)
    // 获取角色的所有用户
    ufr, _ := e.GetUsersForRole("admin")
    fmt.Println(ufr)
    // 获取用户权限
    pfu := e.GetPermissionsForUser("admin")
    fmt.Println(pfu)
    // 修改用户和角色
    e.UpdateGroupingPolicy([]string{"many", "root"},
        []string{"tom", "admin"})
    // 修改策略
    e.UpdatePolicy([]string{"admin", "/users/*"},
        []string{"admin", "/infos/*", "(POST)|(PUT)"})
    // 删除角色
    e.DeleteRole("root")
    // 删除角色的某个权限
    e.DeletePermissionForUser("admin", "/users")
    // 检查访问控制
    allowed,_:=e.Enforce("alice","/infos/aaa","GET")
    if allowed {
        println("允许访问")
    } else {
        println("暂无权限")
    }
}
```

上述代码说明如下：

- 在model.conf编写模型规则必须按照Casbin的模型语法要求，官方文档对模型语法已有详细说明（https://casbin.org/docs/syntax-for-models/），本书不再重复讲述，上述示例代码采用RBAC（Role-Based Access Control，基于角色的访问控制）模型。
- main.go由第三方包Casbin调用NewEnforcer()创建Casbin对象，函数参数分别为模型文件model.conf和策略文件policy.csv，然后由Casbin对象调用不同的结构体方法实现用户权限的增删改查操作。

上述示例只是简单演示了如何使用Casbin，但实际开发中需要将Casbin、Gorm和Gin结合使用。我们在MyGin创建middleware文件夹，在middleware创建casbin.go、jwts.go、models.go和model.conf，目录结构如图8-26所示。

图8-26的各个文件说明如下：

- casbin.go定义Gin中间件CasbinMiddleware实现Casbin的权限验证功能。
- jwts.go定义JWT功能函数和Gin中间件JWTAuthMiddleware。
- models.go定义并初始化数据模型，并通过自定义函数Setup()实现数据库和Casbin初始化和通信连接。
- model.conf编写RBAC模型规则，与上述示例model.conf的代码相同。

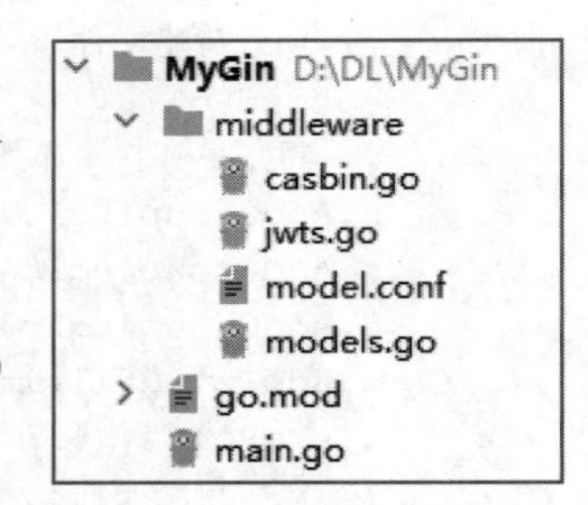

图8-26　目录结构

- main.go使用Gin构建Web服务，并接入中间件JWTAuthMiddleware和CasbinMiddleware。

首先打开middleware的models.go，在文件中定义结构体JWT、数据库连接对象、Casbin对象和函数Setup()，详细代码如下：

```
// middleware的models.go
package middleware

import (
    "fmt"
    "github.com/casbin/casbin/v2"
    gormadapter "github.com/casbin/gorm-adapter/v3"
    "gorm.io/driver/mysql"
    "gorm.io/gorm"
    "time"
)

type Jwts struct {
    gorm.Model
    Token  string    `json:"token" gorm:"type:varchar(1000)"`
    Expire time.Time `json:"expire"`
}

// 定义数据库连接对象
var dsn = "root:1234@tcp(127.0.0.1:3306)/baby?
charset=utf8mb4&parseTime=True&loc=Local"
var DB, err = gorm.Open(mysql.Open(dsn), &gorm.Config{
    // 禁止创建数据表的外键约束
    DisableForeignKeyConstraintWhenMigrating: true,
})
```

```
// 创建Casbin对象
var A, _ = gormadapter.NewAdapterByDB(DB)
var E, _ = casbin.NewEnforcer("middleware/model.conf", A)

// Setup initializes the database instance
func Setup() {
    if err != nil {
        fmt.Printf("模型初始化异常: %v", err)
    }
    // 数据迁移
    DB.AutoMigrate(&Jwts{})
    // 加载策略
    E.LoadPolicy()
    // 设置数据库连接池
    sqlDB, _ := DB.DB()
    // SetMaxIdleConns设置空闲连接池中连接的最大数量
    sqlDB.SetMaxIdleConns(10)
    // SetMaxOpenConns设置打开数据库连接的最大数量
    sqlDB.SetMaxOpenConns(100)
    // SetConnMaxLifetime设置连接可复用的最大时间
    sqlDB.SetConnMaxLifetime(time.Hour)
}
```

上述代码说明如下：

- 结构体Jwts用于存储JWT信息，实现数据持久化，属性Token负责记录JWT数据，属性Expire负责记录JWT的有效期。
- 数据库连接对象DB通过Gorm框架实现数据库连接，并禁用外键约束，降低数据表之间的耦合性。
- Casbin对象由第三方包gorm-adapter调用NewAdapterByDB()创建Gorm适配对象A，再将对象A和文件model.conf作为第三方包casbin.NewEnforcer()的函数参数，从而生成Casbin对象E。
- 函数Setup()负责实现结构体Jwts的数据迁移、Casbin对象E的策略加载、数据库连接配置等功能。

然后打开middleware的casbin.go，在文件中定义中间件CasbinMiddleware，详细代码如下：

```
// middleware的casbin.go
package middleware

import (
    "github.com/gin-gonic/gin"
    "net/http"
)

func CasbinMiddleware(c *gin.Context) {
    // 请求地址
    p := c.Request.URL.Path
    // 请求方法
    m := c.Request.Method
    // 获取用户名
    u, _ := c.Get("username")
```

```
    // 加载策略
    E.LoadPolicy()
    allowed, _ := E.Enforce(u, p, m)
    if allowed {
        c.Next()
    } else {
        c.JSON(http.StatusOK, gin.H{
            "state": "fail",
            "msg":  "暂无权限",
        })
        c.Abort()
        return
    }
}
```

上述代码说明如下：

- 中间件CasbinMiddleware首先从参数c获取当前请求地址p、请求方式m和用户名u。
- 然后由Casbin对象E调用LoadPolicy()重新加载策略数据，这样能确保策略数据的准确性。当数据库的策略数据发生变化时，并且数据修改不是由Casbin对象E操作的，那么Casbin对象E的策略数据与数据库的策略数据存在差异，因此建议调用LoadPolicy()重新加载策略数据。
- 最后由Casbin对象E调用Enforce()判断当前用户是否具有访问权限，如果验证成功，则往下执行；如果验证失败，则直接返回响应内容。

下一步打开middleware的jwts.go，在文件中定义结构体CustomClaims、函数GenToken()和ParseToken()、中间件JWTAuthMiddleware，详细代码如下：

```
// middleware的jwts.go
package middleware

import (
    "errors"
    "github.com/gin-gonic/gin"
    "github.com/golang-jwt/jwt/v5"
    "net/http"
    "time"
)

var TokenExpireDuration = time.Minute * 30
var Secret = []byte("你好")

type CustomClaims struct {
    // 自行添加字段
    Username string `json:"username"`
    // 内嵌JWT
    jwt.RegisteredClaims
}

// GenToken生成JWT
func GenToken(username string) (string, error) {
    expire := time.Now().Add(TokenExpireDuration)
```

```
    // 创建一个我们自己的声明
    claims := CustomClaims{
        username, // 自定义的用户名字段
        jwt.RegisteredClaims{
            Issuer: "奥力给", // 签发人
        },
    }
    // 使用指定的签名方法创建签名对象
    t := jwt.NewWithClaims(jwt.SigningMethodHS256, claims)
    token, err := t.SignedString(Secret)
    // 使用指定的secret签名并获得完整的编码后的字符串token
    // Token写入数据库
    j := Jwts{Token: token, Expire: expire}
    DB.Create(&j)
    return token, err
}

// ParseToken 解析JWT
func ParseToken(tokenString string) (*CustomClaims, error) {
    // 解析token
    // 如果是自定义Claim结构体，则需要使用 ParseWithClaims 方法
    token,err:=jwt.ParseWithClaims(tokenString,&CustomClaims{},
        func(token *jwt.Token) (i interface{}, err error) {
            return Secret, nil
        })
    if err != nil {
        return nil, err
    }
    // 校验token
    if claims, ok := token.Claims.(*CustomClaims); ok
        && token.Valid {
        return claims, nil
    }
    return nil, errors.New("invalid token")
}

func JWTAuthMiddleware(c *gin.Context) {
    // 客户端携带Token有三种方式
    // 1.放在请求头，2.放在请求体，3.放在URI
    // 将Token放在Header的Authorization中
    authHeader := c.Request.Header.Get("Authorization")
    if authHeader == "" {
        c.JSON(http.StatusOK, gin.H{
            "state": "fail",
            "msg":  "请求头的Authorization为空",
        })
        c.Abort()
        return
    }
    mc, err := ParseToken(authHeader)
    if err != nil {
        c.JSON(http.StatusOK, gin.H{
```

```
                "state": "fail",
                "msg":  "无效的Token",
            })
            c.Abort()
            return
        }
        var jwts Jwts
        DB.Where("token = ?", authHeader).First(&jwts)
        if jwts.Token != "" {
            if jwts.Expire.After(time.Now()) {
                jwts.Expire=time.Now().Add(TokenExpireDuration)
                DB.Save(&jwts)
            } else {
                // 强制删除表数据
                DB.Unscoped().Delete(&jwts)
            }
        } else {
            c.JSON(http.StatusOK, gin.H{
                "state": "fail",
                "msg":  "无效的Token",
            })
            c.Abort()
            return
        }
        // 将当前请求的username信息保存到请求的上下文c上
        // 路由处理函数通过c.Get("username")获取用户信息
        c.Set("username", mc.Username)
        c.Next()
}
```

上述代码实现的功能与5.5节相同，详细说明此处不再重复，请读者自行翻阅。最后在MyGin的main.go使用Gin创建Web服务，分别定义首页路由和路由auth，详细代码如下：

```
// MyGin的main.go
package main

import (
    "MyGin/middleware"
    "github.com/gin-gonic/gin"
)

func init() {
    middleware.Setup()
}

func main() {
    r := gin.Default()
    auth := r.Group("/auth/")
    auth.Use(middleware.JWTAuthMiddleware)
    auth.Use(middleware.CasbinMiddleware)
    // 获取JWT
    r.GET("/", func(c *gin.Context) {
        token, _ := middleware.GenToken("admin")
```

```
        c.JSON(200, gin.H{"token": token})
    })
    // 验证用户权限
    auth.Any("", func(c *gin.Context) {
        res := gin.H{"state": "success", "msg": "验证成功"}
        c.JSON(200, res)
    })
    r.Run(":8000")
}
```

上述代码说明如下：

- 函数init()在主函数main()执行之前自动触发，它调用models.go的函数Setup()，在Web服务运行之前完成数据库和Casbin初始化操作。
- 主函数main()定义路由组auth，路由组auth设置中间件JWTAuthMiddleware和CasbinMiddleware进行用户权限验证。首页路由无须执行用户权限验证，它是为当前用户请求创建相应的JWT信息。

在MySQL创建数据库baby，然后运行MyGin的main.go，在数据库baby可以看到新建的数据表casbin_rule和jwts，如图8-27所示。

打开数据表casbin_rule并添加策略数据，如图8-28所示。

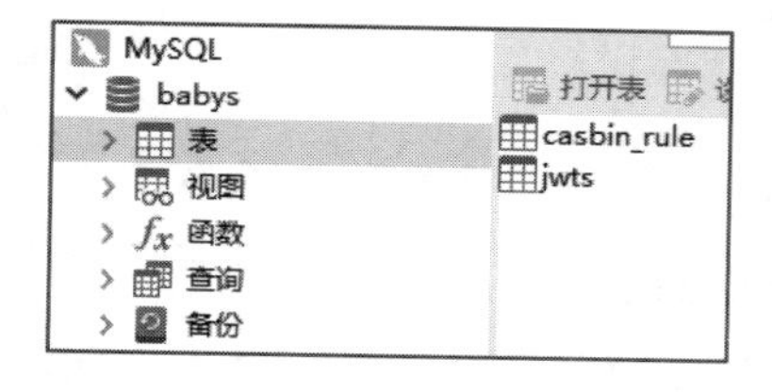

图 8-27　新建的数据表 casbin_rule 和 jwts

图 8-28　添加策略数据

在浏览器访问http://127.0.0.1:8000/，从响应数据中获取JWT数据，然后使用第三方工具向路由auth发送GET请求并在请求头添加属性Authorization，属性值为JWT数据，详细请求信息如图8-29所示。

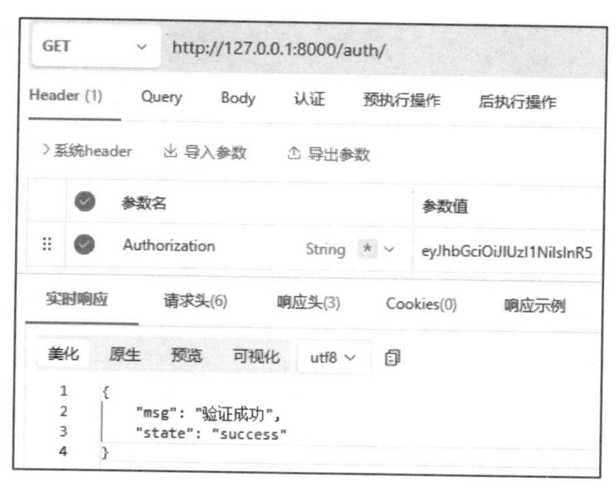

图8-29　路由auth的请求信息

综上所述，在Gin中使用Casbin开发用户权限管理通常以中间件方式实现，Casbin的模型规则以.conf文件表示，策略数据可以通过Gorm写入数据库，关于策略数据的增删改查可以定义路由完成相关操作。

上述示例只是简单讲述了Casbin的部分功能，如果想深入了解Casbin，建议读者查阅官方文档（https://casbin.org/docs/overview）。

8.7 在 Gin 框架中使用 Swag 自动生成 API 文档

在一个团队中，各成员之间为了做好工作对接，每位成员必须为自己的开发工作编写说明文档。作为后端开发人员，编写API文档是必不可少的工作之一。为了提高开发人员编写文档的效率，目前有第三方包可以直接生成API文档。

使用第三方包生成API文档必须遵从相应的使用规则，在Gin中引入第三方包Swag就能自动生成API文档，文档内容是从代码注释获取的，只要在开发过程中编写相应代码注释即可。

在使用Swag之前，通过go get指令安装Swag以及Swag与Gin的依赖包，详细安装指令如下：

```
// 安装Swag
go get github.com/swaggo/swag/cmd/swag@latest
// 安装Swag与Gin的依赖
go get github.com/swaggo/gin-swagger
go get github.com/swaggo/files
```

上述指令执行成功后，打开CMD窗口或Goland的Terminal窗口，确保当前终端窗口在MyGin目录下，并且MyGin必须存在main.go文件，然后输入指令swag init，等待指令执行完成即可在MyGin查看新建的文件夹docs，如图8-30所示。

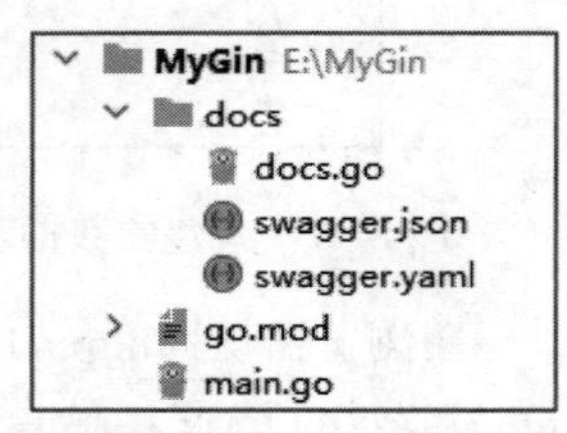

图8-30 MyGin目录信息

下一步在MyGin的main.go定义路由getIndex和postIndex，路由处理函数分别为getIndex()和postIndex()，实现代码如下：

```
// MyGin的main.go
package main

import (
    _ "MyGin/docs"
    "encoding/json"
    "github.com/gin-contrib/cors"
    "github.com/gin-gonic/gin"
    swaggerfiles "github.com/swaggo/files"
    ginSwagger "github.com/swaggo/gin-swagger"
    "net/http"
)

// @Summary 首页的GET接口
// @Description 获取首页数据
// @Router /getIndex [get]
```

```
// @Param q query string false "关键词"
// @Success 200 {object} map[string]any
// @Failure 200 {object} map[string]any
func getIndex(g *gin.Context) {
    context := gin.H{"state": "success"}
    context["msg"] = "hello " + g.Query("q")
    g.JSON(http.StatusOK, context)
}

// @Summary 首页的POST接口
// @Description 获取首页数据
// @Router /postIndex [post]
// @Param data body string true "请求参数"
// @Success 200 {object} map[string]any
// @Failure 200 {object} map[string]any
func postIndex(g *gin.Context) {
    context := gin.H{"state": "success"}
    data, _ := g.GetRawData()
    var body map[string]interface{}
    json.Unmarshal(data, &body)
    context["msg"] = body
    g.JSON(http.StatusOK, context)
}

// @title MyGin文档
// @version 1.0
// @description 这是我的API文档
// @Schemes http https
// @host 127.0.0.1:8000
// @BasePath /api/v1
func main() {
    r := gin.Default()
    // 配置跨域访问
    config := cors.DefaultConfig()
    // 允许所有域名
    config.AllowAllOrigins = true
    // 允许执行的请求方法
    config.AllowMethods = []string{"GET", "POST"}
    // 允许执行的请求头
    config.AllowHeaders = []string{"tus-resumable", "upload-length",
        "upload-metadata", "cache-control",
        "x-requested-with", "*"}
    r.Use(cors.New(config))
    // 设置Gin运行模式，根据运行模式确定是否生成文档
    gin.SetMode(gin.DebugMode)
    if gin.Mode() == "debug" {
        r.GET("/swagger/*any", ginSwagger.WrapHandler(swaggerfiles.Handler))
    }
    // 定义路由
    v1 := r.Group("/api/v1")
    v1.GET("/getIndex", getIndex)
```

```
    v1.POST("/postIndex", postIndex)
    // 运行端口必须与@host 127.0.0.1:8000的端口相同
    r.Run(":8000")
}
```

上述代码说明如下：

- 首先导入docs文件夹定义的docs包，它负责生成API文档的网页信息。
- 路由处理函数getIndex()和postIndex()添加了相同的代码注释，主要用于生成API文档，但是仅代表某个API功能说明。代码注释以"// @xxx"作为开头，其中xxx代表注释类型，xxx后面为注释内容，并且以空格隔开。例如"// @Summary 首页的POST接口""// @Summary"代表当前接口功能摘要，"首页的POST接口"代表摘要内容。每个注释类型代表不同功能和不同内容格式，详细请查看官方文档（github.com/swaggo/swag#api-operation）。
- 主函数main()的代码注释也是用于生成API文档，它是整个后端项目的功能说明，代码注释格式与路由处理函数相同，只是两者之间的注释类型各不相同，详细说明请查看官方文档（github.com/swaggo/swag#general-api-info）。
- 在主函数main()使用Gin创建Gin对象r，并使用第三方包gin-contrib/cors解决跨域问题，因为由Swag生成文档支持接口调试，如果不设置跨域访问，则接口调试将提示异常。
- 由于API文档可以提高开发人员之间的开发协调效率，它只作用于开发过程中，如果项目上线后，用户能看到API文档，这样系统很容易受到恶意攻击，因此，应根据Gin运行模式决定是否开放API文档的访问地址。

最后打开CMD窗口或Goland的Terminal窗口，确保当前终端窗口在MyGin目录下，再次输入并执行指令swag init，它将根据MyGin的main.go代码注释自动更新docs文件夹的所有文件。也就是说，每次修改API文档都要重新执行指令swag init，这样API文档才能完成更新处理。

运行MyGin的main.go，在浏览器访问http://localhost:8000/swagger/index.html即可查看API文档，如图8-31所示。

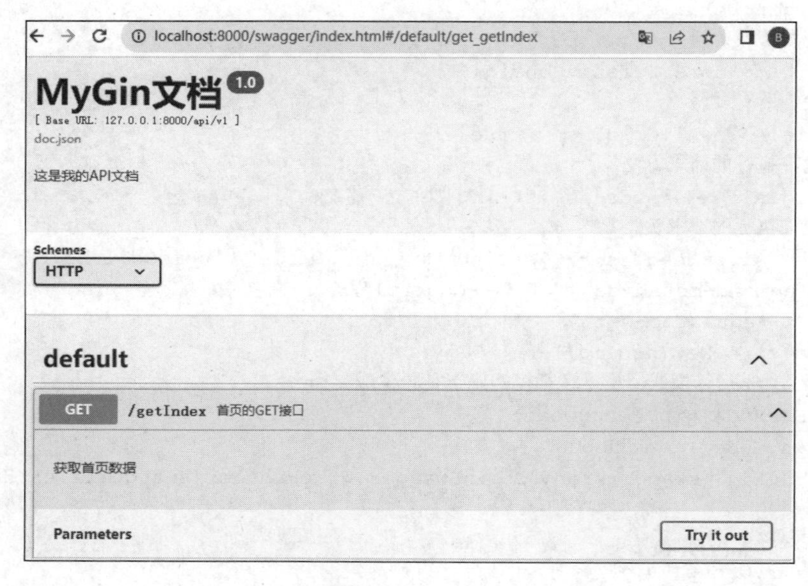

图8-31 API文档

在图8-31单击接口getIndex将会看到接口信息，然后单击Try it out按钮即可执行接口调试，其调试结果如图8-32所示。

综上所述，我们只简单演示了Swag的使用方法，但实际开发中，接口可能涉及复杂的请求参数和响应数据，相关设置在官方文档已有详细说明，建议读者查阅官方文档进一步了解。

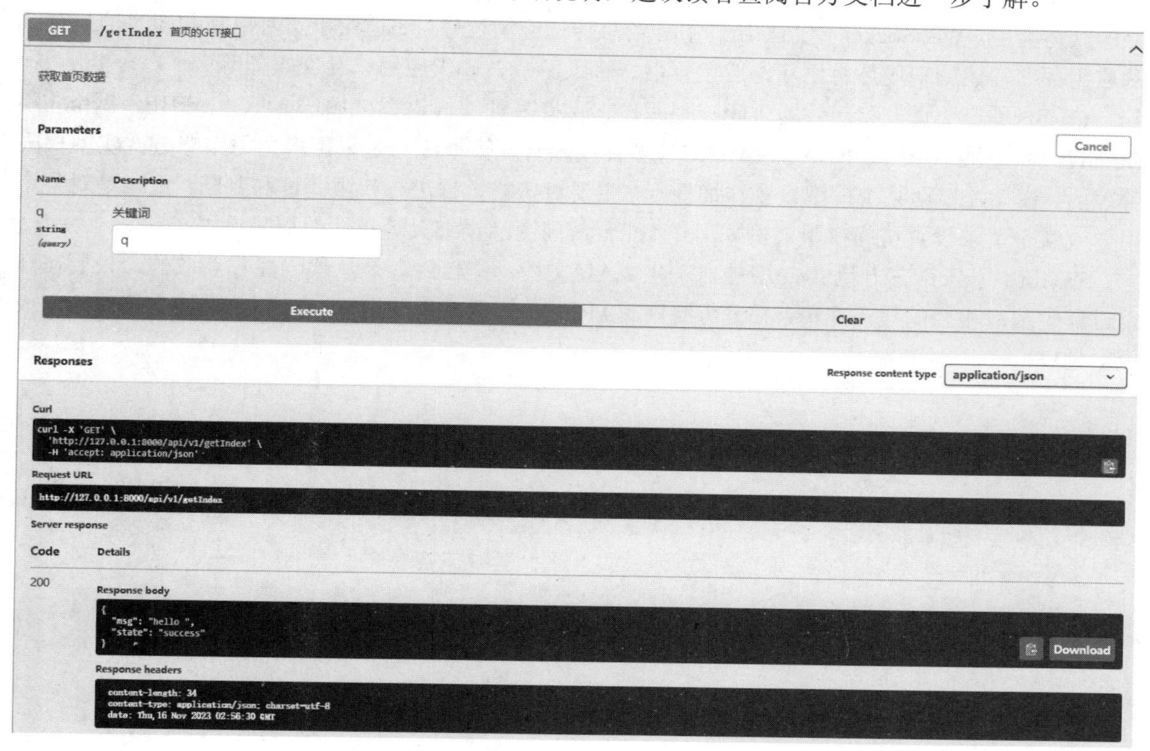

图8-32 调试结果

8.8 本章小结

Session会话技术可以使用第三方包gin-contrib/sessions，它的数据存储支持Cookie、Redis、Memcached、MongoDB、Gorm、Memstore和PostgreSQL，并且使用简单，通用性强。

限流有多种实现方式，例如限制并发数、限制瞬时并发数、限制平均速率、限制远程接口调用速率、限制消息队列的消费速率等，目前常见的限流解决方案是从限制瞬时并发数和平均速率实现限流功能。在Gin实现限流功能，可以使用Golang标准库的限流包time/rate，它是通过令牌桶原理实现限流功能的。

Kafka是目前较为常用的消息队列中间件之一，主要由Producer、Broker、Consumer和ZooKeeper组成。使用Kafka实现消息队列只需分别创建生产者和消费者，生产者负责在Gin路由处理函数生产信息，消费者则从Kafka读取数据进行消费即可，但是消费者的不同配置有不同的消费方式。

Elasticsearch基于Lucene搜索服务器，并且提供了分布式多用户能力，采用RESTful API的架构风格，底层由Java语言开发，并在Apache许可条款下开放源码，它是一种流行的企业级搜索引擎。

在系统中加入搜索引擎Elasticsearch，必须实现Elasticsearch数据的读写操作，然后根据数据库的数据变化动态处理Elasticsearch数据，确保数据库与Elasticsearch数据之间能保持同步处理。

WebSocket是通过单个TCP连接提供全双工（双向通信）通信信道的计算机通信协议，可在浏览器和服务器之间进行双向通信，允许多个用户连接到同一个实时服务器，并通过API进行通信并立即获得响应。WebSocket不仅适用于聊天/消息传递应用程序，还适用于实时更新和即时信息交换的应用程序，比如现场体育更新、股票行情、多人游戏、聊天应用、社交媒体等。

Casbin是一个强大和高效的访问控制库，它支持多种编程语言，如Java、C#、PHP、Python和Golang，并提供了ACL、RBAC、ABAC等多种权限管理模型。它是采用模型与策略方式实现权限管理的。模型是根据某个模型设置详细规则，主要对策略数据进行权限验证和判断；策略是对某个用户或某个请求设置访问权限，例如用户A能否访问商品详细页等具体的权限设置。

在Gin中引入第三方包Swag就能自动生成API文档，文档内容是从代码注释获取的，只要在开发过程中编写相应的代码注释，并且每次修改API文档都重新执行指令swag init，API文档就能完成更新处理。

第9章

商城项目的上线与部署

本章学习内容：

- 安装Docker
- Docker常用指令
- 部署MySQL
- 部署Vue+Nginx
- 部署MySQL+Gin

9.1 安装 Docker

Docker是一个开源的应用容器引擎，可以让开发者打包他们的应用以及依赖包到一个可移植的容器中，然后发布到任何流行的Linux机器上，也可以实现虚拟化。容器技术是一种将操作系统和应用程序隔离在一个容器中的技术，可以提高效率和灵活性。本节介绍如何使用Docker容器来部署商城项目。

Docker支持Windows、Linux和macOS等主流操作系统，大多数情况下都选择Linux运行Docker。不同版本的Linux发行版在安装Docker的过程中存在细微差异，接下来以CentOS 8为例讲述如何安装Docker。

在腾讯云购买云服务器（公网IP为119.91.219.240），操作系统选择CentOS 8，然后使用SSH终端远程连接软件SecureCRT连接云服务器，如图9-1所示。

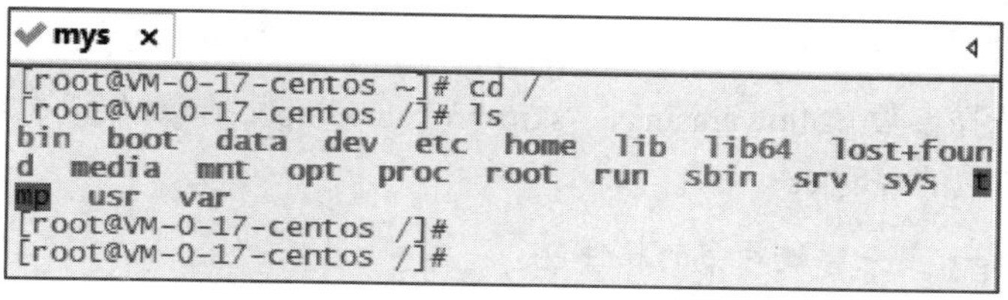

```
mys ×
[root@VM-0-17-centos ~]# cd /
[root@VM-0-17-centos /]# ls
bin  boot  data  dev  etc  home  lib  lib64  lost+foun
d  media  mnt  opt  proc  root  run  sbin  srv  sys  t
mp  usr  var
[root@VM-0-17-centos /]#
[root@VM-0-17-centos /]#
```

图9-1　SSH连接云服务器

使用官方安装脚本或者国内DaoCloud一键安装命令自动安装Docker，在云服务器分别输入以下指令并执行：

```
# 官方安装脚本
curl -fsSL https://get.docker.com | bash -s docker --mirror Aliyun
# 国内DaoCloud一键安装命令
curl -sSL https://get.daocloud.io/docker | sh
```

比如使用官方安装脚本自动安装Docker，安装成功后如图9-2所示。

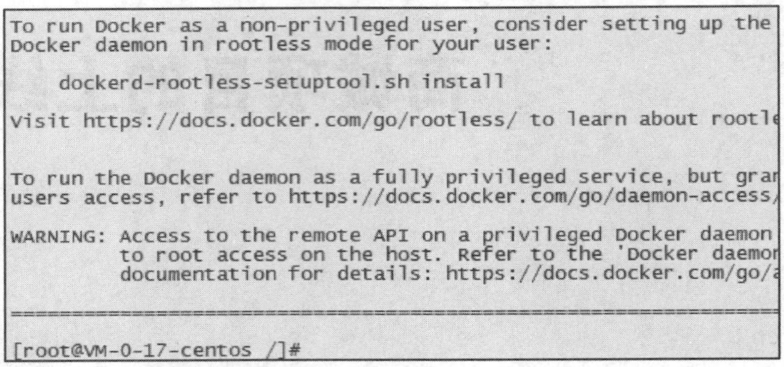

```
To run Docker as a non-privileged user, consider setting up the
Docker daemon in rootless mode for your user:

    dockerd-rootless-setuptool.sh install

Visit https://docs.docker.com/go/rootless/ to learn about rootle

To run the Docker daemon as a fully privileged service, but gran
users access, refer to https://docs.docker.com/go/daemon-access/

WARNING: Access to the remote API on a privileged Docker daemon
         to root access on the host. Refer to the 'Docker daemon
         documentation for details: https://docs.docker.com/go/a

================================================================

[root@VM-0-17-centos /]#
```

图9-2　自动安装Docker

下一步设置Docker镜像仓库，镜像仓库负责镜像内容的存储和分发，简单来说，它是供使用者下载各种软件的平台。设置仓库之前需要在系统中安装相应依赖软件，安装指令如下：

```
# 安装相应依赖软件
sudo yum install -y yum-utils device-mapper-persistent-data lvm2
```

然后通过yum-config-manager指令设置Docker镜像仓库，由于国内外网络问题，读者可以根据自身网络情况选择不同网站的镜像仓库，详细设置指令如下：

```
# 官方的镜像仓库
sudo yum-config-manager --add-repo
https://download.docker.com/linux/centos/docker-ce.repo
# 阿里云的镜像仓库
sudo yum-config-manager --add-repo
http://mirrors.aliyun.com/docker-ce/linux/centos/docker-ce.repo
# 清华大学源的镜像仓库
sudo yum-config-manager --add-repo https://mirrors.tuna.tsinghua.edu.cn/
docker-ce/linux/centos/docker-ce.repo
```

最后安装Docker引擎，只需通过yum指令安装即可，指令如下：

```
# 安装Docker引擎
sudo yum install docker-ce docker-ce-cli containerd.io --allowerasing
```

安装指令可以选择参数 - allowerasing、–skip-broken或–nobest，如果没有设置参数，那么安装将提示异常，每个参数的说明如下。

- --allowerasing：用来替换冲突的软件包。
- --skip-broken：跳过无法安装的软件包。

- --nobest：不使用最佳选择的软件包。

至此，我们已在CentOS 8成功安装Docker。下一步在系统运行Docker，使用systemctl指令启动Docker，然后输入Docker指令查看Docker版本信息，操作指令分别如下：

```
# 运行Docker
sudo systemctl start docker
#  查看Docker版本信息
docker version
```

Docker成功运行之后，其版本信息如图9-3所示。

```
Client: Docker Engine - Community
 Version:           24.0.5
 API version:       1.43
 Go version:        go1.20.6
 Git commit:        ced0996
 Built:             Fri Jul 21 20:36:32 2023
 OS/Arch:           linux/amd64
 Context:           default

Server: Docker Engine - Community
 Engine:
  Version:          24.0.5
  API version:      1.43 (minimum version 1.12)
  Go version:       go1.20.6
  Git commit:       a61e2b4
  Built:            Fri Jul 21 20:35:32 2023
```

图9-3　版本信息

9.2　Docker 常用指令

学习Docker必须掌握它的操作指令，将指令按照操作类型划分，可分为4种类型：基础指令、容器指令、镜像指令、运维指令。

基础指令包含启动Docker、停止Docker、重启Docker、开机自启动Docker、查看运行状态、查看版本信息、查看帮助信息等。

启动Docker、停止Docker、重启Docker、开机自启动Docker和查看运行状态是在操作系统层面上实现的，等同于在计算机上运行或关闭软件等操作，其详细指令如下：

```
# 启动Docker
systemctl start docker
# 停止Docker
systemctl stop docker
# 重启Docker
systemctl restart docker
# 开机自启动Docker
systemctl enable docker
# 查看运行状态
systemctl status docker
```

查看版本信息和查看帮助信息是查看Docker的基本信息，其详细指令如下：

```
# 查看版本信息
docker version
```

```
# 查看版本信息
docker info
# 查看帮助信息
docker --help
# 查看某个指令的参数格式
docker pull --help
```

容器指令包含查看正在运行的容器、查看所有容器、运行容器、删除容器、进入容器、停止容器、重启容器、启动容器、杀死容器、容器文件复制、更换容器名、查看容器日志等，详细指令如下：

```
# 查看正在运行的容器
docker ps
# 查看所有容器
docker ps -a
# 运行容器，以运行Redis为例
docker run -itd --name myRedis -p 8000:6379 redis
# 删除容器
docker rm -f 容器名/容器ID（容器名/容器ID可以通过docker ps -a获取）
# 删除全部容器
docker rm -f $(docker ps -aq)
# 进入容器
# 使用exec进入
docker exec -it 容器名/容器ID /bin/bash
# 使用attach进入
docker attach 容器名/容器ID
# 停止容器
docker stop 容器ID/容器名
# 重启容器
docker restart 容器ID/容器名
# 启动容器
docker start 容器ID/容器名
# 杀死容器
docker kill 容器ID/容器名
# 容器文件复制
# 从容器内复制出来
docker cp 容器ID/名称：容器内路径  容器外路径
# 从外部复制到容器内
docker  cp 容器外路径 容器ID/名称：容器内路径
# 更换容器名
docker rename 容器ID/容器名 新容器名
# 查看容器日志
# 参数tail是查看行数，不设置默认为all
docker logs -f --tail=30 容器ID
```

在所有容器指令中，以运行容器最为核心，并且指令参数也是最多的，常用参数说明如下。

- -a：指定标准输入输出的内容类型，参数值分别为STDIN、STDOUT和STDERR。
- -d：以后台方式运行容器，并返回容器ID。
- -i：以交互模式运行容器，通常与-t同时使用。
- -t：为容器重新分配一个伪输入终端，通常与-i同时使用。

- -P：随机端口映射，容器内部端口随机映射到主机端口。
- -p：指定端口映射，参数格式：主机端口：容器端口。
- -name：为容器指定一个名称。
- -dns：指定容器使用DNS服务器，默认使用主机的DNS服务器。
- -h：指定容器的hostname。
- -e：设置环境变量，参数格式：环境变量名=变量值，如username="XXYY"。
- -m：设置容器使用内存最大值。
- -net：指定容器的网络连接类型，参数值分别为bridge、host、none和container。
- -link：向另一个容器添加网络连接，实现两个容器之间的数据通信。
- -expose：使容器开放一个端口或一组端口，但不会与主机实现端口映射。
- -volume或-v：将主机文件目录挂载到容器中，实现数据持久化，参数格式：主机目录：容器目录。

镜像指令包含查看镜像、搜索镜像、拉取镜像、删除镜像、强制删除镜像、保存镜像、加载镜像和镜像标签，详细指令如下：

```
# 查看镜像
docker images
# 搜索镜像
docker search 镜像名
# 搜索mysql
docker search mysql
# 拉取镜像
docker pull 镜像名
# tag是拉取镜像指定版本
docker pull 镜像名:tag
# 删除镜像
# 删除一个
docker rmi -f 镜像名/镜像ID
# 删除多个，多个镜像ID或镜像名使用空格隔开即可
docker rmi -f 镜像名/镜像ID镜像名/镜像ID镜像名/镜像ID
# 删除全部镜像，参数-a的意思为显示全部，参数-q的意思为只显示ID
docker rmi -f $(docker images -aq)
# 强制删除镜像
docker image rm 镜像名/镜像ID
# 保存镜像
docker save 镜像名/镜像ID -o 保存的文件路径
# 加载镜像
docker load -i 镜像保存文件位置
# 镜像标签
docker tag 源镜像名:标签名 新镜像名:新标签
```

运维指令用于查看Docker运行情况以及清理闲置容器和镜像等，例如查看Docker工作目录、磁盘占用情况、磁盘使用情况、删除无用容器和镜像、删除没有被使用的镜像，详细指令如下：

```
# 查看Docker工作目录
sudo docker info | grep "Docker Root Dir"
# 磁盘占用情况
```

```
du -hs /var/lib/docker/
# 磁盘使用情况
docker system df
# 删除无用容器和镜像
# 删除异常停止的容器
docker rm `docker ps -a | grep Exited | awk '{print $1}'`
# 删除名称或标签为none的镜像
docker rmi -f  `docker images | grep '<none>' | awk '{print $3}'`
# 删除没有被使用的镜像
docker system prune -a
```

至此，我们简单说明Docker常用指令，如果能熟练使用这些指令，基本上可以达到入门水平。在实际工作中，还需要结合Dockerfile、Docker Compose、Docker Swarm或Kubernetes一并使用。

本教程不会深入探讨Dockerfile、Docker Compose、Docker Swarm或Kubernetes的细节，但读者有必要了解每个工具所实现的功能。

- Dockerfile用来定制镜像，它是一个文本文件，文件包含一条或多条指令，每条指令是镜像某一层，主要对当前镜像的某一层执行修改或安装等操作。Docker的镜像是以分层结构实现的，每个功能是通过一层一层叠加的。例如创建一个Nginx容器，那么最底层的操作系统是CentOS，在CentOS系统上叠加一层安装Nginx服务。
- Docker Compose用来定义和管理容器，当Docker需要运行成百上千个容器的时候，如果一个个容器依次启动就要花费很多时间，而Docker Compose只需编写配置文件，在文件中声明需要启动的容器以及参数，Docker就会按照配置文件启动所有容器。但是Docker Compose只能启动当前服务器的Docker，如果是其他服务器，则无法启动。
- Docker Swarm用于管理多服务器的Docker容器，它能启动不同服务器的Docker容器、监控容器状态、重启容器、提供负载均衡服务等功能，全面并多方位地管理Docker容器。虽然Docker Swarm是Docker公司研发的，但目前基本已弃用。

Kubernetes与Docker Swarm的功能定位是一样的，但它是由谷歌研发的，并且成为当前追捧的热门工具。

9.3 部署 MySQL

使用Docker安装MySQL比直接在操作系统安装MySQL简单，并且一台服务器能轻易部署多个MySQL。

首先使用SecureCRT等终端远程软件连接腾讯云服务器，前提条件是保证云服务器已安装Docker。下一步在云服务器创建文件夹/home/mysql/conf，在文件夹下创建mysql.cnf并写入配置信息，代码如下：

```
[mysqld]
pid-file=/var/run/mysqld/mysqld.pid
socket=/var/run/mysqld/mysqld.sock
datadir=/var/lib/mysql
secure-file-priv= NULL
```

上述操作包括创建文件夹、创建和编辑文件，每个操作指令如下：

```
# 切换当前路径
[root@VM-0-5-centos /]# cd /home/
# 查看文件夹home的目录信息
[root@VM-0-5-centos home]# ls
# 创建文件夹mysql/conf并切换路径
[root@VM-0-5-centos home]# mkdir mysql
[root@VM-0-5-centos home]# cd mysql/
[root@VM-0-5-centos mysql]# mkdir conf
[root@VM-0-5-centos mysql]# cd conf/
# 创建并编辑配置文件mysql.cnf
[root@VM-0-5-centos conf]# vim mysql.cnf
# 查看配置文件内容
root@VM-0-5-centos conf]# cat mysql.cnf
[mysqld]
pid-file=/var/run/mysqld/mysqld.pid
socket=/var/run/mysqld/mysqld.sock
datadir=/var/lib/mysql
secure-file-priv= NULL
```

最后在云服务器输入Docker指令运行MySQL服务，指令如下：

```
docker run --name mysql666 -p 3306:3306
-v /home/mysql/conf:/etc/mysql/conf.d
-v /home/mysql/data:/var/lib/mysql
-e MYSQL_ROOT_PASSWORD=1234 -d mysql
```

上述Docker指令通过docker run运行MySQL服务，指令各个参数说明如下：

- --name mysql666：设置Docker容器名称。
- -p 3306:3306：将云服务器端口对接Docker端口，通过云服务器端口访问对应Docker端口的服务。参数p后面的第一个端口3306是云服务器端口，第二个端口3306是Docker端口。
- -v /home/mysql/conf:/etc/mysql/conf.d：将Docker的MySQL配置文件/etc/mysql/conf.d挂载到云服务器的文件夹/home/mysql/conf。参数v后面的第一个路径是云服务器文件夹路径，第二个路径是MySQL在Docker中的配置文件路径。
- -v /home/mysql/data:/var/lib/mysql：将Docker的MySQL数据/var/lib/mysql挂载到云服务器的文件夹/home/mysql/data。
- -e MYSQL_ROOT_PASSWORD=1234：设置MySQL的root用户密码。
- -d mysql：镜像名称，如果没有规定MySQL版本，则默认安装最新版本；如果规定了MySQL版本，则可以加上版本信息，如-d mysql5.7。

运行上述指令之后，如果从未拉取MySQL镜像，则Docker自动下载并运行MySQL服务，运行结果如图9-4所示。

由于MySQL 8.0以上版本更换了加密方式，使用Navicat Premium等远程连接软件可能无法连接，并且MySQL没有开启远程访问，因此还需要对MySQL进行修改。

```
[root@VM-0-5-centos conf]# docker run --name mysql666 -p 3306:3306 -v /home/mysql/conf:/etc/mysql/conf.d -
v /home/mysql/data:/var/lib/mysql -e MYSQL_ROOT_PASSWORD=1234 -d mysql
Unable to find image 'mysql:latest' locally
latest: Pulling from library/mysql
b193354265ba: Pull complete
14a15c0bb358: Pull complete
02da291ad1e4: Pull complete
9a89a1d664ee: Pull complete
a24ae6513051: Pull complete
b85424247193: Pull complete
9a240a3b3d51: Pull complete
8bf57120f71f: Pull complete
c64090e82a0b: Pull complete
af7c7515d542: Pull complete
Digest: sha256:c0455ac041844b5e65cd08571387fa5b50ab2a6179557fd938298cab13acf0dd
Status: Downloaded newer image for mysql:latest
46233635d655206c4af31abba432d0f597b15d54e7c37c6c5d5301befccf6e3c
[root@VM-0-5-centos conf]#
[root@VM-0-5-centos conf]#
[root@VM-0-5-centos conf]# docker ps -a
CONTAINER ID   IMAGE     COMMAND                  CREATED              STATUS              PORTS
                                   NAMES
46233635d655   mysql     "docker-entrypoint.s…"   About a minute ago   Up About a minute   0.0.0.0:3306->3
306/tcp, :::3306->3306/tcp, 33060/tcp   mysql666
```

图9-4　运行结果

输入docker exec -it mysql666 bash进入MySQL所在的Docker，其中mysql666是Docker容器名称，如图9-5所示。

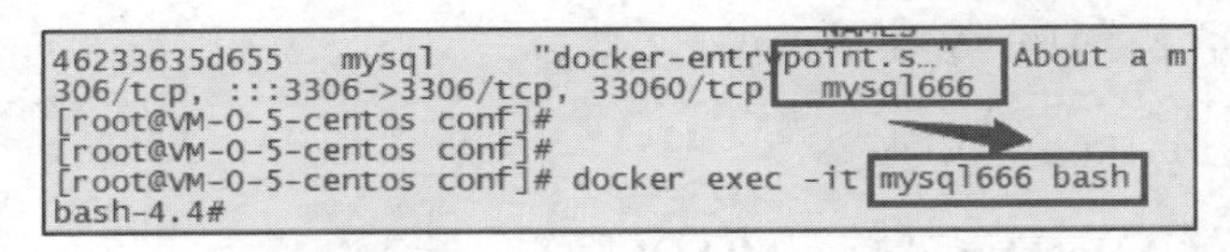

图9-5　进入容器

进入容器之后，依次登录MySQL、选中数据表mysql、修改root用户的密码加密方式和开启远程访问、查看修改结果，每个操作指令如下：

```
# 登录MySQL
mysql -uroot -p1234
# 选中数据表mysql
use mysql;
# 修改root用户的密码加密方式和开启远程访问
alter user 'root'@'%' identified with mysql_native_password by '1234';
# 查看修改结果
select host,user,plugin,authentication_string from mysql.user;
```

上述操作指令运行结果如图9-6所示，最后输入两次exit分别退出MySQL和Docker。

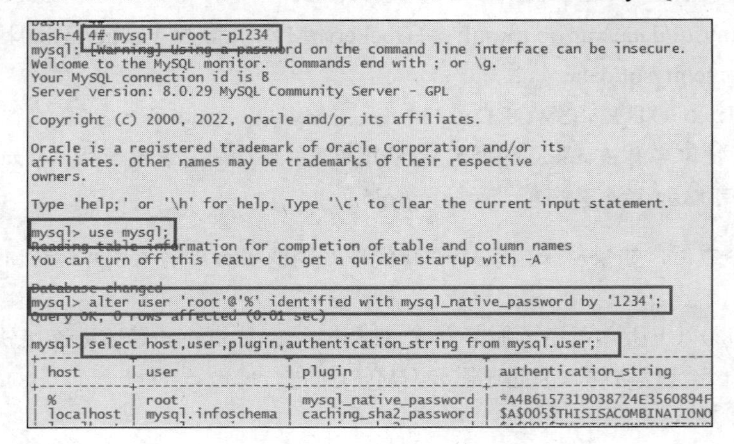

图9-6　运行结果

使用Navicat Premium远程连接云服务器的MySQL，连接信息如图9-7所示。

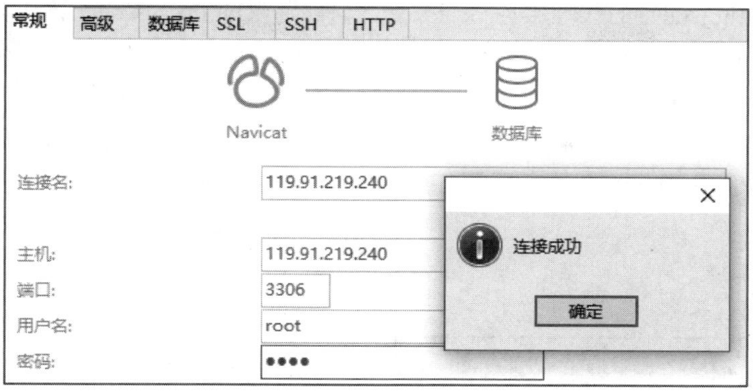

图9-7　连接MySQL

如需在同一台服务器部署多个MySQL服务，使用docker run运行MySQL服务必须将每个MySQL对应云服务器的端口、挂载配置文件和挂载MySQL数据文件夹单独分开，也就是说多个MySQL服务不能共用云服务器的一个端口、配置文件和MySQL数据文件夹。

9.4　部署 Vue+Nginx

我们通过Docker基础指令部署MySQL服务，但在实际工作中却很少使用Docker基础指令部署服务，不妨试想一下，当网站架构演变得越来越庞大，所需的Docker容器数量也相应增加，容器数量越大越不便管理和维护，因此Kubernetes、Docker Swarm或Docker Compose成为当下管理Docker的主流技术。

由于本书篇幅有限，我们选择Docker Compose部署Docker容器，它可以执行YML配置文件定义和运行多个容器。使用Docker Compose之前，必须对其进行安装，以前端商城项目为例，分别执行以下安装指令：

```
# 安装pip所需依赖
yum -y install epel-release
# 安装pip
yum install python3-pip
# 升级pip版本
pip3 install --upgrade pip
# 通过pip安装Docker Compose
pip3 install docker-compose
# 查看Docker Compose版本信息
docker-compose version
```

Docker Compose安装成功后，其版本信息如图9-8所示。

使用Docker Compose部署Vue，首先分析Vue的运行环境，Vue主要通过Nginx、Apache或IIS等服务器运行并提供向外访问服务。

我们将前端项目baby的状态管理对象store的变量lookImgUrl改为CentOS服务器的外网IP地址

+8000端口，如lookImgUrl:'http://119.91.219.240:8000'，而vue.config.js配置代理则无须修改，因为项目打包后，vue.config.js配置的代理服务将会失效，只能通过Nginx为Vue配置代理服务。

将修改后的Vue项目进行打包处理，在Goland的Terminal执行npm run build即可，如果使用CMD窗口打包，则需要将CMD窗口路径切换到项目baby所在路径，然后执行打包指令。

打包指令执行完成后，在项目baby目录下自动创建文件夹dist，这是整个前端项目的打包文件，我们将文件夹dist放在E盘client文件夹里面，目录结构如图9-9所示。

```
[root@VM-0-17-centos /]# docker-compose version
/usr/local/lib/python3.6/site-packages/paramiko/tra
port for it is deprecated in cryptography and will
  from cryptography.hazmat.backends import default_
docker-compose version 1.29.2, build unknown
docker-py version: 5.0.3
CPython version: 3.6.8
OpenSSL version: OpenSSL 1.1.1k  FIPS 25 Mar 2021
[root@VM-0-17-centos /]#
```

图 9-8　Docker Compose 版本信息

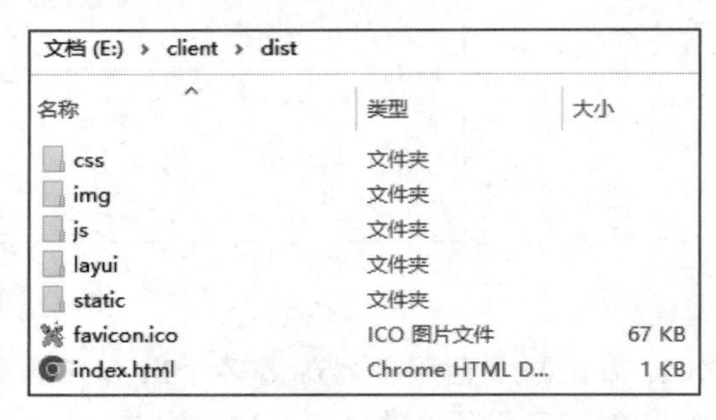

图 9-9　项目打包文件

下一步在client文件夹创建nginx.conf文件，用于配置Nginx服务器，打开文件并写入配置信息，具体代码如下：

```
worker_processes 1;

events {
    worker_connections 1024;
}

http {
    include mime.types;
    default_type application/octet-stream;
    sendfile on;
    keepalive_timeout 65;
    server {
    # Web运行端口
    listen 80;
    # 设置域名，localhost代表本机IP地址
    server_name localhost;
    # 设置Nginx的编码格式
    charset utf-8;
    # root代表Vue打包后的dist文件夹在服务器的文件路径
    # index.html代表Vue程序运行文件
    location / {
            root /home/client/dist;
            index index.html;
        }
    location /api/ {
        proxy_pass http://119.91.219.240:8000/api/;
        }
    }

}
```

在上述配置中，配置参数listen、server_name、charset和location是需要根据实际情况进行配置的，详细说明如下。

- listen：设置Nginx对外服务的访问端口。
- server_name：设置Nginx对外服务的IP地址，localhost代表本机IP地址，外部访问则使用服务器外网IP。
- charset：设置Nginx的编码格式，防止中文内容出现乱码情况。
- location：设置Vue程序运行入口，location后面的"/"代表根路由（即网站首页）。参数root指向/home/client/dist路径，即dist文件夹在CentOS的具体路径；参数index执行dist的index.html文件，index.html文件是Vue程序运行文件。
- location /api/：设置Vue代理，location后面的"/api/"代表含有api的路由都会通过代理访问。当Vue打包项目后，vue.config.js配置代理将会失效，导致前端无法调用后端接口，只能在Nginx为前端配置代理。

我们继续在client创建docker-compose.yml文件，该文件用于定义和运行容器，从而完成Nginx+Vue的部署。配置代码如下：

```
version: "3.8"

services:
  nginx:
    # 拉取最新的nginx镜像
    image: nginx:latest
    # 设置端口映射
    ports:
        - "80:80"
    # always表示容器运行发生错误时一直重启
    restart: always
    # 设置挂载目录
    volumes:
        - /home/client/nginx.conf:/etc/nginx/nginx.conf
        - /home/client/dist/:/home/client/dist/
    # 设置Docker编码
    environment:
        - LANG=C.UTF-8
        - LC_ALL=C.UTF-8
```

在上述配置中，每个配置参数说明如下。

- version：设置配置文件的版本信息，它与Docker引擎版本存在关联，详细信息请查看Docker官方文档（https://docs.docker.com/compose/compose-file/compose-versioning/）。
- services：用于定义和运行一个或多个容器。
- nginx：创建一个名称为nginx的容器，容器名称可以自定义，它对应docker run指令参数--name。
- image：为容器设置镜像，镜像来自Docker镜像仓库，它对应docker run指令参数-d。
- ports：设置服务器和容器的端口映射，使容器能提供向外的访问服务，它对应docker run指令参数-p。

- restart：设置容器的重启策略，它对应docker run指令参数--restart。
- volumes：将服务器文件目录挂载到容器中，以实现数据持久化，它对应docker run指令参数-volume或-v。
- environment：将Docker的编码改为C.UTF-8，否则项目部署后，网页的中文内容会出现乱码情况。

从上述配置说明得知，Docker Compose的容器配置参数与docker run指令参数是一一对应的，并且语法格式也是相同的。

最后使用FileZilla Client等FTP客户端软件连接CentOS，将整个client文件夹复制并粘贴到CentOS的home目录里面，再通过SecureCRT等软件远程连接服务器，将当前路径切换到client文件夹并执行docker compose up -d指令启动容器，详细指令如下：

```
[root@VM-0-5-centos /]# cd home/
[root@VM-0-5-centos home]# cd client/
[root@VM-0-5-centos client]# docker compose up -d
```

当容器成功启动之后，可以通过docker ps -a查看容器运行状态或者在浏览器访问服务器外网IP地址，查看网页能否访问。

9.5 部署 MySQL+Gin

前端部署只需搭建一个Nginx运行Vue即可，而后端部署则需要搭建数据库和Golang编译文件（Web应用程序），如需Nginx部分功能，例如Nginx访问控制或负载均衡等，还可以将Nginx和Web应用程序搭建服务连接。

在部署项目之前，我们将后端项目baby进行打包处理，首先修改settings.go的数据库连接信息和Gin运行模式，将数据库IP地址改为db，密码改为QAZwsx1234!，Gin运行模式改为生产环境模式，详细代码如下：

```
// baby的settings.go
// 数据库连接信息
var MySQLSetting = &Database{
    User:     "root",
    Password: "QAZwsx1234!",
    Host:     "db:3306",
    Name:     "baby",
}
// 生产环境模式
var Mode = gin.ReleaseMode
```

配置修改成功后，下一步将项目进行打包编译处理。由于开发环境使用Windows系统，而部署环境使用Linux系统，因此打包过程中，还需设置打包环境。打开Goland的Terminal或CMD窗口，将终端路径切换到baby，然后分别执行以下打包指令：

```
E:\baby>set GOARCH=amd64
E:\baby>set GOOS=linux
```

```
E:\baby>go build -ldflags "-s -w" main.go
```

在上述指令中，我们分别设置环境属性GOARCH和GOOS，将其改为Linux系统环境，然后执行go build对baby进行打包编译处理，其中指令参数-ldflags "-s -w"是对编译文件进行压缩处理，以降低文件大小。

指令执行完成后，在baby目录下自动生成main文件，该文件将用于项目部署，如图9-10所示。

文档 (E:) › babys ›

名称	类型	大小
middleware	文件夹	
models	文件夹	
routers	文件夹	
servers	文件夹	
settings	文件夹	
static	文件夹	
go.mod	MOD 文件	2 KB
go.sum	SUM 文件	16 KB
main	文件	11,916 KB
main.go	JetBrains GoLand	1 KB

图9-10　编译main文件

下一步执行项目部署，由于本书篇幅有限，我们选择简单部署方案：MySQL数据库+Web应用程序，它们将单独部署在不同Docker容器，整个部署架构如图9-11所示。

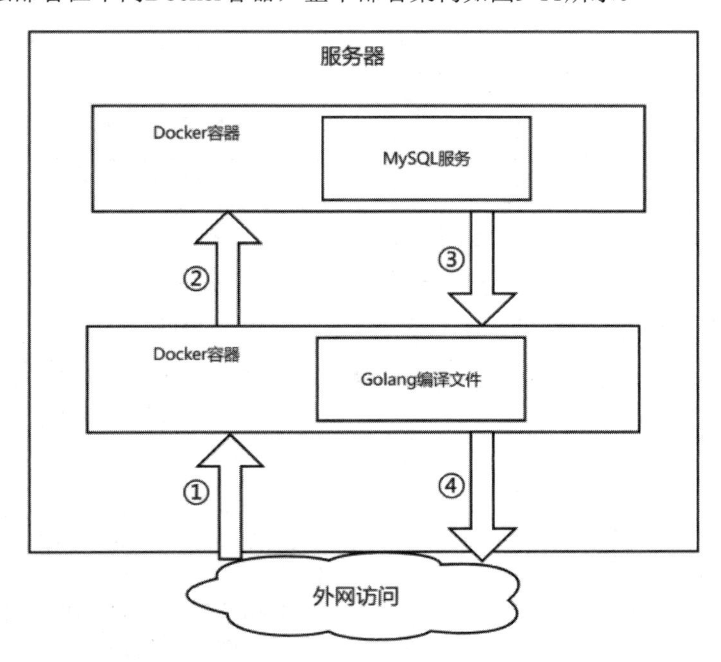

图9-11　后端部署方案

从图9-11的部署架构得知，整个项目的数据通信说明如下：

（1）图中①是用户通过服务器IP+端口或域名等方式访问服务器，由于服务器与容器构建端口映射，因此用户访问请求最终交由容器的Web应用程序处理。

（2）图中②是指Web应用程序收到用户请求并执行数据处理。若程序与数据库发生交互，则从另一个容器（数据库）进行数据读写操作。

（3）图中③是数据库完成数据操作并返回执行结果，Web应用程序收到数据库返回的结果并进行下一步处理。

（4）图中④是Web应用程序生成响应数据并返回给用户。

由于两个容器之间存在数据通信关系，因此在部署过程中必须保证两个容器在同一个网络中，并且容器之间的通信端口设置符合实际需求，这些都是在部署过程中需要注意的细节，只要某个细节出错都会导致整个部署失败。

在E盘创建servers文件夹，然后在servers中创建文件夹gin和mysql，创建文件docker-compose.yml和Dockerfile，目录结构如图9-12所示。

servers的每个文件夹和文件说明如下：

- gin文件夹用于存放Golang编译文件main和静态资源文件。
- mysql文件夹含有conf和init文件夹。conf文件夹中存放MySQL配置文件mysql.cnf；init文件夹里面存放init.sql文件，它用于设置MySQL的用户加密方式。
- docker-compose.yml用于定义和运行容器，实现后端项目部署。
- Dockerfile定义容器镜像，用于构建编译文件main的运行环境。

按照后端部署方案，第一步应该搭建MySQL，项目搭建顺序并没有先后之分，但为了更好地梳理搭建过程以及各个服务之间的通信关系，建议从底层服务开始搭建，然后向外延伸扩展。

首先在mysql下创建conf文件夹，并在conf里面创建mysql.cnf文件，文件目录如图9-13所示。

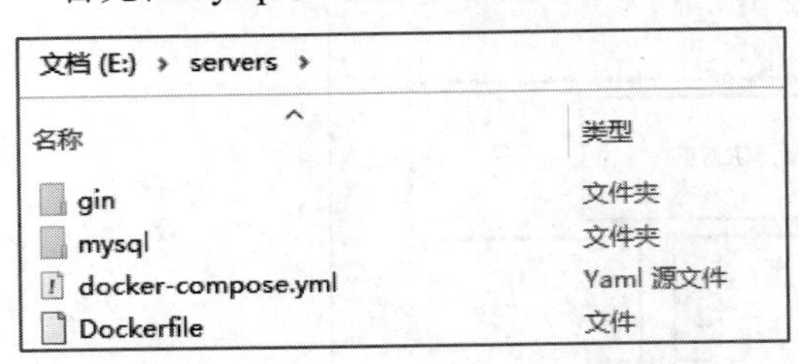

图 9-12　servers 目录结构

› 文档 (E:) › servers › mysql › conf
名称
类型
mysql.cnf
CNF 文件

图 9-13　mysql.cnf 文件目录

打开mysql.cnf文件，在文件中写入MySQL的配置信息并保存退出，配置代码如下：

```
[mysqld]
pid-file=/var/run/mysqld/mysqld.pid
socket=/var/run/mysqld/mysqld.sock
datadir=/var/lib/mysql
secure-file-priv= NULL
```

然后在mysql下创建init文件夹，并在init里面创建init.sql文件，文件目录如图9-14所示。

打开init.sql文件，在文件中写入修改MySQL用户密码加密方式和开启root用户远程访问的SQL语句，代码如下：

```
alter user 'root'@'%' identified with mysql_native_password by 'QAZwsx1234!';
```

数据库配置完成后，继续配置Web应用程序，打开gin文件夹，放入编译文件main和静态资源文件夹static，如图9-15所示。

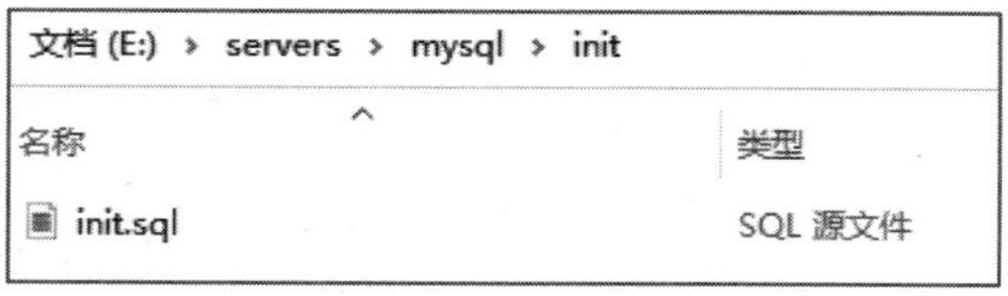

文档 (E:) › servers › mysql › init

名称	类型
init.sql	SQL 源文件

图 9-14　init.sql 文件目录

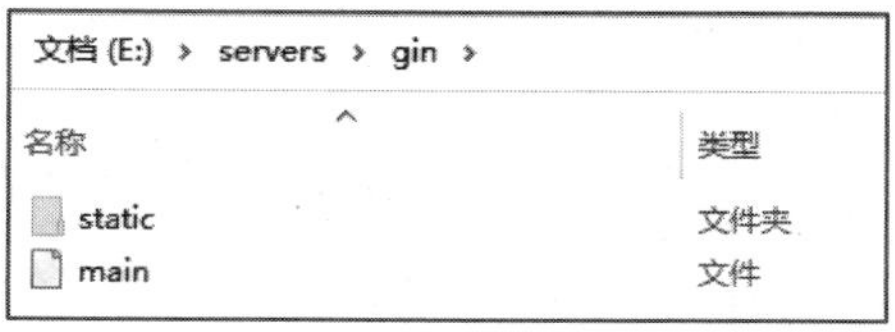

文档 (E:) › servers › gin ›

名称	类型
static	文件夹
main	文件

图 9-15　gin 文件夹目录

然后打开文件Dockerfile，这是构建编译文件main运行环境的容器镜像文件，配置代码如下：

```
# 基础镜像
FROM alpine:3.18
# 镜像作者
MAINTAINER HYX
# 在容器内创建目录
RUN mkdir -p /home/servers/gin
# 设置容器内的工作目录
WORKDIR /home/servers/gin
# 将当前目录gin复制到容器的/home/servers/gin
COPY ./gin /home/servers/gin
# 设置编译文件权限
RUN chmod 777 /home/servers/gin/main
```

从Dockerfile配置得知，镜像定义过程如下：

（1）从镜像仓库拉取基础镜像alpine:3.18版本，并安装在容器中。

（2）在容器内创建目录/home/servers/gin，并将该目录设为容器工作目录。由项目baby的静态资源通过相对路径设置，即routers.go的r.StaticFS("/static",http.Dir("static"))，Docker通过容器工作目录运行编译文件main，因此容器工作目录必须为编译文件main所在目录，这样才能访问静态资源文件。如果容器工作目录不是编译文件main所在目录，程序将因路径问题而无法访问静态资源文件。

（3）将Dockerfile同一目录的gin文件夹复制到容器的/home/servers/gin。

（4）将容器里面的编译文件main设置为最高权限。

最后编写配置文件docker-compose.yml，将MySQL和Web应用程序分别命名为db和web，并通过自定义网络my_network将db和web捆绑在一起，使各个容器之间能够相互通信。详细配置代码如下：

```
version: "3.8"

networks: # 自定义网络(默认桥接)
  my_network:
    driver: bridge

services:
  db:
    # 拉取最新的MySQL镜像
    image: mysql:latest
    # 设置端口
    ports:
      - "3306:3306"
```

```
    environment:
      # 数据库密码
      - MYSQL_ROOT_PASSWORD=QAZwsx1234!
      # 数据库名称
      - MYSQL_DATABASE=baby
    # 设置挂载目录
    volumes:
      - /home/servers/mysql/conf:/etc/mysql/conf.d # 挂载配置文件
      - /home/servers/mysql/data:/var/lib/mysql
      - /home/servers/mysql/init:/docker-entrypoint-initdb.d/
    # 容器运行发生错误时一直重启
    restart: always
    # 设置网络
    networks:
     - my_network

  web:
    # 通过同目录下的Dockerfile构建镜像
    build: ./
    # 容器启动后执行Gin编译文件
    command: /home/servers/gin/main
    # 设置端口
    ports:
       - "8000:8000"
    volumes:
      - /home/servers/gin:/home/servers/gin
    # 容器运行发生错误时一直重启
    restart: always
    # 设置网络
    networks:
       - my_network
    depends_on:
       - db
```

在上述配置中，自定义网络my_network以桥接方式搭建，并分别创建和运行容器db和web，详细说明如下：

（1）db用于创建MySQL服务，从镜像仓库拉取最新的MySQL版本安装在容器内，并分别设置端口映射、root用户密码以及创建数据库baby；然后将CentOS的mysql文件夹挂载到容器中；最后将容器设置在自定义网络my_network中。

（2）将baby的settings.go的数据库IP地址改为db，它就是容器db，换句话说，在同一网络中，容器之间的数据通信是以容器命名进行连接的。

（3）web用于创建Web应用程序，通过配置属性build将自定义镜像安装在容器内，属性值等于"./"代表在docker-compose.yml同一目录下的Dockerfile文件；然后分别设置端口映射，挂载CentOS的/home/servers/gin到容器中，设置自定义网络my_network；最后使用指令启动编译文件main，配置属性command若要执行多条指令，则每条指令之间使用“&&”隔开即可。

使用FileZilla Client软件连接CentOS，将整个servers文件夹复制并粘贴到CentOS的home目录中，再通过SecureCRT等软件远程连接服务器。

首先对CentOS的编译文件main执行chmod 777 /home/servers/gin/main指令，将编译文件main设置为最高权限，否则在部署过程中将会提示权限问题，如图9-16所示。

```
[root@VM-0-5-centos servers]# docker compose up -d
[+] Running 1/2
 ✔ Container servers-db-1   Running                        0.0s
 ⠸ Container servers-web-1  Starting                       0.3s
Error response from daemon: failed to create task for container: failed to create shim task: OCI runtime create failed: runc create failed: unable to start container process: exec: "/home/servers/gin/main": permission denied: unknown
```

图9-16　权限问题

然后将CentOS的当前路径切换到servers文件夹并执行docker compose up -d指令启动容器，详细指令如下：

```
[root@VM-0-5-centos /]# cd /home/servers/
[root@VM-0-5-centos servers]# ls
[root@VM-0-5-centos servers]# docker compose up -d
```

当容器启动成功后，输入docker ps -a指令查看容器的运行状态，如果容器能正常运行，打开浏览器分别访问首页API和静态资源文件，查看能否正常访问，如图9-17所示。

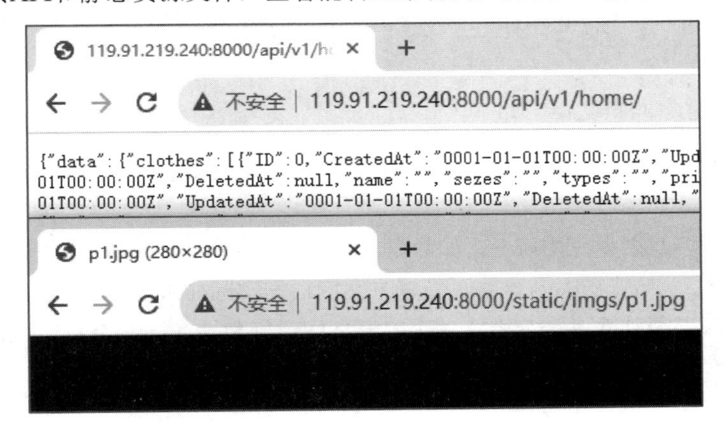

图9-17 访问后端服务

从首页API发现所有返回数据存在异常，使用Navicat Premium远程连接MySQL，打开数据库baby发现数据表没有数据，我们将开发阶段的数据库文件导入线上数据库，再次访问首页API就能得到正常数据。

最后在浏览器访问云服务器的公网IP，即访问前端页面，如果网页可以正常访问并且商品数据能正常显示，则说明项目部署成功，反之则说明在某个环节中出现异常，可以使用指令“docker logs -f --tail=30 容器ID”查看各个容器的运行情况，从报错信息制定相应的解决方案。

9.6　本章小结

Docker部署项目的操作步骤如下：

（1）安装Docker和Docker Compose。

（2）前端部署划分为3个步骤，每个步骤的操作说明如下：

① 修改Vue访问后端的IP地址，如状态管理对象store的变量lookImgUrl改为CentOS服务器的外网IP地址+8000端口，再对项目进行打包处理。

② 编写Nginx配置文件，必须为Vue配置代理，例如在location /api/配置属性proxy_pass，当前端访问含有api的路由时都会通过proxy_pass配置代理进行访问。

③ 编写docker-compose.yml文件实现Nginx部署，文件必须设置environment，将Docker的编码改为C.UTF-8，否则项目部署后，网页的中文内容会出现乱码情况。

（3）后端部署划分为4个步骤，每个步骤说明如下：

① 将Gin从开发模式改为生产模式，并修改数据库连接的IP地址，再将项目打包生成编译文件main。

② 编写MySQL的配置文件mysql.cnf和初始化文件init.sql。

③ 编程编译文件main的Dockerfile，分别进行Docker工作目录设置、文件复制、编译文件权限设置。

④ 编写docker-compose.yml文件，由docker-compose.yml根据配置文件依次安装部署MySQL和编译文件main。

整个项目部署方案的总结说明如下：

（1）前后端独立部署，如果容器之间没有设置在同一个网络，前端的Ajax请求以外网访问方式与后端通信。

（2）后端部署涉及多个应用服务，如数据库、Web应用程序、Nginx等服务，多个服务部署可以在同一个容器或独立部署在不同容器，部署方案应根据实际需求灵活制定。

（3）如果后端部署涉及多个容器，每个容器之间最好部署在同一个网络内，尽量不要以外网访问方式实现通信，因为外网访问不仅具有不稳定性，而且存在访问速度慢、容易被攻击入侵等问题。

（4）根据后端功能架构制定每个功能之间的通信策略，特别在分布式系统中，如果系统设有多个数据库和多个Web应用程序，两者之间的访问策略必须清晰明确，否则系统一旦宕机就很难找出问题所在。

如果想进一步优化项目部署过程，可以将前后端的项目代码放在代码管理平台，如GitLab或Gitee等，通过脚本代码自动实现代码拉取、代码解压、项目打包和上线部署。开发者完成功能开发后，只需上传代码，在服务器运行脚本代码即可实现项目自动部署。